全国高职高专院校药学类与食品药品类专业“十三五”规划教材

# 药物制剂技术专业综合技能训练（技能鉴定）

（供药物制剂技术、药学、药品生产技术、药品质量与安全等专业使用）


主　编　李忠文

副主编　郝晶晶　马改霞　林凤云

编　者　（以姓氏笔画为序）

马改霞（廊坊卫生职业学院）

马春娟（长春医学高等专科学校）

王文心（山东省食品药品检验研究院）

刘碧林（重庆化工职业学院）

李忠文（山东医学高等专科学校）

杨　阳（黑龙江护理高等专科学校）

杨怡君（山东医学高等专科学校）

张小娟（中国药科大学高等职业技术学院）

林凤云（重庆医药高等专科学校）

郝晶晶（北京卫生职业学院）

党　莉（山西药科职业学院）

程合丽（山东宏济堂制药集团股份有限公司）

臧婧蕾（长沙卫生职业学院）



中国健康传媒集团
中国医药科技出版社

## 内容提要

本教材为“全国高职高专院校药学类与食品药品类专业‘十三五’规划教材”之一，系根据本套教材的编写指导思想和原则要求，结合专业培养目标和本课程的教学目标、内容与任务要求编写而成。本教材具有专业针对性强、紧密结合新时代行业要求和社会用人需求、与职业技能鉴定内容相对接等特点。本教材包含13个项目，内容主要包括：生产岗位基本技能训练，公用工程系统岗位综合实训，QC、QA岗位基础训练，10种常用制剂生产实训。本教材为书网融合教材，即纸质教材有机融合电子教材、教学配套资源（PPT、微课、视频、图片等）、题库系统、数字化教学服务（在线教学、在线作业、在线考试）。

本教材主要供药物制剂技术、药学、药品生产技术、药品质量与安全等专业的师生使用，也可作为医药行业从业人员继续教育和培训用书。



**图书在版编目（CIP）数据**

药物制剂技术专业综合技能训练（技能鉴定）/李忠文主编．—北京：中国医药科技出版社，2019.7

全国高职高专院校药学类与食品药品类专业“十三五”规划教材

ISBN 978-7-5214-0245-2

Ⅰ.①药…　Ⅱ.①李…　Ⅲ.①药物—制剂—技术—职业技能—鉴定—高等职业教育—教材　Ⅳ.①TQ460.6

中国版本图书馆CIP数据核字（2019）第126695号

**美术编辑**　陈君杞
**版式设计**　诚达誉高

出版　**中国健康传媒集团**｜中国医药科技出版社
地址　北京市海淀区文慧园北路甲22号
邮编　100082
电话　发行：010-62227427　邮购：010-62236938
网址　www.cmstp.com
规格　889×1194mm 1/16
印张　15
字数　343千字
版次　2019年7月第1版
印次　2019年7月第1次印刷
印刷　北京市密东印刷有限公司
经销　全国各地新华书店
书号　ISBN 978-7-5214-0245-2
**定价　39.00元**



**版权所有　盗版必究**

举报电话：010-62228771

本社图书如存在印装质量问题请与本社联系调换

获取新书信息、投稿、为图书纠错，请扫码联系我们。

# 数字化教材编委会


主　编　李忠文　郝晶晶

副主编　马改霞　林凤云　潘学强

编　者　(以姓氏笔画为序)

马改霞(廊坊卫生职业学院)

马春娟(长春医学高等专科学校)

王文心(山东省食品药品检验研究院)

刘碧林(重庆化工职业学院)

李忠文(山东医学高等专科学校)

杨　阳(黑龙江护理高等专科学校)

杨怡君(山东医学高等专科学校)

张小娟(中国药科大学高等职业技术学院)

林凤云(重庆医药高等专科学校)

郝晶晶(北京卫生职业学院)

党　莉(山西药科职业学院)

程合丽(山东宏济堂制药集团股份有限公司)

潘学强(北京卫生职业学院)

臧婧蕾(长沙卫生职业学院)

# 出 版 说 明

全国高职高专院校药学类与食品药品类专业"十三五"规划教材（第三轮规划教材），是在教育部、国家药品监督管理局领导下，在全国食品药品职业教育教学指导委员会和全国卫生职业教育教学指导委员会专家的指导下，在全国高职高专院校药学类与食品药品类专业"十三五"规划教材建设指导委员会的支持下，在2013年修订出版"全国医药高等职业教育药学类规划教材"（第二轮规划教材）（共40门教材，其中24门为教育部"十二五"国家规划教材）的基础上，根据高等职业教育教改新精神和《普通高等学校高等职业教育（专科）专业目录（2015年）》（以下简称《专业目录（2015年）》）的新要求，组织全国80余所高职高专院校及相关单位和企业1000余名教学与实践经验丰富的专家、教师悉心编撰而成。

本套教材于2017年出版57种，2018年根据新修订的《高等职业教育药学专业教学标准》，启动增补了10种教材的编写工作，分别为《临床医学概论》《药学综合知识与技能》《药品流通与营销》《医学基础》《基础化学》《药物制剂技术专业综合技能训练（技能鉴定）》《药物分析技术技能综合实训》《药学服务综合实训》《生物制药技术专业综合技能训练（技能鉴定）》《中药制剂技术与设备养护综合实训》，目前本套教材共计67种。主要供全国高职高专院校药学类、药品制造类、食品药品管理类、食品类及其相关专业师生使用，也可供医药卫生行业从业人员继续教育和培训使用。

本套教材定位清晰，特点鲜明，主要体现在如下几个方面。

### 1. 坚持职教改革精神，科学规划准确定位

编写教材，坚持现代职教改革方向，体现高职教育特色，根据《专业目录（2015年）》要求，以培养目标为依据，以岗位需求为导向，以学生就业创业能力培养为核心，以培养满足岗位需求、教学需求和社会需求的高素质技能型人才为根本，并做到衔接中职相应专业、接续本科相关专业。科学规划、准确定位教材。

### 2. 体现行业准入要求，注重学生持续发展

紧密结合最新版《中国药典》、国家执业药师资格考试、GSP（2016年）、《中华人民共和国职业分类大典》（2015年版）等标准要求，按照行业用人要求，以职业资格准入为指导，做到教考、课证融合。同时注重职业素质教育和培养可持续发展能力，满足培养应用型、复合型、技能型人才的要求，为学生持续发展奠定扎实基础。

### 3. 遵循教材编写规律，强化实践技能训练

遵循"三基、五性、三特定"的教材编写规律。准确把握教材理论知识的深浅度，做到理论知识"必需、够用"为度；坚持与时俱进，重视吸收新知识、新技术、新方法；注重实践技能训

练，将实验实训类内容与主干教材贯穿一起。

**4. 注重教材科学架构，有机衔接前后内容**

科学设计教材内容，既体现专业课程的培养目标与任务要求，又符合教学规律、循序渐进。使相关教材之间有机衔接，坚持上游课程教材为下游服务，专业课教材内容与学生就业岗位的知识和能力要求相对接。

**5. 工学结合产教对接，优化编者组建团队**

专业技能课教材，吸纳具有丰富实践经验的医疗、食品药品监管与质量检测单位及食品药品生产与经营企业人员参与编写，保证教材内容与岗位实际密切衔接。

**6. 创新教材编写形式，设计模块便教易学**

在保持教材主体内容基础上，设计了“案例导入”“案例讨论”“课堂互动”“拓展阅读”“岗位对接”等编写模块。通过“案例导入”或“案例讨论”模块，列举在专业岗位或现实生活中常见的问题，引导学生讨论与思考，提升教材的可读性，提高学生的学习兴趣和联系实际的能力。

**7. 纸质数字教材同步，多媒融合增值服务**

本套教材全部为书网融合教材，即纸质教材与数字教材、配套教学资源、题库系统，数字化教学服务有机融合。通过“一书一码”的强关联，为读者提供全免费增值服务。按教材封底的提示激活教材后，读者可通过PC、手机阅读电子教材和配套课程资源，并可在线进行同步练习，实时反馈答案和解析。其中后增补的10个品种，读者可以直接扫描书中二维码（“扫码学一学”，轻松学习PPT课件；扫码“看一看”，即刻浏览微课、视频等教学资源；“扫码练一练”，随时做题检测学习效果），阅读与教材内容关联的课程资源，从而丰富学习体验，使学习更便捷。教师可通过PC在线创建课程，与学生互动，开展在线课程内容定制、布置和批改作业、在线组织考试、讨论与答疑等教学活动，学生通过PC、手机均可实现在线作业、在线考试，提升学习效率，使教与学更轻松。此外，平台尚有数据分析、教学诊断等功能，可为教学研究与管理提供技术和数据支撑。

**8. 教材大纲配套开发，方便教师开展教学**

依据教改精神和行业要求，在科学、准确定位各门课程之后，研究起草了各门课程的《教学大纲》（《课程标准》），并以此为依据编写相应教材，使教材与《教学大纲》相配套。同时，有利于教师参考《教学大纲》开展教学。

编写出版本套高质量教材，得到了全国食品药品职业教育教学指导委员会和全国卫生职业教育教学指导委员会有关专家和全国各有关院校领导与编者的大力支持，在此一并表示衷心感谢。出版发行本套教材，希望受到广大师生欢迎，并在教学中积极使用本套教材和提出宝贵意见，以便修订完善，共同打造精品教材，为促进我国高职高专院校药学类与食品药品类相关专业教育教学改革和人才培养作出积极贡献。

中国医药科技出版社<br>2019 年 5 月

# 教材目录

| 序号 | 书名 | 主编 | 序号 | 书名 | 主编 |
|---|---|---|---|---|---|
| 1 | 高等数学（第2版） | 方媛璐　孙永霞 | 36 | 实用发酵工程技术 | 臧学丽　胡莉娟 |
| 2 | 医药数理统计*（第3版） | 高祖新　刘更新 | 37 | 生物制药工艺技术 | 陈梁军 |
| 3 | 计算机基础（第2版） | 叶　青　刘中军 | 38 | 生物药物检测技术 | 杨元娟 |
| 4 | 文献检索 | 章新友 | 39 | 医药市场营销实务*（第3版） | 甘湘宁　周凤莲 |
| 5 | 医药英语（第2版） | 崔成红　李正亚 | 40 | 实用医药商务礼仪（第3版） | 张　丽　位汶军 |
| 6 | 公共关系实务 | 李朝霞　李占文 | 41 | 药店经营与管理（第2版） | 梁春贤　俞双燕 |
| 7 | 医药应用文写作（第2版） | 廖楚珍　梁建青 | 42 | 医药伦理学 | 周鸿艳　郝军燕 |
| 8 | 大学生就业创业指导 | 贾　强　包有或 | 43 | 医药商品学*（第2版） | 王雁群 |
| 9 | 大学生心理健康 | 徐贤淑 | 44 | 制药过程原理与设备*（第2版） | 姜爱霞　吴建明 |
| 10 | 人体解剖生理学*（第3版） | 唐晓伟　唐省三 | 45 | 中医学基础（第2版） | 周少林　宋诚挚 |
| 11 | 无机化学（第3版） | 蔡自由　叶国华 | 46 | 中药学（第3版） | 陈信云　黄丽平 |
| 12 | 有机化学（第3版） | 张雪昀　宋海南 | 47 | 实用方剂与中成药 | 赵宝林　陆鸿奎 |
| 13 | 分析化学*（第3版） | 冉启文　黄月君 | 48 | 中药调剂技术*（第2版） | 黄欣碧　傅　红 |
| 14 | 生物化学*（第3版） | 毕见州　何文胜 | 49 | 中药药剂学（第2版） | 易东阳　刘　葵 |
| 15 | 药用微生物学基础（第3版） | 陈明琪 | 50 | 中药制剂检测技术*（第2版） | 卓　菊　宋金玉 |
| 16 | 病原生物与免疫学 | 甘晓玲　刘文辉 | 51 | 中药鉴定技术*（第3版） | 姚荣林　刘耀武 |
| 17 | 天然药物学 | 祖炬雄　李本俊 | 52 | 中药炮制技术（第3版） | 陈秀瑷　吕桂凤 |
| 18 | 药学服务实务 | 陈地龙　张　庆 | 53 | 中药药膳技术 | 梁　军　许慧艳 |
| 19 | 天然药物化学（第3版） | 张雷红　杨　红 | 54 | 化学基础与分析技术 | 林　珍　潘志斌 |
| 20 | 药物化学*（第3版） | 刘文娟　李群力 | 55 | 食品化学 | 马丽杰 |
| 21 | 药理学*（第3版） | 张　虹　秦红兵 | 56 | 公共营养学 | 周建军　詹　杰 |
| 22 | 临床药物治疗学 | 方士英　赵　文 | 57 | 食品理化分析技术 | 胡雪琴 |
| 23 | 药剂学 | 朱照静　张荷兰 | 58 | 临床医学概论 | 赵　冰 |
| 24 | 仪器分析技术*（第2版） | 毛金银　杜学勤 | 59 | 药学综合知识与技能 | 葛淑兰　黄　欣 |
| 25 | 药物分析*（第3版） | 欧阳卉　唐　倩 | 60 | 药品流通与营销 | 黄素臻　武卫红 |
| 26 | 药品储存与养护技术（第3版） | 秦泽平　张万隆 | 61 | 医学基础 | 梁碧涛 |
| 27 | GMP实务教程*（第3版） | 何思煌　罗文华 | 62 | 基础化学 | 张雪昀　董会钰<br>俞晨秀 |
| 28 | GSP实用教程（第2版） | 丛淑芹　丁　静 | | | |
| 29 | 药事管理与法规*（第3版） | 沈　力　吴美香 | 63 | 药物制剂技术专业综合技能训练（技能鉴定） | 李忠文 |
| 30 | 实用药物学基础 | 邸利芝　邓庆华 | | | |
| 31 | 药物制剂技术*（第3版） | 胡　英　王晓娟 | 64 | 药物分析技术技能综合实训 | 欧阳卉　王启海 |
| 32 | 药物检测技术 | 王文洁　张亚红 | 65 | 药学服务综合实训 | 张　庆　曹　红 |
| 33 | 药物制剂辅料与包装材料 | 关志宇 | 66 | 生物制药技术专业综合技能训练（技能鉴定） | 王玉亭　李艳萍 |
| 34 | 药物制剂设备（第2版） | 杨宗发　董天梅 | | | |
| 35 | 化工制图技术 | 朱金艳 | 67 | 中药制剂技术与设备养护综合实训 | 颜仁梁　周在富 |

*为“十二五”职业教育国家规划教材。

# 建设指导委员会

主 任 委 员　姚文兵（中国药科大学）

常务副主任委员　（以姓氏笔画为序）

王利华（天津生物工程职业技术学院）
王潮临（广西卫生职业技术学院）
龙敏南（福建生物工程职业技术学院）
冯连贵（重庆医药高等专科学校）
乔学斌（江苏医药职业学院）
刘更新（廊坊卫生职业学院）
刘柏炎（益阳医学高等专科学校）
李爱玲（山东药品食品职业学院）
吴少祯（中国健康传媒集团）
张立祥（山东中医药高等专科学校）
张彦文（天津医学高等专科学校）
张震云（山西药科职业学院）
陈地龙（重庆三峡医药高等专科学校）
郑彦云（广东食品药品职业学院）
柴锡庆（河北化工医药职业技术学院）
喻友军（长沙卫生职业学院）

副 主 任 委 员　（以姓氏笔画为序）

马　波（安徽中医药高等专科学校）
王润霞（安徽医学高等专科学校）
方士英（皖西卫生职业学院）
甘湘宁（湖南食品药品职业学院）
朱照静（重庆医药高等专科学校）
刘　伟（长春医学高等专科学校）
刘晓松（天津生物工程职业技术学院）
许莉勇（浙江医药高等专科学校）
李榆梅（天津生物工程职业技术学院）
张雪昀（湖南食品药品职业学院）
陈国忠（江苏医药职业学院）

罗晓清（苏州卫生职业技术学院）
周建军（重庆三峡医药高等专科学校）
昝雪峰（楚雄医药高等专科学校）
袁　龙（江苏省徐州医药高等职业学校）
贾　强（山东药品食品职业学院）
郭积燕（北京卫生职业学院）
曹庆旭（黔东南民族职业技术学院）
葛　虹（广东食品药品职业学院）
谭　工（重庆三峡医药高等专科学校）
潘树枫（辽宁医药职业学院）

委　　员（以姓氏笔画为序）
王　宁（江苏医药职业学院）
王广珠（山东药品食品职业学院）
王仙芝（山西药科职业学院）
王海东（马应龙药业集团研究院）
韦　超（广西卫生职业技术学院）
向　敏（苏州卫生职业技术学院）
邬瑞斌（中国药科大学）
刘书华（黔东南民族职业技术学院）
许建新（曲靖医学高等专科学校）
孙　莹（长春医学高等专科学校）
李群力（金华职业技术学院）
杨　鑫（长春医学高等专科学校）
杨元娟（重庆医药高等专科学校）
杨先振（楚雄医药高等专科学校）
肖　兰（长沙卫生职业学院）
吴　勇（黔东南民族职业技术学院）
吴海侠（广东食品药品职业学院）
邹隆琼（重庆三峡云海药业股份有限公司）
沈　力（重庆三峡医药高等专科学校）
宋海南（安徽医学高等专科学校）
张　海（四川联成迅康医药股份有限公司）
张　建（天津生物工程职业技术学院）
张春强（长沙卫生职业学院）
张炳盛（山东中医药高等专科学校）

张健泓（广东食品药品职业学院）
范继业（河北化工医药职业技术学院）
明广奇（中国药科大学高等职业技术学院）
罗兴洪（先声药业集团政策事务部）
罗跃娥（天津医学高等专科学校）
郝晶晶（北京卫生职业学院）
贾　平（益阳医学高等专科学校）
徐宣富（江苏恒瑞医药股份有限公司）
黄丽平（安徽中医药高等专科学校）
黄家利（中国药科大学高等职业技术学院）
崔山风（浙江医药高等专科学校）
潘志斌（福建生物工程职业技术学院）

# 前言
# PREFACE

本教材为“全国高职高专院校药学类与食品药品类专业‘十三五’规划教材”之一，系在教育部颁布的《普通高等学校高等职业教育（专科）专业目录（2015年）》和2017年增补专业目录指导下，主要根据全国高职高专院校药学类与食品药品类专业培养目标和主要就业方向及职业能力要求，按照本套教材编写指导思想和原则要求，结合本课程教学大纲，由全国12所院校和企业中从事教学和生产一线的教师、学者悉心编写而成。

本教材系药物制剂技术专业核心课教材，是基于岗位工作过程校企合作开发的专业综合实训教材，学习本课程主要为将来从事药物制剂岗位、药品质量控制岗位、药品质量检测岗位工作奠定必备的理论知识和技术技能基础，培养良好职业素养。本教材包含13个实训项目，主要内容包括：生产岗位基本技能训练，公用工程系统岗位综合实训，QC、QA岗位基础训练，10种常用制剂生产综合实训。

本教材参照和借鉴现行版《中华人民共和国药典》《药品生产质量管理规范（2010年修订）》，结合药物制剂岗位、药品质量控制与检验岗位的技术规范，以典型剂型为载体，以完成常用制剂制备的工作任务为主线，融合药物化学、药物分析技术、药物制剂技术、药物制剂设备、药事管理与法规五门课程的核心知识和技能，校企合作共同开发课程的学习任务，内容由浅入深、由简到繁，循序渐进，将职业素养的培养贯穿其中，具有专业针对性强、紧密结合新时代行业要求和社会用人需求、与职业技能鉴定内容相对接等特点。本教材为书网融合教材，即纸质教材有机融合电子教材、教学配套资源（PPT、微课、视频、图片等）、题库系统、数字化教学服务（在线教学、在线作业、在线考试）。

本教材主要供全国高职高专院校药物制剂技术、药学、药品生产技术、药品质量与安全等专业的师生使用，也可作为医药行业从业人员继续教育和培训用书。

本教材由李忠文担任主编，负责书稿审定工作。全书分两大模块，由13个实训项目组成，具体编写分工如下（按项目顺序排列）：杨怡君编写项目一和项目二；杨阳编写项目三；马春娟编写项目四；党莉编写项目五；张小娟编写项目六；李忠文、王文心编写项目七；郝晶晶编写项目八；马改霞编写项目九；臧婧蕾编写项目十；刘碧林编写项目十一；林风云编写项目十二；程合丽编写项目十三。

在编写本教材过程中，得到了编者所在单位领导的大力支持与帮助，在此一并表示感谢。限于编者水平，内容难免存在不当和疏漏之处，欢迎广大师生和读者提出宝贵意见。

编　者

2019年6月

# 目录
CONTENTS

# 项目一

# 生产岗位基本技能训练

扫码“学一学”

## 【项目实训目标】

1. 掌握人员进出洁净区更衣程序，能熟练穿脱不同洁净级别的洁净服。
2. 掌握物料管理流程，能够做好生产前物料的准备和生产后物料的整理。
3. 掌握清场主要内容，会根据不同洁净级别要求进行清场。
4. 能理解生产文件的重要性，会正确填写生产记录。
5. 能明确药品安全生产的意义，掌握安全用电、防火防爆、危险化学品的操作要点和急救知识。

## 【项目任务解析】

| 项目组成 | 任务名称 | 面向职业（代码） | 面向岗位 |
|---|---|---|---|
| 任务一 | 人员卫生管理 | 医药制造人员（6－12） | 药物制剂工、QA、QC等 |
| 任务二 | 物料管理 | 医药制造人员（6－12） | 药物制剂工、QA、QC等 |
| 任务三 | 清场管理 | 医药制造人员（6－12） | 药物制剂工、QA、QC等 |
| 任务四 | 生产文件的认知与填写 | 医药制造人员（6－12） | 药物制剂工、QA、QC等 |
| 任务五 | 药品安全生产基本知识 | 医药制造人员（6－12） | 药物制剂工、QA、QC等 |

## 任务1　人员卫生管理

### 一、人员健康要求与卫生要求

#### （一）人员健康要求

从事药品生产的人需持健康合格证上岗，并建立健康档案。直接接触药品的人每年至少进行一次健康检查。

体表有伤口、患有传染病或其他可能污染药品疾病的人员不得从事直接接触药品的生产。因病离岗的生产人员在疾病痊愈后，需持医生开具的健康合格证明方可重新上岗。

#### （二）人员卫生要求

**1. 建立良好的个人卫生习惯**　杜绝任何可能影响药品质量的不卫生行为。任何人员进入生产区必须进行手消毒，保持手的清洁，生产区、仓储区禁止吸烟和饮食，禁止存放食品、饮料、香烟和个人用药品等非生产用物品。禁止搬入未经过洁净过程的材料、个人物品等。

**2. 按规定更衣**　任何进入生产区的人员均应当按照规定要求更衣；避免裸手直接接触药品、直接接触与药品直接接触的包装材料和设备表面；进入洁净生产区的人员不得化妆和佩戴饰物。

**3. 卫生培训要求** 所有人员均应接受卫生要求的培训，参观人员和未经培训的人员不得进入生产区和质量控制区。

## 二、生产岗位工作人员行为要求与着装要求

### （一）行为要求

进入生产区之前，将不允许携带的物品置于更衣柜，按照企业制定的更衣程序进行更衣，着与空气洁净度级别要求相适应的工作服或洁净服。

进入生产区之后，尽量降低活动的频率和幅度。禁止跑跳和大声喧哗；禁止聚堆聊天、打盹或趴着睡觉；避免倚靠设备、墙与洁净台；避免坐于地板上，避免在坐椅上转动或后仰。禁止其他可能带来污染源的动作，如掀开袖口看表、拽动口罩、用戴手套的手触摸皮肤等。

### （二）着装要求

根据空气洁净度级别要求穿着相适应的工作服或洁净服。《药品生产质量管理规范（2010 年修订）》（GMP）规定：

D 级洁净区：应将头发、胡须等相关部位遮盖。应穿合适的工作服和鞋子或鞋套。应采取适当措施，以避免带入洁净区外的污染物。

C 级洁净区：应将头发、胡须等相关部位遮盖，应戴口罩。应当穿手腕处可收紧的连体服或衣裤分开的工作服，并穿适当的鞋子或鞋套。工作服应当不脱落纤维或微粒。

A/B 级洁净区：应用头罩将所有头发以及胡须等相关部位全部遮盖，头罩应塞进衣领内，应戴口罩以防散发飞沫，必要时戴防护目镜。应戴经灭菌且无颗粒物（如滑石粉）散发的橡胶或塑料手套，穿经灭菌或消毒的脚套，裤腿应塞进脚套内，袖口应塞进手套内。工作服应为灭菌的连体工作服，不脱落纤维或微粒，并能滞留身体散发的微粒。

**1. 洁净服要求** 为防止尘埃聚集，服装上不得有口袋、褶皱，同时还应具备以下特点：①洁净性：本身不发尘，不掉纤维和尘埃颗粒；②阻隔性：透尘率低，既控制人体对洁净区域的污染，也防止有害物质对人体的伤害；③抗静电性：消散静电，减少尘埃黏附；④耐用性：不易破损，抗拉伸和抗老化，能够耐消毒，耐受 121℃湿热灭菌；⑤舒适性：穿着舒适。

**2. 洁净服种类** 主要包括洁净服和配件（口罩、防护眼罩、高筒鞋等）。目前洁净服种类主要包括衣裤分开的分体式洁净服、帽衣裤连体的三连体洁净服。一般来说，连体式洁净服比分体式洁净服更能减少粒子的散落，但穿着难度更大，企业可根据验证情况进行选择。

扫码“看一看”

智能洁净服通过将芯片植入洁净服中，可实现工作人员无接触式进出洁净区、无接触式控制设备，进一步降低人员污染的风险，同时实现数据化、追溯式管理。

## 三、人员进入洁净生产区的更衣程序

药品生产区域分为一般生产区和洁净生产区。按照空气洁净度级别将洁净区分为 A、B、C、D 级四个级别。一般生产区按照企业规定更换一般工作服即可。人员进入不同洁净度要求的洁净生产区，更衣程序有所不同。

### （一）人员进出 C/D 级洁净区更衣程序

**1. 存放个人物品** 先在门厅外刷净鞋上黏附的泥土杂物，将个人携带物品存放于指定

位置，进入更鞋室。

**2. 更鞋** 坐在更鞋柜（拦路虎）上，脱下自己的鞋放入鞋柜外侧柜内，从鞋柜内侧取出拖鞋穿上，进入一次更衣室。注意更鞋过程脚不能碰触更鞋柜。

**3. 一次更衣** 脱去外衣裤，洗手、烘干，穿一更工作服，更换工作鞋，进入二次更衣室。

**4. 二次更衣** 脱去一更工作服，洗手、烘干，穿二更洁净服（包括口罩等配件），穿衣镜前检查确认衣服穿戴是否合适。

**5. 手部消毒** 双手置于感应清洗消毒机口下，均匀喷洒消毒液使其全部润湿，晾干。

**6. 进入洁净区** 经洁净走廊缓步进入各操作间。

离开洁净区按进入洁净区逆向顺序更衣即可。

**（二）人员进入 A/B 级洁净区更衣程序**

**1. 人员进入 A/B 级洁净区前，应穿着 C/D 级工作服** 更衣程序同人员进出 C/D 级洁净区更衣程序。部分企业会选择在二次更衣洗手步骤后戴无菌手套。戴无菌手套的方法是：打开手套袋，检查是否有两只已经翻折的手套；左手捏住右手套内壁，戴上右手套；左手抽出左手套，右手插入左手套的外表面，戴上左手套；双手调整手套的位置（此时只能碰触手套外壁）。

**2. 三次更衣** 戴无菌手套，穿无菌外衣，穿无菌鞋套，戴无菌眼罩。进入缓冲消毒间进行手消毒。

**3. 进入洁净区** 经洁净走廊缓步进入各操作间。

离开洁净区按进入洁净区逆向顺序更衣即可。

更衣过程中，工作人员应坚持“无菌面才能接触无菌面”的基本原则，牢记有菌面和无菌面，规范更衣操作，避免使无菌面变成有菌面。

更衣通道与生产区域会设置风淋间（空气吹淋室），人员接收由旋转喷嘴喷射的高速洁净气流来清除洁净服表面可能存在的尘埃粒子，同时风淋间两门不能同时开启，也起到了防止两个房间（尤其是洁净级别不同）交叉污染的作用。

## 四、人员进入一般生产区的洗手与消毒要求

人员进入一般生产区（非洁净区），应在更换一般生产区工作服后进行洗手与消毒程序。

**（一）洗手步骤**

在流动水下，双手充分淋湿至手腕上 5cm，取适量皂液（固体皂增加交叉污染风险），均匀涂抹至双手。

①掌心相对，手指并拢，相互揉搓。②手心对手背，沿指缝相互揉搓，交互进行。③掌心相对，双手交叉指缝相互揉搓，交互进行。④弯曲手指使关节在另一手掌心旋转揉搓，交换进行。⑤右手握住左手大拇指旋转揉搓，交换进行。⑥将 5 个手指尖并拢放在另一手掌心旋转揉搓，交换进行。⑦一只手的手掌握住另一只手的手腕部分，旋转揉搓，交换进行。

**（二）消毒要求**

洗手后要进行手消毒。常采用感应式清洗消毒机，既避免手与设备接触增加污染与交

叉污染的可能性，又容易烘干。消毒剂可选择75%乙醇溶液、0.5%新洁尔灭等溶液，企业应根据自身情况选择合适的消毒方案，例如交替使用两种消毒剂减少细菌耐药性发生等，并在消毒方案正式投入使用前进行手消毒效果验证。

## 思考题

1. 卫生管理在质量管理中有着重要的意义，包括哪些内容？
2. GMP对工作服的要求是什么？

扫码“学一学”

## 任务2 物料管理

物料包括药品生产用原料、辅料、包装材料和其他辅助生产物料。物料是药品生产的基础，药品生产就是物料流转加工成产品的一系列过程。因此，物料的良好管理是药品质量的重要保障。

### 一、物料标识

物料标识体现物料的身份信息、物料的质量状态、物料的流转过程。通过物料标识可以防止出现混淆和差错，因此，企业应建立物料标识的管理流程。

#### （一）物料标识的一般组成

物料标识一般由三个部分组成：名称、代码和批号。

名称一般采用《中国药典》等国家药品标准中规定的通用名称，对于没有国家药品标准的物料，企业可按照内部规定自行命名。代码相当于物料的数字身份，代码可采用字符串也可采用数字，代码必须保证物料身份的唯一性，通过代码能有效识别物料的种类、规格及其标准等信息。批号按照企业批号系统制订，满足物料的追溯性要求。

#### （二）物料标识的种类

**1. 质量状态标识** 物料的质量状态标识通常分为合格标识（一般为绿色）、待验标识（黄色）和不合格标识（红色），分别表明物料处于可以使用、待验不可用、不合格需销毁返工的状态。

**2. 类型状态标识** 根据企业实际情况，企业可设计多种物料类型状态标识，包括已取样标识、周转标识、接收标识、退货标识、废料标识、剩余物料标识等。

### 二、物料发放与领用

本任务所称的物料发放与领用发生在药品生产环节，物料已通过质量管理部门核准的采购、验收、取样、入库等过程，是合格的物料。物料发放应坚持先进先出、近效期先出的原则，待验和不合格物料不得发放。

#### （一）核对生产指令与领料单

生产车间根据生产指令提前制订好领料单（表1-1），并通知相关部门做好生产前准备工作。领料员领取物料前，应核对生产指令与领料单中的物料名称、物料代码、物料批号、物料所需量等信息。

**表 1-1 领料单**

领料单位： 领用性质： 日期： 单号： 第 页
药品名称： 规格： 包装规格： 批号： 共 页

| 项目 | 原辅料名称 | 单位 | 请领量 | 实发量 | 检验单号 | 备注 |
|---|---|---|---|---|---|---|
| | | | | | | |
| | | | | | | |

制单人： 批准人： 仓管员： 领料人：

### （二）检查物料、发放物料

仓储区管理员接到领料单后，与领料员核对所需的物料名称，物料规格，物料批号；找到物料货位号，核对物料信息标识和质量合格标识，同时检查物料外包装状态是否有破损、受潮、霉变等异常情况；确认无误后将物料从货位移出至仓储备料区存放，在货位卡和领料单上做好记录并签名。

### （三）物料交接

仓储管理员与领料员在仓储备料区进行物料的交接。领料员应根据领料单仔细核对物料信息、物料所需量和实际发放量，并检查物料合格标识和外包装是否完好，如发现异常情况应拒收，并按偏差程序处理。交接完毕后，领料员和仓储管理员应在领料单上签字。

## 三、物料存放、使用及退库

### （一）物料存放

领取物料后，为避免物料外包装上的微生物和粒子污染药品生产环境，所有领取的物料应经清除外包装流程，即由脱外包装操作人员在脱外包装室按照《脱外包装岗位操作法》拆除外包装，随后经传递窗（或缓冲室）才能进入生产车间备料区。生产备料区空气洁净度级别应与生产要求一致，同时满足物料储存条件，温湿度与物料性质相适应。

领取的物料应按品种、规格、批号分别堆放，并有明显标识。在生产备料区存放的物料，不宜超过两天的使用量，否则应有特殊规定。

### （二）物料使用

物料使用前需检查物料的品名、规格、批号、数量、合格证等，并有人复核，填写记录，检查、复核人签名。

对于连续使用的物料，每次启封后应及时密封，在物料标志上表明启封日期、使用数量、剩余数量，使用人、复核人签名；再次启封时，应核对记录；余料经复核后包封、标志、退库、记录。

各工序生产结束后应进行批产品使用物料的结料，考察物料平衡或消耗定额指标完成情况。如果发生偏差，执行偏差处理程序。

### （三）物料退库

生产过程中，物料如果已经启封，但生产中未使用完，又不适宜在车间长期存放，需要办理退库手续。

退库手续：①首先将物料恢复原包装，封口处理。如果包装已经破坏，则另选择合适的外包装，写好物料的标识和数量等信息。②车间填写退库单，写明物料的名称、代码、批号、数量、有效期或复验期等信息，将物料运至仓储区，连同退库单一起移交仓储区。③仓储管理员按物料的接收程序检查物料是否符合要求，双方签字后确认。④如果物料符合要求，将退库物料与原批号放在一起，填写货位卡，登记建账。如包装不符合要求，但物料没有受到污染，可以对物料重新包装、标识后再入库。如果物料受到污染，则作为不合格品处理。退库物料出库时遵循优先出库的原则。

## 思考题

1. 物料的领用与发放应注意什么？
2. 物料流转的过程如何保障物料不受污染？

扫码“学一学”

## 任务3　清场管理

清场是指每一个生产阶段完成之后，必须对生产过程中任何可能残留污染源的部分进行清洁、清理，目的是确保不影响下批产品的生产。《药品生产质量管理规范（2010年修订）》第一百九十四条规定：每次生产结束后应当进行清场，确保设备和工作场所没有遗留与本次生产有关的物料、产品和文件。下次生产开始前，应当对前次清场情况进行确认。

### 一、清场内容

清场分为大清场和小清场，更换品种或连续生产一定批次后要进行大清场，彻底清洁；同产品批次间或生产当日的清场称为小清场，确保不影响下批次及第二天生产。企业应通过验证确认连续生产的最大批次数，确定大清场频率。清场的内容主要包括：

**1. 清物料**　将剩余原料送物料暂存室存放，半成品交中间站保管。填写好物料标示卡，并记录在生产记录中。

**2. 清废弃物**　生产中产生的废弃物、不可继续使用的物料，由废弃物专用通道传递出生产区域。

**3. 清文件**　所有生产技术文件、生产记录存放于指定地点。生产状态等标识牌取下按照程序报废或清洁后保存至指定地点。

**4. 清生产环境**　生产环境包括台面、门窗、墙面、顶棚、地面、地漏、送风、回风、消防、照明设施外壁、桌椅柜、设备外壁等。清场后做到地面无积尘、无结垢，门窗、室内照明灯、风管、墙面、开关箱外壳无积尘。

**5. 清设备、管道、器具、容器**　要求设备内外无前次生产遗留的药品，无油垢；使用的工具、容器无异物；非专用设备、管道、容器、工具应按规定进行清洗消毒或灭菌。

### 二、清场频率

企业应通过验证确认规范、制定清场程序，确定清场内容、清场范围和相应的清场频率。

#### （一）生产环境清洁频率

对于制药企业生产环境，不同级别洁净区的清洁范围及频率参见表1-2。

**表1-2 不同级别洁净区清洁范围及频率**

| 级　别 | 清洁范围 | 清洁频率 |
|---|---|---|
| 一般生产区 | 清除废物并清洗废物池；擦拭台面、地面、设备外壁、桌椅柜外壁、走廊、门窗、卫生间、水池及其他设施上的污迹 | 每天生产前后各清洁1次 |
| | 擦洗门窗、水池及其他设施；刷洗废物池、地漏、排水道 | 每周工作结束全面清洁1次 |
| | 全面清洗工作场所，墙面、顶棚、照明、消防设施及其他附属装置除尘 | 每月结束后大清洁1次 |
| D级洁净区 | 直接接触药品设备表面的清洁后再用消毒剂消毒；清除并清洗废物池，用纯化水擦拭墙面、门窗、地面、室内用具及设备外壁 | 每天生产前后各清洁1次 |
| | 纯化水擦拭室内所有部分 | 每周工作结束全面清洁消毒1次 |
| | 全面清洁，包括拆洗设备附件及其他附属装置 | 每月结束后大清洁消毒1次 |
| B/C级洁净区 | 台面、墙面、地面、门窗、设备外壁等 | 每天生产前后各清洁消毒1次，每天臭氧消毒60分钟 |
| | 以消毒剂擦拭室内一切表面，包括墙面、照明和顶棚 | 每周工作结束全面清洁、消毒1次 |
| | 根据室内菌检情况决定消毒频率 | 每月臭氧空间消毒150分钟 |

### （二）设备清洁频率

对于制药企业设备，不同级别洁净区的清洁频率参见表1-3。

**表1-3 不同级别洁净区设备清洁频率**

| 级　别 | 清洁频率 |
|---|---|
| 一般生产区 | 设备使用前清洁1次 |
| | 生产结束后、更换品种时、设备维修后清洁 |
| D级洁净区 | 设备使用前清洁1次 |
| | 生产结束后、更换品种时、设备维修后清洁、消毒 |
| | 每周进行一次彻底清洁消毒 |
| B/C级洁净区 | 设备使用前清洁、消毒1次 |
| | 生产结束后、更换品种时、设备维修后清洁、消毒 |
| | 每周进行一次彻底清洁消毒 |

设备的在线清洗（Clean In Place，CIP）也称原位清洗，是指不用拆开或移动设备即可实现自动化自主式清洗。与传统的手动清洗相比，在均匀度、重复性、清洗时间、可参数化等方面具有优势，不会导致因人员操作引起的清洗不合格的现象发生。

## 三、清场记录和检查

### （一）填写清场记录

清场结束后应认真填写清场记录（表1-4），记录内容包括清场地点、清场日期、清场产品、清场工序、清场内容、自行检查情况、QA 检查情况、清场人、复核人、检查人等。清场记录纳入批生产记录进行管理。

**表 1－4 清场记录**

| | | | |
|---|---|---|---|
| 清场地点 | | 工序名称 | |
| 产品名称 | | 产品规格 | |
| 产品批号 | | 清场开始时间 | |

| 清场内容 | | 清场结果（自检） | 清场结果（QA） |
|---|---|---|---|
| 1 | 所有的原辅料、包装材料、中间品、成品、废弃物料是否已清理出生产现场 | | |
| 2 | 所有与下一批次生产无关的文件、表格、记录是否已清理出现场 | | |
| 3 | 房间内生产设备是否已清洁/消毒 | | |
| 4 | 生产用工具、器具、容器是否已清洁/消毒并按规定存放 | | |
| 5 | 地漏、水池、操作台、地面、墙面、门窗是否已清洁消毒 | | |
| 6 | 各项批记录是否填写齐全 | | |
| 7 | 状态标示是否正确 | | |
| 8 | 其他 | | |
| 清场结束时间： 年 月 日 时 分 | | | |

| 清场人 | | 复核人 | | QA | |
|---|---|---|---|---|---|

## （二）清场检查及清场合格证的发放

清场结束后清场人员首先进行自检，自检合格后贴挂“已清洁”标识，由 QA 人员按清场要求进行检查，并在清场记录上标明检查结果，合格后发“清场合格证”。“清场合格证”一般分为正副本（表 1－5），正本进入本批生产记录，清场人员应将“清场合格证（副本）”悬挂于指定位置。下次生产前，生产人员确认各处处于“已清洁”状态后，方可进入操作区，QA 确定“清场合格证（副本）”在有效期内时方能发给生产许可指令，生产人员接到 QA 指令后才可进行下次生产，清场合格证（副本）进入下批记录。

**表 1－5 清场合格证**

| 清场合格证（正本） 编码： | | | |
|---|---|---|---|
| 清场岗位 | | | |
| 原生产品种 | | 产品批号 | |
| 换生产品种 | | 产品批号 | |
| 清场者 | | 清场日期 | 年 月 日 |
| QA | | 检查日期 | 年 月 日 |
| 有效期至： 年 月 日 | | | |
| 清场合格证（副本） 编码： | | | |
| 清 场 岗 位 | | | |
| 原生产品种 | | 产品批号 | |
| 换生产品种 | | 产品批号 | |
| 清场者 | | 清场日期 | 年 月 日 |
| QA | | 检查日期 | 年 月 日 |
| 有效期至： 年 月 日 | | | |

## 思考题

1. 一般清场要求有哪些?
2. 比较设备的在线清洗功能与传统的设备清洁的优劣。

扫码“学一学”

## 任务 4 生产文件的认知与填写

文件贯穿于药品生产的全过程，文件的存在使得一切药品生产活动有章可循、照章办事、有案可查，保证药品生产活动能够规范化地运转。药品生产文件主要包括标准和记录两大类。标准类文件强调科学、清晰、易懂，是生产活动的指导，使员工能够满足文件要求；记录类文件强调完整、真实、准确，是生产活动的证据，具有追溯性。

### 一、药品生产文件的基本类型

#### （一）标准类

**1. 技术标准** 技术标准包括国家标准、地方标准、行业标准以及企业制定的技术性标准，例如产品工艺规程、产品检验操作规程、生产过程验证方案等。

**2. 管理标准** 是指企业为了使管理职能标准化、规范化而制定的书面要求，如人员的卫生管理制度、设备器具管理制度等。

**3. 工作标准** 是指以人或人群的工作为对象，对其工作范围、职责、权限以及工作内容考核等提出的书面要求，例如标准操作规程（SOP）、岗位操作法等。

#### （二）记录类

这类文件主要反映实际生产过程中的结果或证据，包括生产管理记录、监测维修记录、销售记录、质量管理记录、验证记录等。

2015 年 5 月 26 日，国家食品药品监督管理总局正式发布了《药品生产质量管理规范（2010 年修订）》法规的新附录之一《计算机化系统》，提出了数据完整性的具体要求，明确指出数据完整性包括数据的准确性和可靠性两层含义。与传统的纸质文件相比，利用计算机系统创建的各类标准和记录类文件，可通过计算机系统分配人员的权限，只有经许可的人员才能进入和使用系统，确保数据不被人为误操作或有意篡改。计算机系统中数据不能随意更改和覆盖，其输入和修改过程都被计算机记录，可进行审计追踪，大大保证了数据的完整性。对于电子数据来说，除了完整性，更值得思考的是如何进行文件的保存备份，确保文件的物理安全性。

### 二、文件流转程序

#### （一）文件的生命周期

文件的生命周期包括文件的起草、审核、批准、生效、发放、培训、使用、存档、修订、废除等过程。在药品生产过程中，文件经批准后数个工作日后才正式执行，以利于员工的培训、学习。文件一旦执行，除有特殊情况，任何人都不得随意改动文件。

#### （二）批生产记录的流转程序

下面以批生产记录为例，介绍文件如何在生产活动中进行流转。批生产记录为一个批次的待包装品或成品的所有生产记录。

**1. 编制与印刷** 企业首先按照要求对批生产记录进行编号，编制的批生产记录表格中应包括产品名称、规格、批号、生产开始结束时间、步骤操作人员签名及复核人签名、生产工序负责人签名、原辅料信息及实际投料量、生产操作主要内容及所用设备编号、中间控制结果及操作人员签名、产量及物料平衡计算、异常特殊情况等内容。

空白的批生产记录应经过生产管理负责人和质量管理负责人的审核和批准，印刷应当由专人负责，不得随意复印，复印应有相应的控制程序和记录。每批产品只能发放一份空白生产记录的复印件。

**2. 发放** 履行发放手续，有文件发放记录表，发放人和接收人均需签字。

**3. 记录** 操作人员如实记录操作情况，不得随意修改原始数据，相关人员履行审核签字职能。

**4. 车间整理** 每批产品生产结束后，车间管理人员整理好该批产品各岗位上的记录，及时上报生产部，生产部进行审核。

**5. 质量管理部门审查** 生产部审核合格后交由质量管理部门审核，做出是否放行的判断。

**6. 保存** 批生产记录由 QA 存档，至少保存至该产品有效期后一年。

## 三、生产记录文件的填写

生产记录文件是生产活动的重要证据，在记录时务必要完整、真实、准确。应尽可能采用生产和检验设备自动打印的记录、图谱和曲线图等。其一般填写要求是：

（1）记录应留有数据填写的足够空格。不能将生产记录当成“回忆录”“备忘录”，更不得造假。

（2）字迹清晰、易读，不易擦掉（不能使用铅笔填写）。

（3）不可使用不规范的缩写，注意数字单位，有效数字与要求一致，采用“四舍六入五成双”的修约原则。

（4）按表格内容填写齐全，不得留有空格。无内容时用“/”表示，重复内容不得用“···”或“同上”表示。

（5）品名不得简写，按标准名称填写。

（6）只有由本人获得的数据，才可填入记录。操作者、复核者应填写全名。

（7）禁止覆盖、删除、涂改任何已填写的数据信息。原始数据的更改应保证更改后原来的信息仍可读，更正人应签名，注明日期和更正原因，如：打印错误，数字调换或抄写错误等。记录如需重新誊写，则原有记录不得销毁，而应作为重新誊写记录的附件保存。

## 四、实训考核与思考

### （一）实训考核

请按照生产记录的填写要求填写表 1-6。

**表 1－6　××公司粉碎过筛岗位生产记录**

编号：

| | | | |
|---|---|---|---|
| 产品名称 | | 代码 | |
| 批号 | | 规格 | |

按粉碎过筛岗位 SOP 规定操作

| | 操作要求 | 执行情况 |
|---|---|---|
| 生产前检查 | 1. 是否有生产指令 | 1. 是□否□ |
| | 2. 清场合格证是否在有限期内 | 2. 是□否□ |
| | 3. 计量器具校验合格证是否在效期内 | 3. 是□否□ |
| | 4. 按批生产指令核对物料名称、规格、批号、数量、外观质量 | 4. 是□否□ |
| | 5. 检查设备内应无异物 | 5. 是□否□ |

| | | | | | |
|---|---|---|---|---|---|
| 粉碎机名称编号 | | 筛粉机名称编号 | | 筛网目数 | |

操作过程

| 操作步骤 | 工艺要求 | 操作记录 | 操作人 | 复核人 |
|---|---|---|---|---|
| 核对物料 | 批号、数量正确，外观质量无异常 | __日__时__分结果：____ | | |
| 检查粉筛机 | 生产前：洁净、完好 | __日__时__分结果：____ | | |
| 粉筛完毕 | 检查粉筛机：完好 | __日__时__分结果：____ | | |
| | 做好标记送包装岗位 | __日__时__分粉筛完毕送包装岗位 | | |

| | 物料名称 | 批号 | 领取量（kg） | 粉筛收得量（kg） | 废料量（kg） |
|---|---|---|---|---|---|
| 生产操作 | | | | | |
| | | | | | |
| | | | | | |
| | | | | | |
| | 投料总量（kg） | | | 物料件数 | |

| | |
|---|---|
| 物料平衡 | 限度：　　≤限度≤　　　实际为：　% <br> 符合限度□　　不符合限度□ <br> 公式：（收得量＋废料量）/领取量×100% <br> 计算： <br> ________×100% ＝　　% <br> 计算人：　　　　复核人： |
| 传递 | 交接量：　　kg　　物料件数：　　件 <br> 移交人：　　　　接收人： <br> 日期：　年　月　日　车间负责人：　　质检员： |
| 备注 | 偏差分析及处理： |

（二）思考题

1. 生产记录常出现的错误有哪些？

2. 比较纸质文件与电子文件的优劣。

扫码“学一学”

## 任务5　药品安全生产基本知识

安全生产是各行各业的基本要求，也是最重要的要求。随着时代发展，我国逐步确立了“安全第一、预防为主、综合治理”的安全生产方针。药品生产往往具备易燃、易爆、有毒物质多，生产自动化程度高，生产条件苛刻，生产装置大型化，压力容器多等特点，对安全化生产提出了更高的要求。每个从事药品生产工作的人都要牢记药品安全生产的重要性，掌握岗位安全知识。

### 一、安全用电知识

#### （一）触电危害

触电是电击伤的俗称，通常是指人体直接触及电源，或高压电经过空气或其他导电介质传递电流通过人体时引起的组织损伤和功能障碍，重者发生心跳和呼吸骤停。通过人体的电流越大，人体的生理反应越明显，致命程度越高。

按照触及带电体的方式和电流通过人体的途径分类，触电分为以下三类：

**1. 单相触电**　人体在地面或其他接地导体上，人体其他部位触及一相带电体，电流通过人体流入地面，即为单相触电，大部分事故属于此类。

**2. 两相触电**　人体两个部位同时触及带电体的两相，使得电流从带电体一相通过人体流入另一相，形成一个闭合回路。这种情况下人体电压等于线电压，十分危险。

**3. 跨步电压触电**　当设备发生故障时，接地电流通过接地体向大地流散，在地面形成电位分布，此时人在接地短路点周围行走，其两脚之间的电位差就是跨步电压，由跨步电压导致的触电成为跨步电压触电。

#### （二）触电的防护措施

**1. 绝缘**　将带电体用绝缘材料封闭起来。

**2. 屏护和间距**　将带电体隔离起来，或带电体与作业场所保持一定距离，避免人员靠近。

**3. 电工安全用具**　使用绝缘安全用具等防止人员触电、灼伤，保障人员安全。

**4. 安全电压**　将可能加在人身上的电压限制在某一范围内，已获得足够的安全条件，例如安全电压一般确定为36V，水下作业为6V。

**5. 电气联锁**　在作业场所安装电气联锁，确保通电条件下人员不能接近或触及带电体。

**6. 安全漏电保护装置**　安装触电保安器，当发生绝缘损坏及漏电故障时，能切断电源保障人身安全。

**7. 保护接地和保护接零**　按照实际情况设置保护接地或保护接零，防止人员触及漏电设备造成的事故。

#### （三）触电急救

触电急救的首要措施是使触电者脱离电源，但要注意保护自身。切断电源，使用绝缘工具解脱触电者，跨步电压触电时注意穿绝缘靴或双脚并紧跳跃接近触电者，将触电者带至8～10m外才算到达安全区域。

触电者脱离电源后，应使其躺平，观察其神志和呼吸情况，需要抢救的伤者要立即就地正确抢救，联系相关部门接替救治。抢救措施主要是心肺复苏，如口对口人工呼吸、前区叩击术、胸外心脏挤压术等。

## 二、防火防爆知识

### （一）防火的主要措施

火灾是在时间或空间上失去控制的燃烧所造成的伤害。燃烧是有条件的，必须同时具备可燃物、助燃物和点火源三个要素。因此，防火可针对这火灾三要素展开。

**1. 阻燃** 应用高分子材料阻燃化技术建设厂房建筑等，克服材料的可燃性，减少火灾发生或火灾的蔓延。

**2. 安全间距** 车间工艺装置之间设置足够的防火间距，避免火灾蔓延到相邻装置。

**3. 控制点火源** 明确点火源包括明火、摩擦与撞击、高热物及高温表面、电气火花、静电火花、化学反应热、光线照射等，凡是有可能成为点火源的，在生产中都要采取相应措施尽可能避免。

**4. 控制可燃物** 在充分考虑工艺的前提下，尽可能使用危险小的物料；实在不能替换的，如使用遇空气自燃、遇水燃烧的物质，应提前做好隔绝空气或通风、散热降温、防潮防水等措施。

**5. 火灾探测** 安装火灾报警装置，确保其敏感性符合生产及安全要求。

**6. 灭火** 包括隔离、窒息、冷却、化学抑制等措施。企业应培训人员判断灾情，会正确选择并使用多类灭火器。

### （二）防爆的主要措施

爆炸指物质在瞬间以机械功的形式释放大量气体和能量的现象。爆炸的原因包括物质的状态和压力变化引起的物理爆炸，核裂变或核聚变释放出核能形成的核爆炸，由化学变化引起的化学爆炸。防止爆炸的原则主要为：防止爆炸系统的形成；消除着火源；限制爆炸蔓延。防爆的主要措施为：

**1. 防止形成爆炸性混合物** 如可燃物质（可燃气体、蒸气、粉尘）与空气（氧气）混合的爆炸极限（表1－7），可通过密闭防止空气进入，或通过通风稀释可燃物的浓度。

**表1－7 常用溶剂、可燃气体的爆炸极限（体积分数,%）**

| 品　名 | 爆炸极限 | 品　名 | 爆炸极限 | 品　名 | 爆炸极限 |
|---|---|---|---|---|---|
| 甲醇 | 5.5～36 | 汽油 | 1.0～6.0 | 环己酮 | 3.2～9.0 |
| 乙醇 | 3.3～19 | 异丙醇 | 3.8～10.2 | 氢气 | 4.0～75 |
| 天然气 | 4.8～13.46 | 乙烯 | 2.7～36 | 丙烯 | 2.0～11.1 |
| 煤气 | 5.3～32 | 正丁醇 | 1.4～11.2 | 苯 | 1.4～7.1 |
| 乙炔 | 2.5～80 | 异丁醇 | 1.7～7.3 | 甲苯 | 1.5～7.0 |
| 丙酮 | 2.6～12.8 | 乙酸乙酯 | 2.2～11.5 | 二甲苯 | 3.0～7.6 |
| 甲基异丁基酮 | 1.2～8.0 | 乙酸丁酯 | 1.7～15 | 乙二醇丁醚 | 1.1～10.6 |
| 乙醚 | 1.9～48 | 甲醛 | 7.0～73 | 乙醛 | 4.0～60 |
| 氨气 | 16～25 | 二硫化碳 | 1.3～50 | 二氯乙烷 | 6.2～12 |
| 甲烷 | 5.3～15 | 乙烷 | 3.0～15.5 | 一氧化碳 | 12.5～74.2 |

**2. 消除着火源** 与火灾相似，电能、机械能、化学能、热能、表面能都会转化为着火源，如明火、摩擦与撞击、高热物及高温表面、电气火花、静电火花、化学反应热、光线照射等。根据着火源不同，应采取相应安全措施。

**3. 爆炸探测** 安装测爆仪监测爆炸性气体的泄露程度。

**4. 采用泄压装置** 例如安全阀和爆破片。

**5. 使用指示装置** 指示系统的压力、温度、水位等，随时把控系统状态。

## 三、危险化学品安全操作知识

《危险化学品安全管理条例》第三条明确指出危险化学品是指具有毒害、腐蚀、爆炸、燃烧、助燃等性质，对人体、设施、环境具有危害的剧毒化学品和其他化学品。事实上，在药品生产企业人员除了会接触到危险化学品，生物危险品、放射性药品也无法避免。无论是什么性质的物质，凡是会造成健康危害和环境危害的，企业和人员都要高度重视，并采取相应的防护处理措施。

### （一）危险化学品生产安全知识

药品投入生产之前，要充分考虑厂址、车间、功能区域的选择和布局，设施、装置、工艺的合理性也需要经过反复评估。除此之外，涉及危险品的，要格外强调危险品规范化生产；操作人员要掌握涉及工艺任何一环节的所有危险化学品的信息和安全知识；生产开始前要组织论证、检查和确认；停止生产时要按规定操作并做好后续处理；排放物要引至安全地点并得到妥善处理；检维修频率要科学合理；拆除和报废之前做好风险评估，清洗干净验收合格后方可报废；对某些岗位要实行作业许可证管理并严格审批手续；易燃易爆、有毒有害场所要张贴显著的警示标志；有符合国家规定的危险化学品事故应急预案和必要的应急救援器材、设备。

### （二）危险化学品储存安全知识

企业储存危险化学品应遵照国家法律、法规和其他有关的规定。危险化学品的储存应按照分类储存的原则，禁忌物料不能混存，灭火方法不同的不能同库储存。常见危险化学品储存的温、湿度条件，见表1-8。

**表1-8 常见危险化学品储存温、湿度条件**

| 品种 | 适宜温度/℃ | 适宜相对湿度/% |
|---|---|---|
| 发烟硫酸、亚硫酸 | 0~30 | ≤80 |
| 硝酸、盐酸及氢卤酸、氟硅（硼）酸、磷酸等 | ≤30 | ≤80 |
| 磺酰氯、氯化亚砜、氧氯化磷、氯磺酸等多卤化物 | ≤30 | ≤75 |
| 发烟硝酸 | ≤25 | ≤80 |
| 溴素、溴水 | 0~28 | - |
| 甲酸、乙酸、乙酸酐等有机酸类 | ≤32 | ≤80 |
| 氢氧化钾（钠）、硫化钾（钠） | ≤30 | ≤80 |
| 甲醛溶液 | 10~30 | - |

人员可以登录国家危险化学品安全公共服务互联网平台，查阅相关法律法规，在线检索危险化学品安全信息（包括理化特性、危害信息和应急处置措施）和登记信息。

### （三）常见危险化学品的急救处理

**1. 强酸** 强酸包括硝酸、硫酸、盐酸等。皮肤沾染后用大量清水冲洗，或用小苏打、肥皂水洗涤，必要时敷烧伤软膏；溅入眼睛用温水冲洗后，再用5%小苏打溶液或硼酸水洗；进入口内，立即用大量水漱口，给饮牛奶或蛋清，禁止催吐（造成消化道二次损伤），或用氧化镁悬浊液洗胃；吸入中毒后，应立即移至空气新鲜处，保持体温，必要时吸氧。

**2. 强碱** 强碱指的是氢氧化钠、氢氧化钾等。接触皮肤后，用大量清水冲洗，或用硼酸水、稀乙酸冲洗后涂氧化锌软膏；触及眼睛后，立即用温水冲洗；吸入中毒者（如氨水），移至空气新鲜处，严重者送医院治疗。

## 思考题

扫码“练一练”

1. 防爆炸的主要措施有哪些？
2. 试编写某一危险化学品的安全技术操作指南。

（杨怡君）

项目二

# 公用工程系统岗位综合实训

【项目实训目标】

1. 掌握纯化水、注射用水的生产工艺要点。
2. 了解制药用水日常监控的意义和关键监测指标。
3. 掌握暖通空调系统的组成与功能。
4. 能理解公用工程系统岗位对于整个生产车间运行的影响和意义。

【项目任务解析】

| 项目组成 | 任务名称 | 面向职业（代码） | 面向岗位 |
|---|---|---|---|
| 任务一 | 制水车间岗位实训 | 医药制造人员（6－12） | 药物制剂工、QA、QC等 |
| 任务二 | 空调系统岗位实训 | 医药制造人员（6－12） | 药物制剂工、QA、QC等 |

扫码“学一学”

## 任务1　制水车间岗位实训

现行版《中国药典》收载的制药用水按照使用范围的不同分为饮用水、纯化水、注射用水、灭菌注射用水。制药用水是药品生产过程的重要原料，应减少或避免从制药用水中带来杂质或污染源。药品生产企业应从制备、储存、分配等方面控制制药用水的质量，满足生产要求。

### 一、纯化水的生产

扫码“看一看”

《中国药典》规定：纯化水为饮用水经蒸馏法、离子交换法、反渗透法或其他适宜方法制得的制药用水。目前，制药行业采取的纯化水制备系统主要包括前端的预处理系统和后端的纯化系统两部分组成。

#### （一）预处理系统

预处理的出水水质必须满足后端的纯化系统的进水要求，因此预处理的目的主要是：①去除原水（即饮用水）中的悬浮颗粒、胶体、部分微生物；②去除钙镁离子、氧化物质等。

目前比较常见的预处理系统为：原水箱→原水泵→多介质过滤器→活性炭过滤器→软化器。多介质过滤器填充石英砂、无烟煤等，去除大颗粒杂质、悬浮物、胶体等；活性炭过滤器去除水中的游离氯、微生物、有机物以及部分重金属；软化器降低水的硬度。

#### （二）纯化系统

纯化系统的主要目的是将预处理系统的出水水质净化为符合药典要求的纯化水。常用的技术包括反渗透（Reverse Osmosis，RO）技术、电去离子技术（Electrodeionization，

EDI）等。企业根据自身需求设计由不同模块组成的纯化系统。

其中RO系统包括阻垢剂加药装置、精密过滤器（保安过滤器）、$CO_2$脱气装置或NaOH加药装置、增压泵、反渗透装置等。如果水中钙镁离子含量较高，仅采用软化器降低硬度会使软化器体积很大，可加入阻垢剂（常用六偏磷酸钠）降低RO膜结垢风险；精密过滤器（保安过滤器）是防止预处理过程的微小粒子进入反渗透膜而采取的一种保护措施，一般要求过滤介质孔径为5μm；$CO_2$脱气装置或NaOH加药装置预防水中$CO_2$对后续EDI阴离子树脂的损坏；增压泵使RO进水压力高于水的渗透压，为RO系统提供动力；反渗透装置目前常采用全自动控制，可实现反渗透膜相关组件的清洗、水箱满保护、高低压保护、过热保护等功能。为了防止微生物滋生影响水质，设置紫外线杀菌器如紫外线灯等，常采用波长为254nm的紫外线，水层厚度一般不超过2.2cm。

EDI将电渗析和离子交换技术相结合，在电场作用下使水中离子定向移动，通过离子交换树脂加速离子去除，从而达到纯化的目的。EDI在水处理中一般用来深度除盐，因此要求以RO水为进水。

目前比较常见的纯化系统为：二级RO、一级RO加EDI、二级RO加EDI（图2-1）。

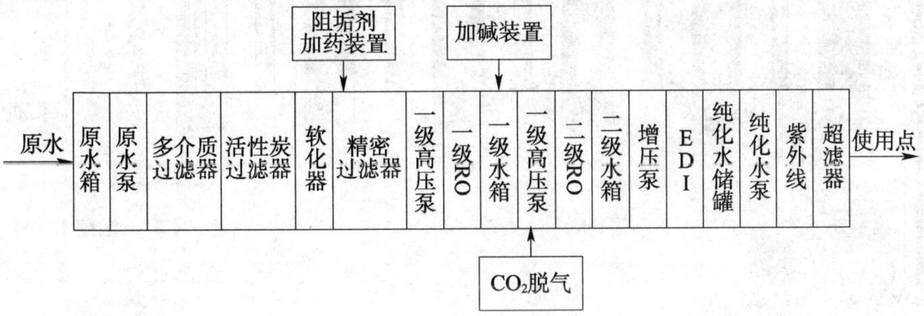


图2-1 二级RO加EDI制备纯化水工艺流程图

## 二、注射用水的生产

现行版《中国药典》规定：注射用水为纯化水经蒸馏制得的制药用水。在国外如果能证明某技术与蒸馏法一样有效可靠，也可以用来制备注射用水。但蒸馏法依然是世界公认的首选方法，这是基于热原的不挥发性和水溶性，采用蒸馏法和汽液分离装置可以有效去除水中的热原。

制备注射用水主要采用多效蒸馏水机，注意这里的“多效”，并不是“反复蒸馏”的表达，而是前一效产生的蒸汽作为后一效热源的“节能”表达。常规多效蒸馏水机效数为3~8效，每一效由蒸发器、预热器和冷凝器等组成，蒸发器内置汽液分离结构。以五效蒸馏水机为例介绍工作原理（图2-2）。

（1）每一效蒸发器都进行蒸馏过程。

（2）第一效蒸发器以工业蒸汽（生蒸汽）为热源，其他蒸发器以前一效蒸发器产生的纯蒸汽为热源。

（3）第一效蒸发器是由工业蒸汽提供热能，其冷凝后产生的凝结水作为工业废水被排放；其他蒸发器纯蒸汽被冷凝为蒸馏水，故从第二效开始，每效产生的都是注射用水。

（4）纯化水（原料水）首先进入冷凝器预热，然后依次进入五效、四效、三效、二效、一效预热器预热；进入第一效蒸发器顶端经分配装置去除不凝性气体，均匀地分布进入蒸发列管，在蒸发列管内形成均匀的液膜，同列管外壁的工业蒸汽进行热交换，一部分原料水迅速蒸发成为蒸汽，在压力差的作用下往柱体下部运动，在蒸发器底部的汽 - 液分离装置进入纯蒸汽管路作为第二效的热源；未被蒸发的水被输送到第二效，作为第二效蒸发器的原料水；进入第二效的蒸汽被二效的原料水（纯化水）吸收热量后凝结成注射用水，二效的纯化水吸收热量变成蒸汽进入第三效作为热源。以后各效情况相同，如果液体在最后一效仍未被蒸发（浓缩水），将作为废水排放。

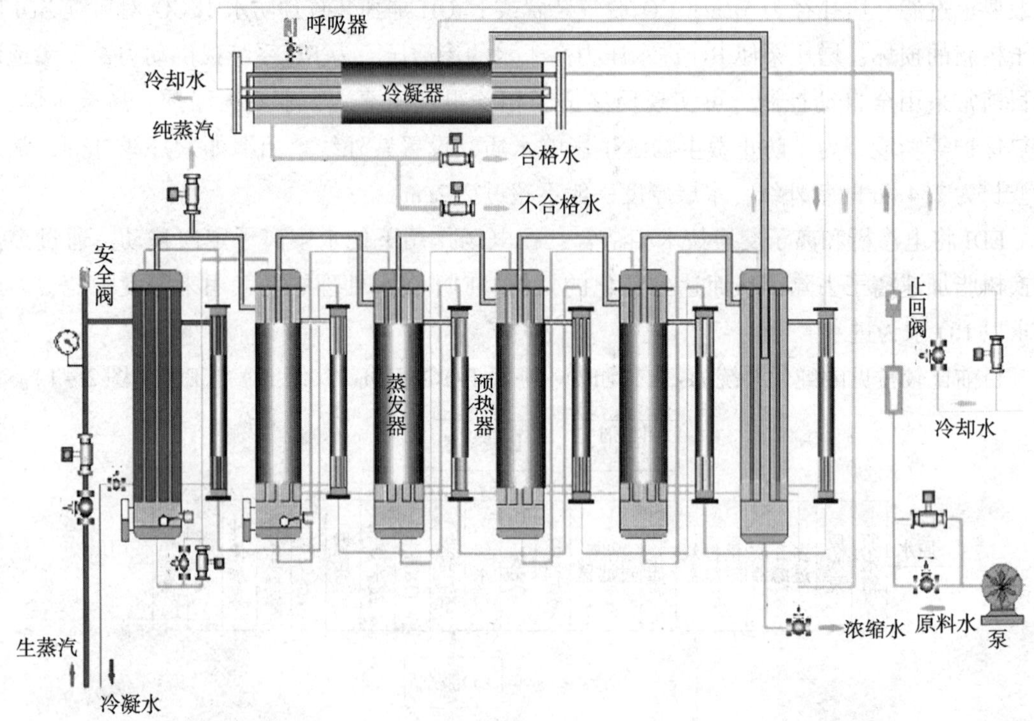


图 2 – 2 五效蒸馏水机原理图

（5）末效产生的纯蒸汽进入冷凝器被冷凝。各效产生的注射用水温度都超过 100℃，收集送入冷凝器预热原料水（纯化水）的同时在冷凝器被冷却到合适温度。

多效蒸馏水机中，每效产生的纯蒸汽都用于加热下一效的原料水，纯蒸汽在经过相变冷凝后成为注射用水，在这个过程中，只有第一效蒸发器需要引入外部的热源——工业蒸汽加热，各效纯蒸汽都是靠原料水的冷却作用冷凝，所以在节约能源方面效果非常明显。

多效蒸馏水机的关键技术之一是液体成膜技术。纯化水由设备顶端进入，经列管端的液体分布器均匀的流入加热管内，溶液沿管内壁成膜状下流并进行蒸发，液体成膜的质量对于增强换热效果、节约能耗和提高蒸汽的质量至关重要。汽 - 液分离技术是蒸馏法的另一关键，因为水蒸气中往往混合着水，而热原具有水溶性，若不进行气液分离热原会进入冷凝水中。目前常采用的气液分离技术包括重力分离、螺旋分离、导流板撞击式分离等。

## 三、制药用水的检验及日常监控

制药用水设备运行一段时间后，为了保证水质满足《中国药典》和 GMP 要求，需要对设备定期清理、维护，并对水质进行检验。除了按照一定频率检验水的酸碱度、氯化物、重金属、亚硝酸盐、微生物限度等指标外，还需要在线实时检验关键质量指标，监测水质变化。一旦发现异常，迅速按照拟定程序进行处理，如停止生产、停机检修。纯化水、注射用水制备步骤中能够在线监测的关键质量指标，见表 2 – 1。

**表 2-1 制药用水日常在线监测表**

| 项目名称 | 设计值 | 实测值 | 检查结果 |
|---|---|---|---|
| 多介质过滤器关键质量监测指标 | | | |
| 进水浊度 | | | |
| 出水浊度 | | | |
| 活性炭过滤器关键质量监测指标 | | | |
| 出水总有机碳（TOC） | | | |
| 出水余氯 | | | |
| 软化器关键质量监测指标 | | | |
| 软化器盐罐液位 | | | |
| 软化器出水压力 | | | |
| 一/二级反渗透关键质量监测指标 | | | |
| 进水压力 | | | |
| 浓水压力 | | | |
| 产水电导率 | | | |
| EDI 关键质量监测指标 | | | |
| 进水压力 | | | |
| 浓水压力 | | | |
| 产水电导率及温度 | | | |
| 蒸馏水机关键质量监测指标 | | | |
| 进水电导率 | | | |
| 蒸馏水出水温度 | | | |
| 蒸馏水出水电导率 | | | |
| 蒸馏水出水 TOC | | | |
| 注射用水储罐关键质量监测指标 | | | |
| 储罐液位 | | | |
| 储罐温度 | | | |
| 回水温度、电导率、TOC 等 | | | |
| 回水流速 | | | |

## 思考题

1. 为什么 RO 技术成为目前纯化水制备的主流？
2. 多效蒸馏水机是不是效数越多越好？

扫码“学一学”

## 任务2　空调系统岗位实训

药品生产的特点决定了生产环境的特殊性，对温度、湿度、洁净度甚至空气的方向都有一定要求。药品生产企业主要通过“暖通空调系统（Heating，Ventilation and Air Conditioning，HVAC）”实现这些目标。作为质量控制系统的关键组成，企业的空调系统直接决定了药品生产环境的参数是否符合要求，并可减少人和环境对药品造成的不良影响，同时保护人员的健康和周围的环境。

### 一、HVAC 的组成与功能

无特殊要求时，HVAC 系统一般将生产环境温度控制在 18～26℃，相对湿度控制在 45%～65%。外界空气通过 HVAC 净化至 GMP 规定级别要求，通过风量控制使不同级别洁净区之间的压差不低于 10Pa。HVAC 还可以控制气流方向，当洁净级别要求为 A 级时，气流应采用单向流（层流）；洁净级别为 B/C/D 级时，气流应采用非单向流。洁净工作台、洁净层流罩属于局部洁净装置，在此不再赘述。

HVAC 的设计一定要充分考虑车间拟生产品种的净化要求和工艺特点，同时需符合《GMP》、《洁净厂房设计规范》、《医药工业洁净厂房设计规范》等规范性文件的要求。HVAC 造价较高，运行成本昂贵，其设计是否合理直接关系到前期的投资和后期的运行、维护成本。

HVAC 对空气处理的具体流程是：室外新风→初效过滤→回风混合→表冷（表面式冷却）→风机加压→加热→中效过滤→高效过滤→送入室内。HVAC 的组成，见图 2－3。

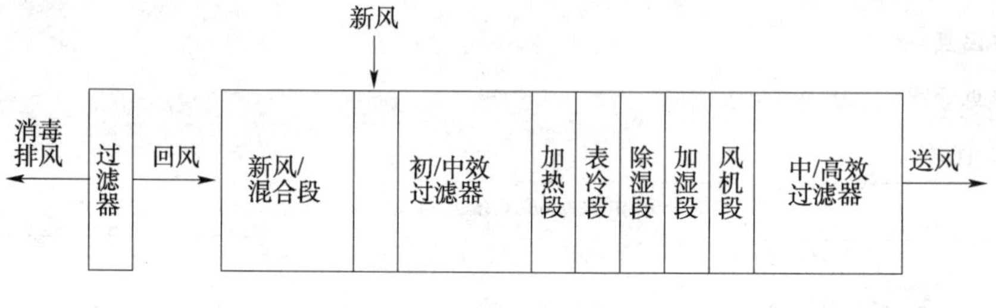


图 2－3　HVAC 系统一般组成

#### （一）风机段

空气流动的动力段，调控风量风速。一般采用变频控制，可使系统风量保持恒定、房间压力稳定。

#### （二）新风段与回风段

新风段提供新鲜空气（新风），新风量应保持室内每人每小时不低于 40m³，且补偿室内排风量和保持室内正压所需的新鲜空气量。为减少杂物吸入量，新风口风速一般不大于 5m/s，以 3～4m/s 为宜。回风口一般设置过滤器，避免污染和交叉污染。不采用顶部回风，因为回风流向如果与尘粒沉降方向相反，会导致洁净区下部沉积较大粒径的颗粒。单向流洁净室采用水平送风水平回风或垂直送风垂直回风，非单向流洁净室一般采用顶送下侧回、侧送下侧回。

（三）排风设计

对不宜回风的房间，须建立排风系统。例如生产中使用有机溶媒的，因气体积聚可构成爆炸火灾危险的，病原体、放射性药品操作区，生产中产生大量有害物质或异味的，生产特殊性质的药品如高致敏性药品（青霉素类）或生物制品的，应设置局部排风装置或全室排风装置。排风设计应避免室外气流倒灌，如有易燃易爆物质，还应安装相应设施，排风介质排放量或有害浓度超过规定时，必须经过净化（无害化）处理，避免影响环境。

（四）空气过滤器

空气过滤器按性能分为初效、中效、高效、超高效等工段，初效段过滤 5μm 以上的尘粒和异物，主要针对新风及大颗粒尘埃；中效段过滤 1μm 以上的尘粒和异物，过滤新风及回风，作为高效段的预滤器，延长高效段的寿命；高效段一般位于系统末端，决定空气最终的洁净程度。要根据洁净要求合理选择末级过滤，并匹配起保护作用的过滤器，相邻两级过滤器相差不能太大。同时，过滤器对空气形成阻力，过滤时间越长，积尘越多，阻力增大，通风量下降，导致洁净级别和温湿度不合格，因此每个过滤段都应安装压差计，以确定何时更换滤器。

（五）表冷段与加热段

表冷（表面式冷却）段主要用来降低空气的温度，当空气温度降低时，气体部分冷凝成水，故也兼具除湿作用；加热段采用工业蒸汽或电加热，蒸汽加热采用蒸汽盘管，有阀门调节蒸汽流量；电加热外壳必须接地，避免漏电导致事故。

（六）加湿段与除湿段

升温、冷却都可除湿，当表冷段和加热段都无法满足除湿要求时，可选择除湿机进行吸附除湿。加湿时采用纯蒸汽或纯化水加湿空气，设备应有缺水断电功能。

（七）消声段

空调系统造成噪声超过允许值时，应采用隔声、消声、隔震等措施降噪，消声设备满足洁净条件。

（八）消毒段

目前主要采用臭氧对空气消毒，HVAC 通过循环风将臭氧发生器产生的臭氧扩散至整个区域。消毒时应关闭排风装置，保证无人，消毒后 30 分钟方可入内。

## 二、空调系统的使用与维护

（一）空调系统的使用

**1. 安装、调试、验证** 机组应严格按照图纸安装，安装时尽可能留出功能段检修的空间。安装、调试后，进行过滤器检漏、风管的漏光和漏风、风向、截面风速、风量、气流组织、自净时间、静压差、温湿度、照度、噪声、洁净度级别等测试，按照 GMP 中验证与确认的相关要求，验证空调系统能够满足生产要求。

**2. 开机与关机** 开机时先将新风阀、送风阀、回风阀开启至合适角度，然后开启电源开关，启动风机，视具体情况开启表冷器或加热器；关机时在表冷器和加热器关闭半小时后才可以关闭风机。

**3. 空调的使用记录** 空调使用期间，要如实记录室内外温湿度、送风和回风总管温湿度、表冷段进出口冷冻水温度、蒸汽加热段蒸汽压力和温度、风机等设备启停状态、各级空气过滤器压力等，确保 HVAC 运行正常。

**4. HVAC 控制参数的监测** 为保证 HVAC 系统运行期间能按照规定达到相应的洁净级别，并运行稳定，需要对能反映环境的参数进行监测。监测项目与空调安装验证的项目类似，包括压差（差压计）、温度湿度（温湿度计）、照度（照度计）、风速风量（风速仪）、悬浮粒子数（悬浮粒子计数器）、浮游菌（浮游菌采集器）、沉降菌（培养皿）、表面微生物（培养皿）等。

**（二）空调系统的维护**

HVAC 系统运行期间，除了定期对系统进行检测，发现潜在的事故隐患，还应采取预防性或修理措施，提高整个系统的运行水平。重点应考虑以下几个方面：

**1. 风机组** 每月检查风机传动带松紧情况，及时调整传动带松紧度，为轴承等需润滑部分加注润滑油，检查软接头，及时更换破损处。

**2. 空气过滤器** 初、中效过滤器的终阻力为初阻力二倍时，必须清洗更换，并建立档案；清洗时应选择中性洗涤剂，饮用水漂净，脱水后晾干，分类保存。

**3. 表冷器** 冬季应将水排空，防止结冰冻裂设备。每半年用压缩空气或水清洗表冷器铝片表面污垢，每年用化学试剂清洗表冷器内部，除去水垢。

4. 空调系统内外的易锈蚀组件应做好除锈工作和防锈处理。

5. 空调系统内外部应定期清扫、擦洗。



## 思考题

扫码“练一练”

1. 进入洁净室，你能否通过室内空气净化设置的特点判断该洁净室级别？
2. 口服固体制剂与注射剂的 HVAC 系统设计应从哪些角度考虑，有哪些不同？
3. 比较一般家用空调与药企 HVAC 的异同。

（杨怡君）

# 项目三

# QC、QA 岗位基础训练

【项目实训目标】

1. 能按要求独立完成 QC 岗位样品的取样、留样和检验操作。
2. 熟悉 QA 岗位职责，能根据现场管理的内容及要求完成生产现场监控。
3. 熟悉质量风险的定量和定性评估方法，产品质量回顾分析的目的、内容及报告要求。
4. 掌握文件档案管理的流程及要求，偏差、变更的分类及处理流程，物料和产品的放行要求。

扫码“看一看”

【项目任务解析】

| 项目组成 | 任务名称 | 面向职业（代码） | 面向岗位 |
|---|---|---|---|
| 任务一 | QC 岗位训练 | 药物检验员（4－08－05－04） | QC |
| 任务二 | QA 岗位训练 | 药物检验员（4－08－05－04）<br>药物制剂工（6－12－03－00） | QA |

## 任务 1　QC 岗位训练

扫码“学一学”

QC 的全称为 quality control，即质量控制，包括相应的组织机构、文件系统以及取样、检验等，确保物料或产品在放行前完成必要的检验，确认其质量符合要求。下面以原辅料为例，重点介绍取样、留样及检验的相关内容。

### 一、取样与留样

（一）取样

生产使用的原辅料采购进厂时，经仓库管理员验收合格后，由其填写请验单，化验室人员负责取样检验。

**1. 确定取样数量**　取样人员根据请验单中原辅料的件（袋、箱或桶等）数计算取样样本数及取样量。

取样数量要求如下（$n$ 为进厂原辅料总件数）：当 $n \leqslant 3$ 时，每件取样；当 $3 < n \leqslant 300$ 时，按 $\sqrt{n}+1$ 随机取样；当 $n > 300$ 时，按 $\frac{\sqrt{n}}{2}+1$ 随机取样。取样量一般不少于全检用量的 3 倍，即 1/3 供检验用，1/3 供复核用，1/3 供留样用。

**2. 准备取样设备**　准备清洁干燥的取样器、样品承装容器和辅助工具（取样证、手套、样品盒、剪子、锤子、标签、笔等）前往规定地点取样。

固体样品取样器常用不锈钢探子、不锈钢勺、不锈钢铲子和不锈钢镊子等工具，样品承装容器常为具有封口装置的无毒塑料袋。液体样品取样器常用玻璃取样管、玻璃或塑料油提，样品承装容器为具盖玻璃瓶或无毒塑料瓶。取做微生物检验的样品时，所有取样器具均应灭菌。

**3. 现场核对** 核对物料状态标识，物料应置于待验区，有黄色待验标识。核对请验单内容与实物标识是否一致，核对内容为品名、批号、规格、数量、产地等。核对外包装的完整性，应密封，无破损、无污染。核对内容不符合应拒绝取样，并上报质量管理部负责人。

**4. 取样** 清洁取样件外包装，移至取样间，取样环境的空气洁净度级别应与生产要求一致。取样时应从物料不同部位取样，体现所取样品的代表性。不同包件之间的取样应更换取样器具。固体样品取样，在样品上、中、下及周边部位取样并混匀。液体样品，能混匀者，混匀后取样；无法混匀者，用虹吸法取全液位样品后，混匀。

**5. 取样后** 被抽样的容器或包装按原样封好，即时粘贴《取样证》，内容包括品名、批次或编号、取样量、取样人、取样日期等信息。样品的容器应当贴有标签，注明样品名称、批号、取样日期、取自哪一包装容器、取样人等信息。填写取样记录，内容包括品名、批号、取样日期、取样量、取样件数、被取包装编号、取样人等信息。将取样件送回待验区，清洁取样间。按操作规程清洗、干燥、贮存取样器具。

**6. 入检验台账** 取样后将抽取样品的品名、批号、规格、数量及检验日期等信息入检验台账，同时给出检验编号。

（二）留样

**1. 留样范围及目的** 进厂的原辅料检验后均需留样，一般不做留样观察，留样仅用来追溯生产出现的异常情况；内包装等根据需要决定是否留样；中间产品每批均需留样；成品需要留样，包括一般留样和重点观察留样。一般留样指每批出厂产品的留样，用于处理用户投诉；重点观察留样是企业考察产品在有效期内的质量稳定性，同时为建立有效期提供依据。

**2. 留样要求** 样品封口严密，加贴标准标签，内容包括品名、规格、批号（编号）、来源、检验单号、样品数量、留样日期、留样人。

**3. 留样分类及摆放** 留样样品分类并贴上分类标识。留样柜摆放整齐，留样按批号（编号）顺序摆放于留样柜中，并定期整理。

**4. 留样室环境** 留样室应阴凉、干燥、通风、避光，内有温湿度计。每日定时查看并记录温湿度。

**5. 留样期限** 所有留样规定贮存期限，用于制剂生产的原辅料和与药品直接接触的包装材料的留样应当至少保存至产品放行后2年。如物料的有效期较短，则留样时间可相应缩短。

**6. 留样的销毁** 超过贮存期限的留样需集中销毁。由留样管理员提出书面申请，包括销毁留样的品名、批号（编号）、数量、销毁原因、销毁方式等，质量管理部负责人批准后，销毁样品并填写销毁记录，存档。

## 二、检验前准备

**1. 接收样品** QC人员接收请验单及检验样品时，核对样品信息与请验单是否符合，样品外观是否完好，确认无误后接收。

**2. 样品分样** 接收人员根据请验单上的检验目的或项目进行分样（分样应在生产洁净级别相同的区域内进行），并在检验记录上盖上记录分发号，将样品和相应记录分发各指定组，如理化分析发给理化组，仪器分析发给仪器组等，并填写相应记录。

**3. 检查文件及实验用品** QC 人员核对检验相关书面操作规程、记录等文件是否完整和有效，检验方法是否经过验证或确认。依据操作规程，准备仪器设备、试液、标准溶液等检验必需品。检查检验仪器设备是否正常，仪器、计量量器是否校正，且在合格范围内。

**4. 学习相关规程** QC 人员操作前应认真学习检验操作规程和有关的安全技术规程。如：硫酸盐检查操作规程见表 3 – 1。

**表 3 – 1　硫酸盐检查操作规程**

| 标题 | 硫酸盐检查操作规程 | | | 颁发部门 | 质保部 |
|---|---|---|---|---|---|
| 制定人 | | 日期 | 年　月　日 | 编码 | ×× – ××.... |
| 审核人 | | 日期 | 年　月　日 | 页码 | 第　页共　页 |
| 批准人 | | 日期 | 年　月　日 | 执行日期 | 年　月　日 |
| 分发部门 | QC 实验室 | | | 分发份数 | 1 |

1. 目的　建立硫酸盐的检查方法。

2. 责任　质保部负责本文件制定、质保部负责人负责审核，主管厂长负责批准，检验员负责实施。

3. 适用范围　本规程适用于原辅料、制剂中硫酸盐的限量检查。

4. 内容

4.1　规程依据：现行版《中国药典》四部 99 页（通则 0802 硫酸盐检查法）和《中国药典分析检测技术指南》（2017 年版）365 页。

4.2　原理：微量硫酸盐在盐酸酸性溶液中与氯化钡作用生成硫酸钡浑浊液，与一定量的标准硫酸钾溶液在同一操作条件下生成的浑浊液比较，以检查供试品中硫酸盐的限量。

4.3　仪器：纳氏比色管 50ml，要求表面光洁度好，透光度与颜色应一致，管径、刻度的高度应一致。

4.4　试剂：25% 氯化钡溶液、稀盐酸、标准硫酸钾溶液。标准硫酸钾溶液的配制：称取硫酸钾 0.181g，置 1000ml 量瓶中，加水适量使溶解并稀释至刻度，摇匀，即得（每 1ml 相当于 100μg 的 $SO_4$）。

4.5　操作方法

4.5.1　供试品溶液的配制 除另有规定外，取各品种项下规定量的供试品，置 50ml 纳氏比色管中，加水溶解使成约 40ml；溶液如显碱性，可滴加盐酸使其调 pH 试纸显中性；溶液如不澄清，应滤过；加稀盐酸 2ml，摇匀，即得。

4.5.2　对照溶液的配制 取该品种项下规定量的标准硫酸钾溶液，置另一 50ml 纳氏比色管中，加水使成约 40ml，加稀盐酸 2ml，摇匀，即得。

4.5.3　于供试品溶液与对照溶液中，分别加入 25% 氯化钡溶液 5ml，用水稀释使成 50ml，充分摇匀，放置 10 分钟，同置黑色背景上，从比色管上方向下观察，比较所产生的浑浊。

4.5.4　供试品溶液如带颜色，除另有规定外，可取供试品溶液两份，分别置 50ml 纳氏比色管中，一份加 25% 氯化钡溶液 5ml，摇匀，放置 10 分钟，如显浑浊，可反复滤过，至滤液完全澄清，再加规定量的标准硫酸钾溶液与水适量使成 50ml，摇匀，放置 10 分钟，作为对照溶液；另一份加 25% 氯化钡溶液 5ml 与水适量使成 50ml，摇匀，放置 10 分钟，按上述方法比较所产生的浑浊。

4.6　注意事项

4.6.1　供试品溶液如需过滤，应预先用盐酸酸化的水洗净滤纸中可能带来的硫酸盐。

4.6.2　加入 25% 氯化钡溶液后，应先充分摇匀，防止局部硫酸钡浓度过大生成较大颗粒沉淀，影响浊度。

续表

| 标题 | 硫酸盐检查操作规程 | | | 颁发部门 | 质保部 |
|---|---|---|---|---|---|
| 制定人 | | 日期 | 年　月　日 | 编码 | ××－××.... |
| 审核人 | | 日期 | 年　月　日 | 页码 | 第　页共　页 |
| 批准人 | | 日期 | 年　月　日 | 执行日期 | 年　月　日 |
| 分发部门 | QC 实验室 | | | 分发份数 | 1 |

4.6.3　本法检查硫酸盐的灵敏度约为 1μg/ml 的 $SO_4$。

4.6.4　应将供试品管与对照管同置黑色台面上，自上向下观察浊度，较易判断。必要时，可换供试品管和对照管的位置后观察。

4.6.5　纳氏比色管用后应立即用水冲洗，不应用毛刷刷洗，以免划出条痕损伤比色管。

4.6.6　环境温度对浊度有影响，温度低于 10℃时产生浑浊慢，少且不稳定，测定温度控制在 25℃左右为宜。

4.6.7　氯化钡溶液放置时间不宜过久，出现浑浊或沉淀，则不得使用。

4.7　记录

记录实验温度、取样量、标准硫酸钾溶液的浓度和所取毫升数，以及比较所产生浑浊的观察结果。

4.8　结果与判定

供试品管的浑浊浅于对照品管的浑浊，判为符合规定；如供试品管的浑浊浓于对照品管，则判为不符合规定。

## 三、检验中的操作要求及注意事项

### （一）检验中的操作要求

**1. 文件的执行**　QC 人员检验及操作仪器设备时严格按标准操作规程执行，不得任意更改。确有原因需要改动的应先报告化验室主任，经研究后再做决定。

**2. 检验份数**　除含量测定及规定的需做两份平行试验的项目外，其他检测项目通常做一份。

**3. 记录填写**　QC 人员在检验过程中应及时填写原始记录。数据要求真实可靠、清晰完整，写错处不得涂改，应用斜线划掉（能认清错处数据），在旁边填写正确数据，并签名、标注日期。原始数据的修约和有效数字的计算按规定的管理规程执行。

**4. 复验**　原辅料贮存期内发现有影响药物质量的特殊情况、检查结果出现边缘值、不合格、相对偏差超限或实验中出现仪器故障等情况时应进行复验。

**5. 复核**　原始记录填写完毕，检查无误后签字，送交复核人进行复核。复核内容包括检验项目是否完整、检验依据是否准确、计算是否正确、边缘值等是否复验、实验记录是否完整等。

**6. 出具检验报告**　检验报告内容（表 3－2）需完整，且有检验人、复核人、质量受权人（中间产品除外）3 级签章并加盖质量管理部门公章。

**表 3－2　×××制药厂成品检验报告**

| 品名 | 阿司匹林 | 规格 | 25kg/桶 | 批号 | |
|---|---|---|---|---|---|
| 有效期 | 年　月　日 | 取样日期 | 年　月　日 | 报告日期 | 年　月　日 |
| 检验依据 | 现行版《中国药典》二部 | | | | |

续表

| 检验项目 | 标准规定 | 检验结果 |
|---|---|---|
| 【性状】 | 本品为白色结晶或结晶性粉末 | 符合规定 |
| 【鉴别】 | | |
| 化学反应（1） | 应呈正反应 | 呈正反应 |
| 化学反应（2） | 应呈正反应 | 呈正反应 |
| 红外光谱 | 应与对照图谱（光谱集5图）一致 | 符合规定 |
| 【检查】 | | |
| 溶液的澄清度 | 溶液应澄清 | 符合规定 |
| 游离水杨酸 | 不得过0.1% | 符合规定 |
| 易炭化物 | 与对照液比较，不得更深 | 符合规定 |
| 有关物质 | 除水杨酸峰外，其他各杂质峰面积的和不得大于对照溶液主峰面积（0.5%） | 符合规定 |
| 干燥失重 | 不得过0.5% | 0.3% |
| 炽灼残渣 | 不得过0.1% | 符合规定 |
| 重金属 | 不得过百万分之十 | 符合规定 |
| 【含量测定】 | 本品含$C_9H_8O_4$不得少于99.5% | 99.6% |
| 结论：本品按现行版《中国药典》二部检验，结果符合规定 | | |

检验人：　　　　复核人：　　　　质量受权人：

（二）注意事项

**1. 检验时限** 化验员接收样品后应在规定检验周期内完成全部检验，若未按时完成检验，应报告化验室主任，由化验室主任填写“分析/评价延时报告书”，经质量部负责人批准后予以另行安排。

**2. 检验记录管理** 原始记录不得携带外出，原始记录和检验报告编号后，归档保存，以备查阅。原辅料、包装材料的检验原始记录、检验报告及检验台账应保存3年，成品检验原始记录、检验报告及检验台账应保存至产品有效期后1年。

**3. 剩余样品的处理** 所有检验剩余样品不得退回车间或仓库，在签发检验报告且确定结果无偏差后统一存放，定期销毁并填写销毁记录。

## 四、检验完成后的清场

**1. 清理操作区域** 检验完成后，应及时清理操作区域台面和试剂架上的试剂，做到清洁有序。

**2. 清洗实验器具** 按相应操作规程在清洗间完成实验器具的清洗。未清洗和已清洗器具分区域放置，已清洗器具存放于柜内，柜上标识“已清洁”。

**3. 处理废物、废液** 规定回收的废液需收集在专用的回收容器中，按管理规程集中处理。废物进行回收并做好登记。

**4. 仪器设备维护** 关闭仪器设备并填写使用记录。

## 五、QC岗位实训任务

请严格执行现行版《中国药典》有关乙醇的质量标准，按照乙醇检验标准操作规程完成乙醇质量检验，并填写检验记录，见表3－3。

**表3－3　乙醇质量检验记录**

| 名　　称 | 乙醇 | 规　　格 | 95% |
|---|---|---|---|
| 批　　号 | | 检品来源 | |
| 收验日期 | 年 月 日 | 报告日期 | 年　月　日 |
| 检验目的 | 进厂检验 | 检验依据 | 现行版《中国药典》<br>乙醇质量标准 |
| 标准操作规程 | 乙醇检验标准操作规程 SOP－××× | | |
| 检验项目、检验数据及结果 | | | |

【性状】

(1) 一般性状

标准规定：本品为无色澄清液体，微有特臭，易挥发，易燃烧，燃烧时显淡蓝色火焰，加热至约78℃即沸腾。（本品与水、甘油、三氯甲烷或乙醚能任意混溶。）

检验过程及结果：本品为________________。

结论：☐ 符合规定　　☐ 不符合规定

(2) 相对密度

标准规定：本品相对密度应不大于0.8129，相当于含 $C_2H_6O$ 不少于95.0%（ml/ml）。

仪器设备：PZ－B－5型液体比重天平。

检验过程及结果：按“相对密度测定法标准操作规程”操作，测得本品在20℃（____℃）的相对密度为____。

结论：☐ 符合规定　　☐ 不符合规定

【鉴别】

(1) 化学反应

标准规定：应发生碘仿的臭气，并生成黄色沉淀。

试液和溶液：氢氧化钠试液（配制批号：____________），碘试液（配制批号：____________）。

检验过程及结果：取本品1ml，加水5ml与氢氧化钠试液1ml后，缓缓滴加碘试液2ml，结果________________________________。

结论：☐ 符合规定　　☐ 不符合规定

(2) 红外光谱

检验人：________　　检验日期：______年______月______日

标准规定：本品的红外光吸收图谱应与对照的图谱（光谱集1290图）一致。

仪器设备：Spectrometer Two 红外光谱仪（编号：×××）。

检验过程及结果：

取本品适量，照“SOP－JY－×××，红外分光光度法标准操作规程”规定检验，采用衰减全反射法，本品的红外光吸收图谱与对照的图谱（光谱集1290图）____________。如有异常记录：____________。

结论：☐ 符合规定　　☐ 不符合规定

续表

【检查】 (1) 酸碱度

标准规定：取本品 20ml，加水 20ml，摇匀，滴加酚酞指示液 2 滴，溶液应为无色，再加 0.01mol/L 氢氧化钠溶液 1.0ml，溶液应显粉红色。

试液和溶液：酚酞指示液（配制批号：________）；0.01mol/L 氢氧化钠溶液（配制批号：________）。

检验过程及结果：取本品 20ml，加水 20ml，摇匀，滴加酚酞指示液 2 滴，观察________，再加 0.01mol/L 氢氧化钠溶液 1.0ml，观察________。

结论：□ 符合规定　□ 不符合规定

(2) 溶液的澄清度与颜色

标准规定：本品应澄清无色。取本品适量，与同体积的水混合后，溶液应澄清；在 10℃ 放置 30 分钟，溶液仍应澄清。

检验过程及结果：取本品，观察________。取本品适量，与同体积的水混合后，溶液________；在 10℃ 放置 30 分钟，溶液________。

结论：□ 符合规定　□ 不符合规定

(3) 吸光度

标准规定：取本品，以水为空白，照紫外-可见分光光度法测定吸光度，在 240nm 的波长处不得过 0.08；250~260nm 的波长范围内不得过 0.06；270~340nm 的波长范围内不得过 0.02。

仪器设备：TU-1810DSPC 紫外可见分光光度计。

检验过程及结果：取本品，以水为空白，照"SOP-JY-×××，紫外-可见分光光度法标准操作规程"测定 230~350nm 波长范围内的吸光度，如图，在 240nm 波长处的吸光度________；250~260nm 波长范围内的吸光度________；270~340nm 波长范围内的吸光度________。

结论：□ 符合规定　□ 不符合规定

(4) 挥发性杂质

标准规定：供试品溶液（a）中如出现杂质峰，甲醇峰面积不得大于对照溶液（a）中甲醇峰面积的 0.5 倍（0.02%）；含乙醛和乙缩醛的总量不得过 0.001%（以乙醛计）；含苯不得过 0.0002%；供试品溶液（b）中其他各杂质峰面积的总和不得大于 4-甲基-2-戊醇的峰面积（0.03%，以 4-甲基-2-戊醇计）。

仪器设备：Agilent 6890N 气相色谱仪，Agilent7683 自动进样器，氢火焰离子化检测器

检验过程及结果：

色谱条件与系统适用性试验：以 6% 氰丙基苯基-94% 二甲基聚硅氧烷为固定液（编号：____）；起始温度 40℃，维持 12 分钟，以每分钟 10℃ 的速率升温至 240℃；维持 10 分钟；进样口温度为 200℃；检测器温度为 280℃；载气（$N_2$）流速 1.0ml/min；进样量：1.0μl，不分流进样。

测定法：精密量取无水甲醇 100μl，置 50ml 量瓶中，用供试品稀释至刻度，摇匀，精密量取 5ml，置 50ml 量瓶中，用供试品稀释至刻度，摇匀，作为对照溶液（a）；精密量取无水甲醇 50μl，乙醛 50μl，置 50ml 量瓶中，用供试品稀释至刻度，摇匀，精密量取 100μl，置 10ml 量瓶中，用供试品稀释至刻度，摇匀，作为对照溶液（b）；精密量取乙缩醛 150μl，置 50ml 量瓶中，用供试品稀释至刻度，摇匀，精密量取 100μl，置 10ml 量瓶中，用供试品稀释至刻度，

续表

摇匀，作为对照溶液（c）；精密量取苯 100μl，置 100ml 量瓶中，用供试品稀释至刻度，摇匀，精密量取 100μl，置 50ml 量瓶中，用供试品稀释至刻度，摇匀，作为对照溶液（d）；取供试品作为供试品溶液（a）；精密量取 4－甲基－2－戊醇 150μl，置 500ml 量瓶中，加供试品稀释至刻度，摇匀，作为供试品溶液（b）。精密量取对照溶液（a）、（b）、（c）、（d）和供试品溶液（a）、（b）各 1μl，分别注入气相色谱仪，记录色谱图。

计算公式：

$$乙醛和乙缩醛的总含量\% = [(0.001\% \times A_E)/(A_T - A_E)] + [(0.003\% \times C_E)/(C_T - C_E)]$$

$$苯含量\% = (0.0002\% \times B_E)/(B_T - B_E)$$

式中，$B_E$为供试品溶液（a）中苯的峰面积；$B_T$为对照品溶液（d）中苯的峰面积

结果如下：

供试品溶液（a）中甲醇峰面积＿＿＿＿＿＿，＿＿＿＿＿＿对照溶液（a）中甲醇峰面积的 0.5 倍＿＿＿＿＿＿；

含乙醛和乙缩醛的总量＿＿＿＿＿＿；

含苯＿＿＿＿＿＿＿＿＿＿＿＿＿＿＿＿＿＿＿＿＿＿＿＿＿＿＿＿＿＿＿＿＿＿＿＿＿＿；

供试品溶液（b）中其他各杂质峰面积的总和＿＿＿＿，＿＿＿ 4－甲基－2－戊醇的峰面积＿＿＿。

结论：□ 符合规定　□不符合规定

式中，$A_E$为供试品溶液（a）中乙醛的峰面积；$A_T$为对照品溶液（b）中乙醛的峰面积；$C_E$为供试品溶液（a）中乙缩醛的峰面积；$C_T$为对照品溶液（c）中乙缩醛的峰面积。

（5）不挥发物

标准规定：遗留残渣应不得过 1mg。

仪器设备：ZK－82B 真空干燥箱。

检验过程及结果：

取蒸发皿置 105℃干燥箱中，干燥一段时间后，取出，移至干燥器中放冷至室温，称重；再在上述温度干燥 1 小时，取出，移至干燥器中，放冷至室温，称重，并继续干燥至恒重。

取本品 40ml，置 105℃恒重的蒸发皿中，于水浴上蒸干后，在 105℃干燥 2 小时，取出，移至干燥器中放冷至室温，称重。

| 样品名称 | 空蒸发皿 | 样品 40ml＋蒸发皿 |
|---|---|---|
| 恒重记录（g） | | —— |
| 恒重值（g） | *W*： | 干燥 2 小时后 *W*： |
| 结果（g） | —— | |

结论：□ 符合规定　□ 不符合规定

复核人：　　　　复核日期：　年　月　日

## 六、实训考核与思考

### （一）考核项目评分表

乙醇质量检验考核配分与评分标准表

| 序号 | 考核内容 | 考核要点 | 配分 | 评分标准 | 得分 |
| --- | --- | --- | --- | --- | --- |
| 1 | 职业素养 | 着装、举止 | 1 | 无白大衣、着装不整洁、举止不文明扣除此分 | |
| | | 仪容、佩饰 | 1 | 化浓妆、染甲、长甲及手戴佩饰者扣除此分 | |
| | | 爱护仪器、遵守仪器使用规定 | 4 | 违规损坏仪器者扣除此分 | |
| | | 节约水电、药品、试剂，环保意识 | 2 | 浪费水电、药品、任意处置试剂及药品者扣除此分 | |
| | | 实验秩序（步骤、台面清晰有序） | 2 | 实验秩序混乱扣除此分 | |
| 2 | 取样 | 1. 确定取样数量<br>2. 准备取样设备<br>3. 现场核对<br>4. 取样<br>5. 取样后 | 25 | 1. 计算错误扣 10 分<br>2. 称重不准确扣 5 分<br>3. 操作不规范扣 5 分<br>4. 操作不熟练酌情扣分 | |
| 3 | 留样 | 1. 留样包装<br>2. 留样贴签 | 10 | 1. 操作不规范每项扣 5 分<br>2. 操作不熟练酌情扣分 | |
| 4 | 检验前准备 | 1. 核对请验单及样品信息<br>2. 分样并填写记录<br>3. 检查文件及实验用品 | 15 | 1. 操作不规范每项扣 5 分<br>2. 操作不熟练酌情扣分 | |
| 5 | 检验过程 | 1. 按照文件执行检验程序<br>2. 检验份数符合要求<br>3. 检验、复验并签字<br>4. 正确填写记录并签字<br>5. 出具检验报告 | 30 | 1. 不符合要求每项扣 6 分<br>2. 操作不熟练酌情扣分 | |
| 6 | 清场 | 台面整洁卫生，清洗器具，仪器药品归位 | 10 | 1. 未清场扣 10 分<br>2. 清场不彻底扣 5 分 | |
| 合计 | | | 100 | | |

### （二）思考题

1. 化验室人员接收检验样品时应注意哪些问题？
2. 请阐述样品的留样流程，对留样的要求有哪些？
3. 乙醇质量检验记录中挥发性杂质检查需要记录哪些内容？数据记录错误应如何处理？

## 任务 2　QA 岗位训练

扫码“学一学”

QA 的全称为 Quality Assurance，即质量保证，是企业为使人们确信某一产品或服务质量能满足规定的质量要求所必需的有计划、有系统的全部活动。质量保证是质量管理体系的一部分，企业必须建立质量保证系统，同时建立完善的文件系统，以保证系统的有效运行。

### 一、QA 岗位职责

1. 贯彻执行 GMP，监督检查 GMP 的执行情况。

2. 定期组织 GMP 自检，评估质量保证系统的有效性和适用性。

3. 负责 GMP 相关文件管理工作，负责文件系统的变更控制。

4. 负责对生产车间药品生产全过程的质量监控，对工艺卫生、人员卫生、生产工艺参数进行检查，对生产过程关键控制点及物料管理的监控。

5. 检查生产过程中清场、设备状态标志。

6. 监控生产过程中物料、中间产品、成品的存放、处理情况，监控仓库的合格、待验、不合格物料的存放、保管和处理情况。

7. 监控实验室现场是否符合 GMP 要求，抽查实验室相关记录填写情况。

8. 负责中间产品及成品的中控、取样、送样。

9. 负责对批生产记录及批检验记录的审核、放行及分发。

10. 负责对涉及现场的不合格品、偏差、变更、抽检不合格项及异常情况进行初步判定、处理、跟进和结果确认。

11. 负责对物料供应商的日常管理工作和质量审计工作。

12. 负责验证管理，审核验证方案和验证报告。

13. 负责编写产品质量回顾分析报告。

14. 负责部门培训管理工作，制定培训计划并跟进执行，做好培训档案。

15. 负责对退回产品、回收产品及不合格产品提出处理意见，并跟踪管理。

16. 负责建立药品不良反应监测报告制度，并设专人管理。

### 二、现场管理

现场管理是指对药品生产过程中影响药品质量的各个环节进行控制，以确保药品质量满足质量标准的要求。其目标是保证生产现场整洁有序，生产标识完整清晰，各项记录填写及时、清晰、准确，一切生产行为符合 SOP 要求。现场管理通常由现场监控和文件管理构成。

#### （一）现场管理内容

**1. 人员管理**　生产相关人员应按照 SOP 要求进行各项生产活动。相关记录必须及时、准确填写（见项目一中任务 4）。

**2. 卫生管理**　人员卫生管理符合相关要求（见项目一中任务 1）。生产清洁、消毒应符合相关要求（见项目一中任务 3）。

**3. 物料管理**　物料管理应符合相关要求（见项目一中任务 2）。

**4. 标识管理** 所有标识应明确且与实际状况相符。

生产岗位状态标识：①生产时，挂“生产状态卡”，标明产品名称、规格、批号、数量、日期。②生产后，未清场时挂“待清”；清场中挂“清场”；清场结束，检查合格挂“清场合格”。③连续三天以上不生产时，挂“停产状态”卡。

设备状态标识：①正在生产的主要设备，挂“设备生产状态”卡，标明设备名称、产品名称、规格、批号、数量、负责人、日期。②生产阶段完成后，未清场时挂“待清”；清场中挂“清场”；清场结束，检查合格挂“清场合格”。③连续三天以上不生产时，挂“暂停使用”。④辅助工序的设备，挂“设备运行状态”卡，按实际情况标明设备正在运行或待运行状态。

物料、中间产品、待包装品、成品标识：①物料标识（见项目一中任务2）。②生产状态下的物料、中间产品等，挂“待验”，内置交接单，操作结束后，填写交接单并放于承装容器的规定部位。③需灭菌产品，在灭菌车上挂“待灭菌”，标明产品名称、规格、批号、灭菌车号；灭菌后，挂“已灭菌”，标明产品名称、规格、批号、灭菌柜号、灭菌流水号、灭菌车号。

### （二）现场监控

现场监控的执行可采取询问、现场查看和查阅文件及记录三种方式。

**1. 生产前**

生产现场检查。生产现场应按照清洁标准操作程序清洁完毕。

生产环境检查。检查洁净度、温湿度、压差、风速等是否符合生产工艺要求。

生产设备检查。检查设备状态标识、房间状态标识是否正确，设备、器具是否已消毒。

生产物料检查。核对生产品种的品名、规格、批号、批量是否符合生产指令，原料、辅料、包装材料的种类、数量是否符合生产工艺要求。

生产参数检查。直接影响产品质量的工艺参数设置是否符合生产工艺文件的规定。

生产文件检查。是否使用现行版有效文件。

**2. 生产中** 生产期间应定期对生产前的检查内容再确认，以确保生产条件始终符合生产工艺要求。定期对生产的产品质量特性进行检查和监控，结果应符合过程控制标准和产品质量标准，确保工序处于稳定状态。

**3. 生产后** 按照清洁操作程序对生产现场及设备进行清洁，剩余物料和废弃物按照规定处理。将生产的药品转移或检查合格后交下一工序，及时记录，出现偏差及时处理。

### （三）文件管理

现场监控的相关文件包括工艺规程、设备操作规程、过程控制记录、批记录及环境、质量检验等记录。要求文件规范、完整、有效，记录填写及时、清晰、准确。

## 三、文件档案管理

GMP 中文件是指一切涉及药品生产、质量管理全过程中使用的各类质量标准、生产处方和工艺规程、操作规程及记录等。文件档案管理是指文件的起草、修订、审核、批准、分发、替换或撤销、复制、保管和销毁等一系列过程的管理活动。药品生产企业应建立完善的文件档案管理系统，规范、指导、证实企业的生产和质量管理活动，与 GMP 相关的文件都应当经质量管理部门审核。按 GMP 规定文件管理流程及要求见表 3-4。GMP 文件的制定、修订、变更、领用、销毁、发放及收回等均需填写记录（表 3-5、3-6）。GMP 文件应按照相应的规程要求制定。

**表 3-4　文件管理流程及要求**

| 环　节 | 人员/部门 | 要　求 |
| --- | --- | --- |
| 起草/修订 | 起草：使用人<br>修订：使用部门或质量部责成相关部门修改 | ①文件具有实用性、全面性、准确性<br>②文件修订后，其编号需同时修订 |
| 审核/批准 | 初审：使用部门负责人<br>会审：相关部门<br>批准：审核人的上一级领导 | ①文件内容具有合法性、可操作性、规范性<br>②文件格式符合要求<br>③起草人、审核人、批准人不可为同一人 |
| 分类/编号 | 质量保证部门 | ①文件编号构成：文件性质－文件类别号－文件序号－版本号<br>②文件与编号一一对应，文件作废后编号不得再用 |
| 复制/发放/回收 | 质量保证部门 | ①原版文件复制时，不得出现任何差错。<br>②按需复制文件，文件内容应清晰可辨，并加盖“受控件”章。<br>③建立分发记录，分发部门、岗位无遗漏，发放批准和现行版本文件时回收旧版文件。<br>④文件发现错误时及时回收并填写回收记录。 |
| 培训 | 培训人：起草人、审核人、批准人<br>培训对象：文件使用人 | ①培训时间为分发文件生效日前。<br>②保证使用人全部被培训且能正确使用文件。<br>③培训记录妥善保存。 |
| 保管 | 质量保证部门 | ①原版文件由质量保证部门归档。<br>②存档 GMP 文件统一管理，建立文件目录，分类存放，便于查阅。<br>③旧版文件应有明显标识并与新版文件隔离保存。 |
| 撤销/销毁 | 质量保证部门 | ①及时撤销失效文件原件，分类归档。<br>②及时收回销毁、失效文件的复印控制件。<br>③已撤销和过时文件，除一份留档外，原文不得在工作现场出现。<br>④超过保存期限的文件，填写销毁申请，经批准后，在监督下销毁并做好销毁记录。 |

**表 3-5　GMP 文件制定申请表**

| 文件名称 | | 版本号 | | 申请部门 | |
|---|---|---|---|---|---|

制定原因：

申请人：
年　月　日

---

直属部门及业务部门审核意见：

审核人：
年　月　日

---

质量管理部门审核意见：

审核人：
年　月　日

---

审批意见：

批准人：
年　月　日

| 批准的文件编号 | |
|---|---|
| 备注 | |

**表3－6 GMP文件修订申请表**

| 文件名称 | | 文件编号 | | 版本号 | | 生效日期 | |
|---|---|---|---|---|---|---|---|

修订原因：

申请人：

年 月 日

修订内容：

受此影响引起的其他修订文件名称、编号、版本：

直属部门及业务部门审核意见：

申请人：

年 月 日

质量管理部门审核意见：

申请人：

年 月 日

审批意见：

批准人：

年 月 日

| 批准的文件编号 | |
|---|---|
| 备注 | |

## 四、其他质量保证管理

### （一）偏差管理

**1. 偏差的定义** 偏差是指对批准的指令或规定的标准的偏离。任何偏离生产工艺、物料平衡限度、质量标准、检验方法、操作规程等的事件都属于偏差。

**2. 偏差的分类** 偏差分为生产偏差和实验室偏差。根据偏差对产品质量潜在影响的程度，可将偏差分为微小偏差、中度偏差和重大偏差。微小偏差：指出现偏离的情况可以立即采取纠正措施予以纠正、进行现场整改，不用深入调查即可确认对产品质量无潜在影响的偏差；中度偏差：指可能对产品质量产生实际或潜在影响的偏差，即在偏差出现后，需要对产生的原因进行调查，采取适当的纠正和预防措施才能继续生产，并保证生产出的产品符合相应的质量标准且无潜在质量风险；重大偏差：指可能会导致产品报废或不合格的偏差。

偏差出现后，明显对产品质量产生了影响，需要对其进行重新处理或销毁处理等；或者当时没有发现产品质量发生变化，但产品质量在贮藏过程中可能存在隐患，对该产品进行重点留样及稳定性考察，可能采取产品召回等。

**3. 偏差处理流程** 发起偏差→风险评估→偏差调查→调查报告审核与批准→预防措施制定→质量评价→偏差关闭。

质量部门负责偏差的分类，保存偏差调查处理的文件和记录。

### （二）变更管理

**1. 变更的定义** 变更是指即将准备上市或已获准上市的药品在生产、质量控制、使用条件等诸多方面提出的涉及来源、方法、控制条件等方面的变化。对于研发阶段的技术与质量方面的变更应由技术研发部门依据《药品注册管理办法》及其附件、相关变更的指导原则进行研究和申报工作。除特别说明外，本书变更是指研发阶段结束获得生产批件后正式投入生产阶段的管理。

**2. 变更控制的适用范围** 任何可能影响产品质量或重现性的变更都必须得到有效控制，变更的类型包括但不限于如下所列：原辅料及供应商的变更；标签和包装材料的变更；处方的变更；生产工艺的变更；厂房、设备、设施的变更；公用系统的变更；生产环境（或场所）的变更；质量标准的变更；检验方法的变更，包括取样方法、条件的变化，样品制备和处理方法的变化，对照品配备方法的变化，检验仪器型号的改变等；有效期，复验日期，贮存条件或稳定性方案的变更；验证的计算机系统的变更；产品品种的增加或取消；清洁和消毒方法的变更；其他可能影响产品质量的变更。

**3. 变更的分类**

（1）根据变更的性质、范围、对产品质量潜在影响的程度分类 将变更分为微小变更、中度变更和重大变更三种类型。微小变更是指对产品安全性、有效性和质量可控性不产生影响，无需进行相关验证工作。如非关键物料供应商的变更、非关键工艺参数的变更；中度变更是指根据《药品注册管理办法》及其他法规相关要求，通过相应的研究工作证明变更对产品安全性、有效性和质量可控性不产生影响。如印刷包装材料样式的变更，说明书的变更等；重大变更是指需要通过系列的研究工作证明对产品安全性、有效性和质量可控性没有产生影响的变更。此类变更批次涉及产品的稳定性考察、工艺验证。如生产工艺的重大变更，药品有效期的变更，关键物料供应商的变更，直接接触药品包装材料的变更等。

（2）根据变更的时限分类　将变更分为临时变更和永久变更。临时变更，因某种原因做出的临时性改变，变更仅对若干批次有效，执行后将恢复到原先状态；永久变更，批准后将长期执行的变更。

（3）根据变更是否需要监管部门审批分类　将变更分为企业内部变更和官方批准或备案的变更。

**4. 变更控制流程**　质量部门应当保存所有变更的文件和记录，变更控制流程如图3－1所示。

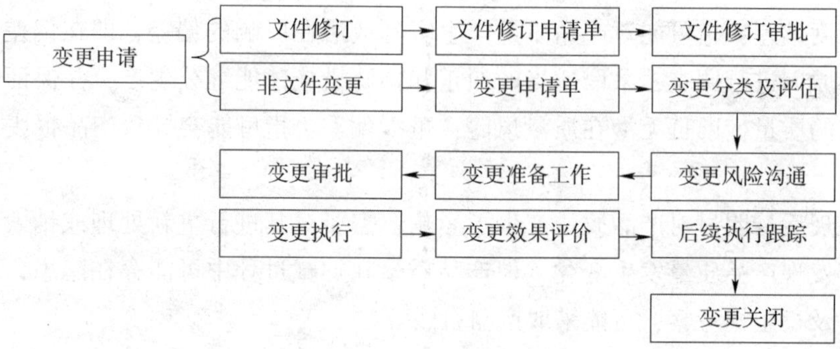


图3－1　变更控制流程

## （三）供应商管理

**1. 确定合格供应商**　应明确供应商的选择原则和确定合格供应商的流程，见图3－2。

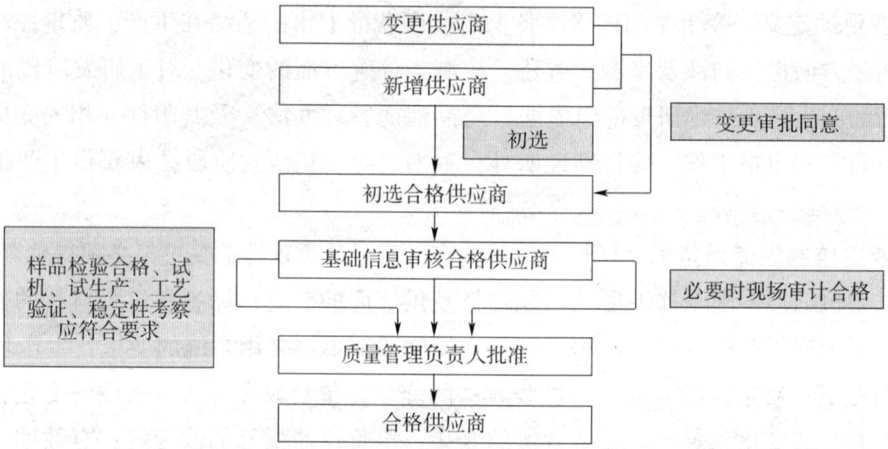


图3－2　确定合格供应商流程

**2. 供应商的初选条件及要求提供的资料**　供应商要有资质证明文件（生产许可证或经营许可证、营业执照、机构代码、税务登记证等）、所购每批产品必须有合格报告；经营人员要有生产企业的授权书、身份证复印件等。

此外，对不同类别的供应商还要有如下的要求：原辅料供应商要有GSP或GMP认证。原辅料为制剂和国家规定有批准文号的必须有药品生产许可证、注册证、注册质量标准或现行使用的质量标准。委托经营的要有生产企业的委托书、生产企业的资质证明性文件、证明该供货产品的合法性的证明性文件、企业概况（着重介绍质量管理）等。地产采购物料需提供对方村委会证明和业务员的身份证复印件，对直接从农户购入的中药材应收集农户的身份证明材料，评估所购入的中药材质量，经营野生动物的供应商需提供野生动物经营资质；直接接触药品的包装材料、容器要有内包材注册批件、注册质量标准或现行使用的质量标准、企业概况等。外包材需要生产企业提供印刷许可证、企业概况等资质材料；用于生产原料药的化工物料需要提供安全生产许可证、企业概况等资质材料。

进口原料药、药用辅料必须有药品经营许可证或药品生产许可证、进口注册证、GSP或GMP证书、进口药材检验报告书、企业概况（着重介绍质量及生产管理）等。供应空心胶囊的企业必须保证所提供胶囊印字用油墨符合食用标准要求，直接接触中药饮片的包装材料应至少符合食品包装材料标准。

以上材料纳入供应商档案的管理内容。内容包括供应商资质证明文件、质量协议、质量标准、样品检验数据和报告、供应商的检验报告、现场质量审计报告、产品稳定性考察报告、定期质量回顾分析报告等，以上内容若有变更应及时更新。

**3. 现场质量审计** 应当核实供应商资质证明文件和检验报告的真实性，核实是否具备检验条件。应当对其人员机构、厂房设施和设备、物料管理、生产工艺流程和生产管理、质量控制实验室的设备、仪器、文件管理等进行检查，以全面评估其质量保证系统与公司要求的一致性，其生产环境和能力与向本公司供货能力的匹配性。现场质量审计应当有报告。

审计团队一般包括质量管理负责人、质量部、采购部等，必要时要有生产、技术及安全有关人员。再审计周期根据公司情况而定。

**4. 对拟合作的合格供应商要签订质量保证协议** 应定期对供应商进行考核。

**（四）质量风险管理**

质量风险管理是在整个产品生命周期中，采用前瞻或回顾的方式，对质量风险进行评估、控制、沟通、审核的系统过程。

质量风险管理模式见图3-3。

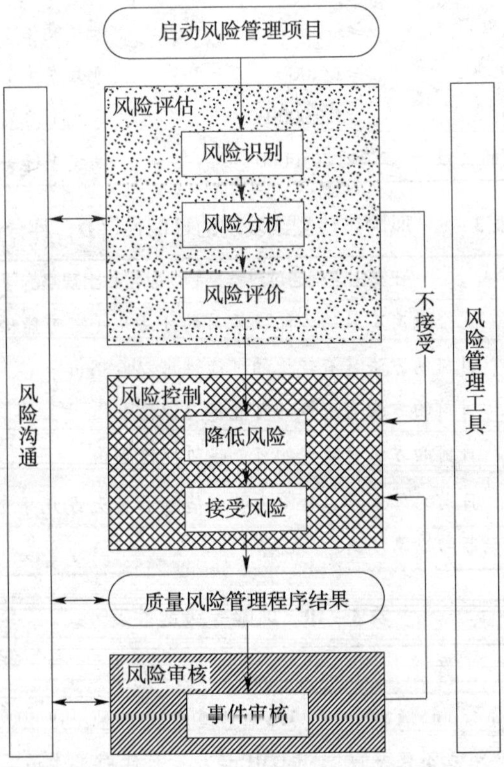


图3-3 质量风险管理模式

质量风险管理一般采用失败模式影响分析进行。应用失败模式影响分析，识别潜在的失败模式，对风险的严重程度（Severity，S）、发生概率（Probability，P）和发现的可能性评分（Detection，D），实行10分制定量评估，即从低到高依次评分为1～10分，如表3-7～表3-9所示。风险分析时也可以进行定性评估，见表3-10。

**表3-7 风险的严重程度（S）评分制**

| 结果 | 结果的严重性 | 评分 |
| --- | --- | --- |
| 严重危害 | 在没有任何预兆或有预兆的情况下发生的，影响操作人员和机器安全或违反有关法律法规的及其严重的失败模式 | 9-10 |
| 高 | 造成生产线的较大破坏，可能造成产品部分或全部报废，使产品或系统主要功能失败或降级工作，且顾客（包括下工序和最终用户）不满意 | 7-8 |
| 中等 | 对生产线造成较小的破坏，可能有部分产品需报废（但无需挑选）或需对100%产品进行返工。顾客感觉到不方便或有些不满 | 5-6 |
| 低 | 对生产线造成较小的破坏，可能需对产品进行挑选，部分产品进行返工。有一半到大部分的顾客可以发现这些缺陷 | 3-4 |
| 微小 | 对生产线造成微小的破坏，部分产品需进行返工。但很少有顾客可以发现到缺陷，或者对产品无影响，客户很难发现到缺陷 | 1-2 |

**表3-8 风险的发生概率（P）评分制**

| 失败发生的可能性 | 失败的概率 | 举例 | 评分 |
| --- | --- | --- | --- |
| 非常高：几乎不可避免失败 | ≥1/3 | 极频繁的发生 | 9-10 |
| 高：反复发生的失败 | ≥1/20 | 每日发生 | 7-8 |
| 中等：偶尔发生的失败 | ≥1/2000 | 每月发生 | 5-6 |
| 低：相对非常少发生的失败 | ≥1/10000 | 每几个月发生一次 | 3-4 |
| 微小：几乎不可能发生的失败 | ≤1/150000 | 仅发生过一次 | 1-2 |

**表3-9 风险被检测或发现的可能性（D）评分制**

| 发现的可能性 | 在发生之前通过过程控制可以检测出缺陷的可能性大小 | 评分 |
| --- | --- | --- |
| 绝对不可能或极小 | 完全没有有效的方法或目前的方法几乎不可能检测出 | 9-10 |
| 可能性较低 | 目前的方法只有较低的可能性可以检测出 | 7-8 |
| 中等可能性 | 目前的方法有中等的可能性可以检测出 | 5-6 |
| 可能性较大 | 目前的方法有较大的可能性可以检测出 | 3-4 |
| 可能性非常大或几乎肯定能 | 目前的方法可以检测出的可能性非常大或几乎可以肯定，有可靠的检测方法 | 1-2 |

**表3-10 风险等级定性表**

| 风险类别等级 | 低 | 中 | 高 |
| --- | --- | --- | --- |
| 严重性 | 非严重后果；轻微GMP违规；对患者无不良影响 | 后果严重程度中等；严重GMP违规；可能对患者造成不良影响 | 后果严重；非常重大的GMP违规；可能对患者造成危害 |

续表

| 风险类别等级 | 低 | 中 | 高 |
|---|---|---|---|
| 发生的可能性 | 危害不太可能发生或者危害发生的可能性极小 | 危害可能发生 | 危害很可能发生 |
| 可测性 | 通过一个或多个有效的检测手段（系统），或者在后续的控制程序中，发生的危害全部都能发现 | 通过一个控制手段（或者检测系统）可以被发现，但不能100%被发现 | 缺乏系统的检测手段，但后可能会被偶然发现，或者根本不能发现 |

### （五）物料和产品放行

**1. 物料放行** 应有物料的质量评价，质量评价内容应当至少包括生产商的检验报告、物料包装完整性和密封性的检查情况和检验结果。质量评价应当有明确的结论，如批准放行、不合格或其他决定。物料放行应由指定人员签名批准放行。

**2. 产品放行** 放行前应有每批药品质量评价，应确认以下各项内容：主要生产工艺和检验方法经过验证；已完成所有必需的检查、检验，并综合考虑实际生产条件和生产记录；所有必需的生产和质量控制均已完成并经相关主管人员签名；变更已按照相关规程处理完毕，需要经药品监督管理部门批准的变更已得到批准；对变更或偏差已完成所有必要的取样、检查、检验和审核；所有与该批产品有关的偏差均已有明确的解释或说明，或者已经过彻底调查和适当处理；如偏差还涉及其他批次产品，应当一并处理。产品放行流程见图3－4。

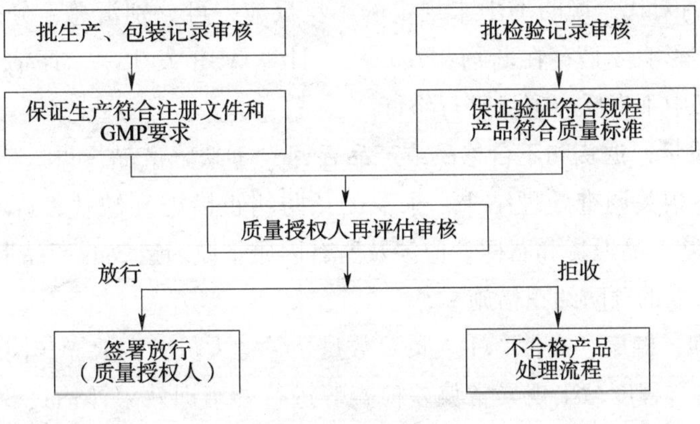

图3－4 产品放行流程

药品的质量评价应有明确的结论，如批准放行、不合格或其他决定；每批药品均应当由质量受权人签名批准放行。

### （六）产品质量回顾分析

每年对所有生产的药品按品种进行产品质量回顾分析，以确认工艺稳定可靠，以及原辅料、成品现行质量标准的适用性，及时发现不良趋势，确定产品及工艺改进的方向。应当考虑以往回顾分析的历史数据，还应当对产品质量回顾分析的有效性进行自检。

企业至少应当对下列情形进行回顾分析：产品所用原辅料的所有变更，尤其是来自新供应商的原辅料；关键中间控制点及成品的检验结果；所有不符合质量标准的批次及其调查；所有重大偏差及相关的调查、所采取的整改措施和预防措施的有效性；生产工艺或检验方法等的所有变更；已批准或备案的药品注册所有变更；稳定性考察的结果及任何不良趋势；所有因质量原因造成的退货、投诉、召回及调查；与产品工艺或设备相关的纠正措施的执行情况和效果；新获批准和有变更的药品，按照注册要求上市后应当完成的工作情况；相关设备和设施，如空调净化系统、水系统、压缩空气等的确认状态；委托生产或检验的技术合同履行情况。

产品质量回顾分析应当有报告。报告内容一般包括以下内容：

**1. 基本情况概述** 包括产品基本信息（品名、规格、包装规格、生产车间等）、单个品种年度质量回顾（可在基本情况概述中列入产品注册质量标准变更信息、有效期变更信息等其他产品信息）、列表汇总产品主要质量状况（如总偏差率、总投诉率、返工批数、召回批数等，必要时可以与往年数据进行统计分析）。

**2. 生产和质量控制情况分析评价** 包括原辅料、内包装材料批次、质量情况，生产工艺过程控制，中间体质量指标统计分析，成品检验结果、趋势分析，检验结果超标情况，偏差情况概述，返工、重新加工、重检及拒绝放行情况，变更情况概述，稳定性考察情况，药品注册情况，厂房、设施、设备情况概述（变更、维修、监测），验证情况（设备、设施、工艺等），对技术协议的回顾分析，委托生产、委托检验的情况概述。

**3. 自检、风险控制、接受监督检查和抽检情况、次数** 根据关键问题的整改措施概述，风险控制情况，是否做过产品相关因素的风险评估，做出相应措施，并组织全员培训学习，产品质量抽检情况（不合格情况、原因分析、处理情况）。

**4. 产品不良反应情况概述** 不良反应数量、类别（包括已存在的和新发现的不良反应，处理结果，上报情况），统计说明书中已存在的不良反应发生率，分析趋势，必要时和往年 ADR 数据进行对比。说明书中未规定的不良反应，可分别汇总，分析 ADR 与应用产品的关系，是直接影响或是存在药物相互作用，计算 ADR 发生率，评估 ADR 风险，评估是否需要对说明书中不良反应项目进行修订。

**5. 产品质量投诉、退货和不合格品或产品召回** ①缺陷产品投诉。应涉及所有因质量原因造成的投诉和相关调查处理结果，采取的预防纠正措施（缺片、碎片、批号不清晰、使用方法不当）。②产品退货和召回。应涉及所有因质量原因造成的产品退货、召回和相关调查处理结果，采取的预防纠正措施。

**6. 人员、培训、健康、文件** ①人员：数量、关键人员、主要操作岗位调动增减情况；②培训：次数、参与程度、出现异常偏差检查等进行的培训效果评估；③健康：体检（在职、新进）、员工不适情况；④文件：修改情况，对操作影响程度、实行效果评估。

**7. 结论** 对产品质量总的评价；对上年度回顾中所建议的整改和预防措施的实施情况；建议的整改和预防措施的实施情况；实施后产生的效果；未实施原因；处理意见等；总结本年度回顾中需要采取的整改措施或预防措施并给出评估意见。

## 五、实训思考

扫码“练一练”

1. QA 现场监控时，在生产前需要检查哪些内容？
2. GMP 文件的管理有哪些环节？超过保存期限的文件如何处理？
3. 出现重大偏差事件应如何处理？
4. 产品放行前，质量评价中需确认哪些内容？

（杨　阳）

项目四

# 鱼肝油乳生产实训

扫码“看一看”

## 【项目实训目标】

1. 能按照药品标准对鱼肝油乳的主要物料进行质量检验。
2. 能按照工艺规程和操作要求完成鱼肝油乳的制备。
3. 掌握胶体磨、灌封机的操作方法。
4. 掌握乳剂的质量检查方法与相关分析仪器的使用。
5. 理解投料质量与工艺稳定性对药品质量的影响。

## 【项目任务解析】

| 项目组成 | 任务名称 | 面向职业（代码） | 面向岗位 |
|---|---|---|---|
| 任务一 | 物料质量检验 | 药物检验员（4-08-05-04） | 药物分析员、QC |
| 任务二 | 制备鱼肝油乳 | 药物制剂工（6-12-03-00） | 液体药剂工、口服液灌装工、QA |
| 任务三 | 鱼肝油乳质量检查 | 药物检验员（4-08-05-04） | 药物分析员、QC |

## 任务1　物料质量检验

扫码“学一学”

### 一、技能要求

1. 熟悉鱼肝油乳所用原辅料的质量检验方法。

2. 能按照药典要求完成甘油含量测定、维生素A测定法、维生素D测定法、高效液相色谱法等基本操作并进行结果判断。

### 二、物品准备

**1. 药品与试剂**　鱼肝油、聚山梨酯80、西黄蓍胶、甘油等。

**2. 仪器与设备**　涡旋混匀器、高效液相色谱仪、滴定管等。

### 三、相关指导

鱼肝油系自鲛类动物Squalidae等无毒海鱼肝脏中提出的一种脂肪油，在0℃左右脱去部分固体脂肪后，用精炼食用植物油、浓度较高的鱼肝油或维生素A与维生素$D_3$调节浓度，再加适量的稳定剂制成。每1g中含维生素A应为标示量的90.0%~120.0%；含维生素D应为标示量的85.0%以上。

鱼肝油为维生素类药，常用来防治维生素A和维生素D缺之症。因鱼肝油微有特异的鱼腥臭，所以临床上常制成鱼肝油乳进行应用。生产鱼肝油乳所需物料包括主药（鱼肝油）、辅料（聚山梨酯80、西黄蓍胶、甘油等），其质量优劣直接关系到成品质量，关系到人们用药的安全性和有效性。

## 四、实训操作

### （一）性状与鉴别

**1. 性状** 鱼肝油为黄色至橙红色的澄清液体；微有特异的鱼腥臭，但无败油臭。检查结果见表4－1。

**表4－1 鱼肝油性状检查**

厂家： 批号：

| 性状 | 颜色 | 状态 | 臭味 | 潮解性 |
|---|---|---|---|---|
| 结果 | | | | |

**2. 鉴别** 根据现行版《中国药典》二部鱼肝油【鉴别】项下做如下检查，见表4－2。

**表4－2 鱼肝油的鉴别**

厂家： 批号：

| 项目 | 药典规定 | 结果 | 结论 |
|---|---|---|---|
| 鉴别1 | 在维生素A含量测定项下记录的色谱图中，供试品溶液主峰的保留时间应与对照品溶液主峰的保留时间一致 | | |
| 鉴别2 | 取等量维生素$D_2$与维生素$D_3$混合对照品溶液，照高效液相色谱法（通则0512）试验，用十八烷基硅烷键合硅胶为填充剂，以甲醇－乙腈（3∶97）为流动相，检测波长为254nm。取各约相当于5～10单位的混合对照品溶液注入液相色谱仪，调节流动相比例，分离度应大于1.0。取维生素D测定法（通则0722）中的供试品溶液B或收集定量分析柱系统中的维生素D流出液，用无氧氮气吹干，加少许流动相溶解后，注入液相色谱仪，记录色谱图，供试品溶液B或定量分析柱系统中的维生素D流出液中主峰的保留时间应与对照品溶液中维生素$D_3$主峰的保留时间一致 | | |

### （二）检查

按照GMP规定生产鱼肝油乳所用全部原辅料均应按照有关药品标准进行相应检查，经检查合格后方能投入使用。现行版《中国药典》规定，鱼肝油乳所用主要物料应进行如下检查，见表4－3。

**表4－3 主要物料的检查项目一览表**

| 物料名称 | 检查项目 |
|---|---|
| 鱼肝油 | 酸值 |
| 聚山梨酯80 | 酸碱度、颜色、乙二醇与二甘醇、环氧乙烷和二氧六环、冻结试验、水分、炽灼残渣、重金属、砷盐、脂肪酸组成 |
| 西黄蓍胶 | 黏度、外来物质、灰分、重金属、微生物限度 |
| 甘油 | 颜色、氯化物、硫酸盐、脂肪酸与酯类、丙烯醛、葡萄糖与铵盐、易炭化物、二甘醇、乙二醇与其他杂质、炽灼残渣、铁盐、重金属 |

**1. 鱼肝油有关检查** 按照现行版《中国药典》二部鱼肝油【检查】项下操作，完成如下实训，见表4-4。

**表4-4 鱼肝油检查报告一览表**

厂家： 批号：

| 项目 | 药典规定 | 结果 | 结论 |
|---|---|---|---|
| 酸值 | 取乙醇与乙醚各15ml，置锥形瓶中，加酚酞指示液5滴，滴加氢氧化钠滴定液（0.1mol/L）至微显红色，再加本品2.0g，加热回流10分钟，放冷，用氢氧化钠滴定液（0.1mol/L）滴定，照脂肪与脂肪油测定法（通则0713）测定，酸值不得过2.8 | | |

**2. 聚山梨酯80有关检查** 按照现行版《中国药典》（2015年版）四部聚山梨酯80【检查】项下操作完成如下实训，见表4-5。

**表4-5 聚山梨酯80检查报告一览表**

厂家： 批号：

| 项目 | 药典规定 | 结果 | 结论 |
|---|---|---|---|
| 酸碱度 | 取本品0.50g，加水10ml溶解后，依法测定（通则0631），pH应为5.0~7.5 | | |
| 颜色 | 取本品10ml，与同体积的对照液（取比色用重铬酸钾液8.0ml与比色用氯化钴液0.8ml，加水至10ml）比较，不得更深 | | |
| 冻结试验 | 取本品，置玻璃容器内，于5℃±2℃放置24小时，不得冻结 | | |
| 水分 | 取本品，照水分测定法（通则0832第一法1）测定，含水分不得过3.0% | | |
| 炽灼残渣 | 取本品1.0g，依法检查（通则0841），遗留残渣不得过0.2% | | |

**3. 西黄蓍胶有关检查** 按照现行版《中国药典》（2015年版）四部西黄蓍胶【检查】项下操作完成如下实训，见表4-6。

**表4-6 西黄蓍胶检查报告一览表**

厂家： 批号：

| 项目 | 药典规定 | 结果 | 结论 |
|---|---|---|---|
| 黏度 | 取本品9.0g，加氯化钾3.0g，加水300ml，以800r/min的转速搅拌约2小时，直至完全均匀的分散和湿润，依法测定（通则0633第三法），用Brookfield-RV-DV型旋转黏度计，5号转子，每分钟60转，在20℃±0.1℃的黏度应为标示黏度的80%~120% | | |
| 外来物质 | 取本品2.0g，置250ml圆底烧瓶中，加甲醇95ml涡旋以湿润样品，加盐酸溶液（25→100）60ml，加玻璃珠数粒，置水浴加热回流3小时，取出玻璃珠，将样品溶液趁热用已恒重的G4垂熔漏斗减压滤过，用少量水冲洗圆底烧瓶，滤过，再用甲醇40ml分次洗涤残渣，在110℃干燥至恒重，遗留残渣不得过1.0% | | |
| 灰分 | 取本品1.0g，依法检查（通则2302），遗留灰分不得过4.0% | | |

**4. 甘油有关检查** 按照现行版《中国药典》二部甘油【检查】项下操作完成如下实训，见表4－7。

**表4－7 甘油检查报告一览表**

厂家： 批号：

| 项目 | 药典规定 | 结果 | 结论 |
| --- | --- | --- | --- |
| 颜色 | 取本品50ml，置50ml纳氏比色管中，与对照液（取比色用重铬酸钾液0.2ml，加水稀释至50ml制成）比较，不得更深 | | |
| 氯化物 | 取本品5.0g，依法检查（通则0801），与标准氯化钠溶液7.5ml制成的对照液比较，不得更浓（0.0015%） | | |
| 硫酸盐 | 取本品10g，依法检查（通则0802），与标准硫酸钾溶液2.0ml制成的对照液比较，不得更浓（0.002%） | | |
| 炽灼残渣 | 取本品20.0g，加热至发火，停止加热，使自然燃烧后，放冷，依法检查（通则0841），遗留残渣不得过2mg | | |
| 铁盐 | 取本品10.0g，依法检查（通则0807），与标准铁溶液2.0ml制成的对照液比较，不得更深（0.0002%） | | |

### （三）含量测定

按照GMP规定生产鱼肝油乳所用全部原辅料均应按照有关药品标准进行相应含量测定，经检查合格后方能投入使用，下列为现行版《中国药典》规定的甘油和鱼肝油的含量测定方法。

**1. 甘油含量测定** 取本品0.20g，精密称定，加水90ml，混匀，精密加入2.14%（g/ml）高碘酸钠溶液50ml，摇匀，暗处放置15分钟后，加50%（g/ml）乙二醇溶液10ml，摇匀，暗处放置20分钟，加酚酞指示液0.5ml，用氢氧化钠滴定液（0.1mol/L）滴定至红色，30秒内不褪色，并将滴定的结果用空白试验校正。每1ml氢氧化钠滴定液（0.1mol/L）相当于9.21mg的$C_3H_8O_3$。

按现行版《中国药典》规定，含$C_3H_8O_3$不得少于95.0%。

**2. 鱼肝油含量测定**

（1）维生素A含量测定方法 照维生素A测定法（通则0721）测定。

1）色谱条件与系统适用性试验。

用硅胶为填充剂；以正己烷－异丙醇（997∶3）为流动相；检测波长为325nm。取系统适用性试验溶液10μl，注入液相色谱仪，调整色谱系统，维生素A醋酸酯峰与其顺式异构体峰的分离度应大于3.0。精密量取对照品溶液10μl，注入液相色谱仪，连续进样5次，主成分峰面积的相对标准偏差不得过3.0%。

2）系统适用性试验溶液的制备。

取维生素A对照品适量（约相当于维生素A醋酸酯300mg），置烧杯中，加入碘试液0.2ml，混匀，放置约10分钟，定量转移至200ml量瓶中，用正己烷稀释至刻度，摇匀，精密量取1ml，置100ml量瓶中，用正己烷稀释至刻度，摇匀。

3）测定法。

精密称取供试品适量（约相当于15mg维生素A醋酸酯），置100ml量瓶中，用正己烷稀释至刻度，摇匀，精密量取5ml，置50ml量瓶中，用正己烷稀释至刻度，摇匀，作为供试品溶液。另精密称取维生素A对照品适量，同法制成对照品溶液。精密量取供试品溶液与对照品溶液各10μl，分别注入液相色谱仪，记录色谱图，按外标法以峰面积计算，即得。

按现行版《中国药典》规定，每1g鱼肝油中含维生素A应为标示量的90.0%～120.0%。

（2）维生素$D_3$含量测定方法　除响应因子测定外，照维生素D测定法（通则0722）测定。

1）色谱条件与系统适用性试验。

用硅胶为填充剂；以正己烷－正戊醇（997∶3）为流动相；检测波长为254nm。量取维生素$D_3$对照品贮备溶液（1）5ml，置具塞玻璃容器中，通氮后密塞，置90℃水浴中加热1小时，取出，迅速冷却，加正己烷5ml，摇匀，置1cm具塞石英吸收池中，在2支8W主波长分别为254nm和365nm的紫外光灯下，将石英吸收池斜放成45°并距灯管5～6cm，照射5分钟，使溶液中含有前维生素$D_3$、反式维生素$D_3$、维生素$D_3$和速甾醇$D_3$；量取该溶液注入液相色谱仪，进样5次，记录峰面积，维生素$D_3$峰的相对标准偏差应不大于2.0%；前维生素$D_3$峰（与维生素$D_3$相对保留时间约为0.5）与反式维生素$D_3$峰（与维生素$D_3$相对保留时间约为0.6）以及维生素$D_3$峰与速甾醇$D_3$峰（与维生素$D_3$相对保留时间约为1.1）的分离度均应大于1.0。

2）对照品贮备溶液的制备。

根据各制剂中所含维生素D的成分，精密称取相应的维生素$D_2$或$D_3$对照品25mg，置100ml棕色量瓶中，加异辛烷80ml，避免加热，超声处理1分钟使完全溶解，用异辛烷稀释至刻度，摇匀，作为贮备溶液（1）；精密量取5ml，置50ml棕色量瓶中，用异辛烷稀释至刻度，摇匀，充氮密塞，避光，0℃以下保存，作为贮备溶液（2）。

测定维生素$D_2$时，应另取维生素$D_3$对照品25mg，同法制成维生素$D_3$对照品贮备溶液，供系统适用性试验用。

3）响应因子测定。

分别取维生素D测定法（通则0722）响应因子测定项下计算维生素D响应因子$f_1$和计算前维生素D响应因子$f_2$的溶液适量，用正己烷稀释制成每1ml中含维生素$D_3$0.625μg的溶液，分别取一定量注入液相色谱仪，按维生素D测定法（通则0722）响应因子测定项下计算$f_1$和$f_2$，即得。

4）测定法。

取该制剂项下制备的供试品溶液进行测定，按下列公式计算维生素D及前维生素D折算成维生素D的总量（$c_i$）。

$$c_i = f_1 A_{i1} + f_2 A_{i2}$$

式中，$A_{i1}$为维生素D峰的峰面积；$A_{i2}$为前维生素D峰的峰面积。

按现行版《中国药典》规定，每1g鱼肝油中含维生素D应为标示量的85.0%以上。

## 五、实训考核与思考

### （一）考核项目评分表

选择本任务所用物料甘油的含量测定作为实训考核项目，实训考核评分标准见表4－8。

**表 4-8 甘油的含量测定考核配分与评分标准**

| 序号 | 考核内容 | 考核要点 | 配分 | 评分标准 | 得分 |
|---|---|---|---|---|---|
| 1 | 职业素养 | 着装、举止 | 1 | 无白大衣、着装不整洁、举止不文明扣除此分 | |
| | | 仪容、佩饰 | 1 | 化浓妆、染甲、长甲及手戴佩饰者扣除此分 | |
| | | 爱护仪器、遵守仪器使用规定 | 4 | 违规损坏仪器者扣除此分 | |
| | | 节约水电、药品、试剂，环保意识 | 2 | 浪费水电、药品、任意处置试剂及药品者扣除此分 | |
| | | 实验秩序（步骤、台面清晰有序） | 2 | 实验秩序混乱扣除此分 | |
| 2 | 基准物及试样的称量 | 1. 天平准备工作<br>2. 称重操作<br>3. 基准物、试样称量范围<br>4. 结束工作 | 10 | 1. 预热、水平、清扫、调零<br>2. 操作规范，称重准确<br>3. 基准物、试样在称量范围内<br>4. 复原天平、清扫天平盘、登记、放回凳子 | |
| 3 | 样品处理 | 1. 基准物溶解及试剂加入<br>2. 定量转移并定容 | 10 | 1. 溶样方法正确<br>2. 容量瓶洗涤、试漏<br>3. 定量转移，定容规范<br>4. 移取溶液规范 | |
| 4 | 滴定操作 | 1. 滴定管的洗涤<br>2. 滴定管的试漏<br>3. 滴定管的润洗<br>4. 装溶液<br>5. 调零点<br>6. 滴定操作 | 40 | 1. 洗涤方法正确，洗涤干净<br>2. 试漏方法正确<br>3. 正确润洗滴定管<br>4. 摇匀溶液，不能溢出，赶尽气泡<br>5. 调零点正确<br>6. 滴定前用干净小烧杯靠去滴定管下端所挂液；终点后尖嘴处没有气泡或挂液；滴定操作与锥形瓶振动动作协调 | |
| 5 | 滴定终点 | 1. 滴定终点判定<br>2. 读数 | 10 | 1. 终点判断准确<br>2. 停留30秒读数，读数正确 | |
| 6 | 数据记录及处理 | 记录、计算及有效数字保留 | 10 | 1. 有效数字保留正确，每错一处扣0.5分，扣完为止<br>2. 缺计算过程或计算错误每步倒扣5分，由此产生的连带错误不再扣分 | |
| 7 | 文明操作 | 物品摆放 | 10 | 仪器摆放不整齐、水迹太多、废纸、废液乱扔乱倒，无结束工作或不好，每错一处扣0.5分 | |
| 合计 | | | 100 | | |

（二）思考题

1. 鱼肝油的各检查项目主要针对何种杂质，有何危害？

2. 口服乳剂的一般检查项目有哪些？

## 任务 2 制备鱼肝油乳

扫码“学一学”

### 一、技能要求

1. 掌握口服乳剂生产工艺流程，能按照工艺规程完成鱼肝油乳的制备。

2. 会按照胶体磨、全自动口服液灌装机的操作规程，完成口服乳剂的乳化、灌装工艺过程。

3. 能对口服乳剂生产过程进行质量控制。

### 二、物品准备

**1. 药品与试剂** 鱼肝油、聚山梨酯 80、西黄蓍胶、甘油、苯甲酸、糖精、杏仁油香精、香蕉油香精、纯化水。

**2. 仪器与设备** 不锈钢配料罐、胶体磨、全自动灌封机、电子分析天平等。

### 三、相关指导

（一）任务介绍

口服乳剂系指两种互不相溶的液体制成的供口服的水包油型液体制剂。用适宜的量具以小体积或以滴计量的口服乳剂称为滴剂。根据需要可加入适宜的附加剂，如抑菌剂、乳化剂、矫味剂等，其品质与用量应符合国家标准的有关规定。本次实训任务是制备稳定的鱼肝油乳 10000ml。

**【处方】**

| 原辅料 | 用量/10000ml |
|---|---|
| 鱼肝油 | 3680ml |
| 聚山梨酯 80 | 125g |
| 西黄蓍胶 | 90g |
| 甘油 | 190g |
| 苯甲酸 | 15g |
| 糖精 | 3g |
| 杏仁油香精 | 28g |
| 香蕉油香精 | 9g |
| 纯化水 | 共制成 10000ml |

**【制法】**将糖精溶解于水，加甘油混合，加入到乳匀机内，搅拌 5 分钟，用少量鱼肝油将苯甲酸、西黄蓍胶润匀后加入到粗乳机内，搅拌 5 分钟，加入聚山梨酯 80，搅拌 20 分钟，缓慢均匀地加入鱼肝油，搅拌 80 分钟，加入香蕉油香精、杏仁油香精，搅拌 10 分钟后粗乳液即成。将粗乳液缓慢均匀地加入到胶体磨中，重复研磨 2 ~ 3 次，得细腻的乳液，

用二层纱布过滤，并静置脱泡，即得。

### （二）口服乳剂的生产工艺流程及环境要求

按 GMP 要求，口服乳剂的生产环境洁净度要求为 D 级，其制备一般分为配料、混合、乳化、定量分装、外包等过程。其中，混合乳化是关键工序。口服乳剂生产工艺流程见图 4－1。

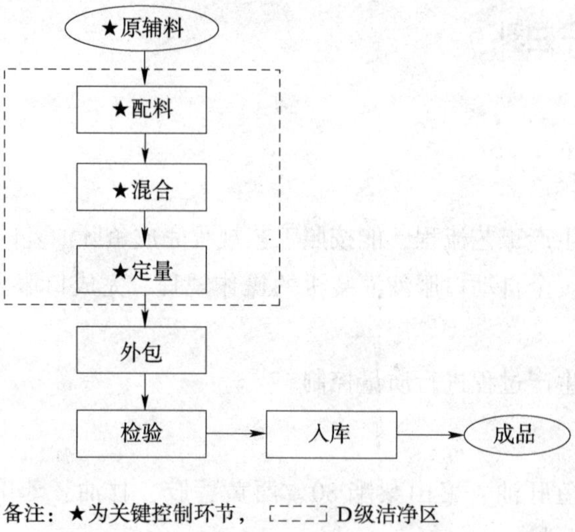


图 4－1　口服乳剂的生产工艺流程图

### （三）口服乳剂生产过程质量控制点及其检查要求

为确保最终产品质量，口服乳剂在生产过程各工序要严格质量控制，其质量控制点及其检查要求见表 4－9。

**表 4－9　口服乳剂生产过程质量控制点及其检查要求**

| 工序 | 监控点 | 监控项目 | 频次 |
|---|---|---|---|
| 原辅料领取 | 原料质量 | 检查所投用原料的质量 | 随时 |
| | 数量记录 | 领用原料等如实填写记录单 | 1 次/批 |
| 配料 | 称量 | 磅秤调零、有称量人、复核人，并签字 | 1 次/班 |
| 混合乳化 | 乳剂质量 | 混配系数、混配顺序、混配时间 | 随时/班 |
| 洗瓶、盖 | 洗涤 | 水质、水温、水压、清洁度 | 定时 |
| | 干燥（灭菌） | 温度、时间、干燥程度、微生物数 | |
| 灌装 | 灌装 | 速度、位置、装量 | 随时/班 |
| | 压盖 | 速度、压力、严密性、外观 | |
| 包装 | 贴签 | 牢固、位正、外壁清洁 | 随时/班 |
| | 装盒 | 数量、批号、说明书 | |
| | 装箱 | 数量、装箱单、封箱牢固 | 每箱 |
| 待验库 | 成品 | 清洁卫生、温度、湿度、货位卡、状态标志、分区、分品种、分批 | 定时 |

### （五）主要设备介绍

**1. 胶体磨**　胶体磨一般分为立式、卧式、管道式等几种规格，由磨头部件、底座传动部件和电动机三部分组成。材质一般分为碳钢和不锈钢两种材质，胶体磨的基本原理是流体或半流体物料通过高速相对连动的定齿与动齿之间，使物料受到强大的剪切力、摩擦力及高频振动等作用，有效地被粉碎、乳化、均质、混合，从而获得满意的精细加工的产品，见图4－2。

**2. 乳匀机** 乳匀机由高压泵和均化阀组成，材质一般为不锈钢。工作原理是高压下借助强大的推动力将两相液体高速通过乳匀机的可调节狭缝，因产生强大的剪切作用而使粗粒变成微小粒子。经压力较高的第一步均化之后，再经压力较低的第二步均化，使所得产品更均匀，见图4－3。

图4－2 胶体磨

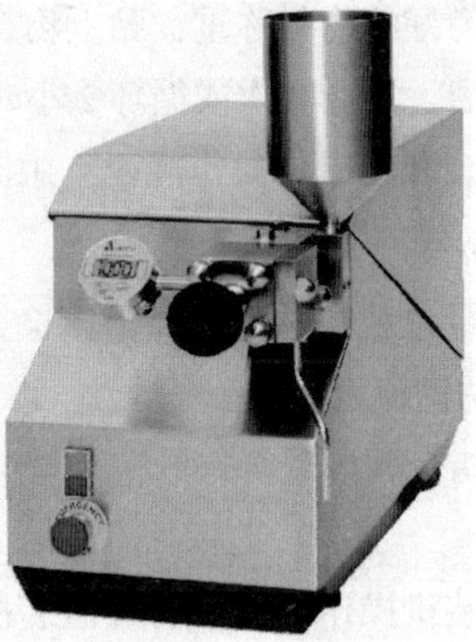

图4－3 乳匀机

## 四、实训操作

### （一）备料

1. 检查生产区域、生产设备是否符合要求，准备周转桶、塑料袋和物料标签。

2. 按生产指令与处方规定的数量开具原辅料领料单。

3. 领料人员凭领料单从仓库领取检验合格的原料（含检验合格单），核对所领物料的品名、规格、代码、数量、批号，应与领料单一致，并将从仓库领取的原辅料运至原辅料外清间。

4. 领料人员在外清间脱去原辅料外包装，用消毒液擦拭内包装消毒（不能脱去外包的，应先用纯净水擦拭外包装至清洁后，再用消毒液擦拭外包装）后送至脱包黄线内侧，贴上物料标签，标明：名称、批号、数量等内容。

### （二）配料

1. 根据《配料岗位操作规程》检查生产区域、生产设备是否符合要求，准备清洁的不锈钢桶、不锈钢勺。

2. 对称量用的电子秤进行校正，并确认在校验有效期内。

3. 配料人根据生产处方核算每批原辅料用量并领取相关物料，计算结果应经现场QA复核。

4. 按照生产处方将物料按添加量递增的原则逐一称量。复核人使用同一台电子秤对已称取的物料逐一进行复核称量确认，并贴上物料标签，标明名称、批号、数量等内容。根据需要移送下道工序或暂存。

5. 按《生产物料管理制度》的要求将剩余物料装入双层塑料袋内，密封。填写剩余物料标签，并贴于塑料袋内袋外，存放至指定区域。按照《配料岗位操作规程》中清场要求进行清场。

### （三）混合乳化

1. 根据《混合乳化岗位操作规程》检查生产区域、生产设备是否符合要求。

2. 按照标准操作规程装配高速搅拌乳化装置、胶体磨，并确认运行良好。

3. 根据生产处方对待混合的物料复核标签内容与实物是否一致。

4. 在现场 QA 的监督下，按照添加量递增的方式将物料进行简单预混。一般将油溶性物料加入油相中，水溶性物料加入水相中，乳化剂根据特性，加入油相或水相中。

5. 将预混后的油相物料缓慢加入水相中，启动搅拌机，搅拌时间不少于 30 分钟。

6. 将搅拌均匀好的物料称重，贴上物料标签，根据需要移送或直接泵入暂存罐。

7. 启动胶体磨，均质 3 次或循环 2 小时。

8. 按照《混合乳化岗位操作规程》中清场要求进行清场。

### （四）定量分装

1. 根据《计量包装岗位操作规程》检查生产区域、生产设备是否符合要求；准备清洁的不锈钢勺、不锈钢剪刀。

2. 根据生产指令领取混合好的待计量包装的物料，塑料桶/瓶，核对标签内容与实物是否一致。

3. 按照《灌装机操作规程》打开灌装机，开启灌装阀门。

4. 检查装量，经质检员检查合格后开始分装操作。

5. 按照 500ml/瓶调整装量，装量控制 500 ~ 515ml 之间。

6. 每 30 分钟取 10 瓶检查一次，检查结果记录于批生产记录中。

7. 将灌装好的乳剂传送到下道工序，或装入塑料筐中，贴好物料标签，填写内容，存放在指定区域。

8. 按《剩余物料管理规程》的要求将剩余物料装入双层塑料袋内，密封。填写剩余物料标签，并贴于塑料袋内袋外，存放至指定区域。

9. 按照《计量包装岗位操作规程》中清场要求进行清场。

## 五、实训考核与思考

### （一）考核项目评分表

选择口服乳剂生产过程中的乳化岗位操作作为实训考核项目，其考核评分标准见表 4 - 10。

**表 4 - 10　口服乳剂乳化岗位考核配分与评分标准**

| 序号 | 考核内容 | 考核要点 | 配分 | 评分标准 | 得分 |
|---|---|---|---|---|---|
| 1 | 职业素养 | 着装、举止 | 2 | 无白大衣、着装不整洁、举止不文明扣除此分 | |
| | | 仪容、佩饰 | 2 | 化浓妆、染甲、长甲及手戴佩饰者扣除此分 | |
| | | 爱护仪器、遵守仪器使用规定 | 2 | 违规损坏仪器者扣除此分 | |
| | | 节约水电、药品，环保意识 | 2 | 浪费水电、药品、任意处置试剂及药品者扣除此分 | |
| | | 实验秩序（步骤、台面清晰有序） | 2 | 实验秩序混乱扣除此分 | |

续表

| 序号 | 考核内容 | 考核要点 | 配分 | 评分标准 | 得分 |
|---|---|---|---|---|---|
| 2 | 胶体磨安装调试 | 1. 连接好料斗、出料循环管<br>2. 检查循环管阀门放料方向关闭、循环方向开通<br>3. 调节磨片间隙 | 20 | 1. 未检查阀门情况扣10分<br>2. 未调节磨片间隙扣10分<br>3. 不倒扣分 | |
| 3. | 开机运行 | 1. 接通电源<br>2. 投料入料斗内<br>3. 通过调节出料阀改变设备运行状况及物料的颗粒细度<br>4. 打开出料管，出料 | 20 | 1. 开机顺序不准确扣10分<br>2. 设备操作不准确扣10分<br>3. 不倒扣分 | |
| 4 | 关机、清洁消毒 | 1. 关闭电源<br>2. 按规定清洁消毒 | 20 | 1. 未出料，直接关闭电源扣10分<br>2. 未按正确规定清洁消毒扣10分<br>3. 不倒扣分 | |
| 5 | 成品质量 | 口服乳剂符合要求 | 20 | 1. 外观非均匀的乳白色扣5~10分<br>2. 有分层、相分离等现象扣5~10分 | |
| 6 | 清场 | 桌面整洁卫生，清洗器具，仪器药品归位 | 10 | 1. 未清场扣10分<br>2. 清场不彻底扣5分 | |
| 合计 | | | 100 | | |

（二）思考题

1. 为提高口服乳剂的稳定性，改善品质，可加入哪些附加剂？
2. 在生产过程中，哪些物料应计算物料平衡？

## 任务3　鱼肝油乳质量检查

扫码“学一学”

### 一、技能要求

1. 能按照规定方法对鱼肝油乳进行检查，并填好检查记录。
2. 能正确使用相关检测仪器、计量器具及其他检测工具，并进行维护保养。

### 二、物品准备

**1. 药品与试剂**　鱼肝油乳、维生素A等。

**2. 仪器与设备**　离心机、高效液相色谱等。

## 三、相关指导

口服乳剂应稳定、无刺激性，不得有发霉、酸败、变色、异物、产生气体或其他变质现象。口服乳剂的外观应呈均匀的乳白色，以半径为 10cm 的离心机每分钟 4000 转的转速（约 1800×g）离心 15 分钟，不应有分层现象。乳剂可能会出现相分离的现象，但经振摇应易再分散。鱼肝油乳在《中国药典》（1963 年版）中有所收录，目前我国上市销售的鱼肝油乳执行的是《化学药品地方标准上升国家标准》（第五册），标准号为 WS－10001－(HD－0434)－2002。按照规定，鱼肝油乳应检查装量、微生物限度等项目，还要按其含量测定项下方法检查，本品维生素 A 含量不得低于标示量的 90.0%。

## 四、实训操作

### （一）鱼肝油乳的性状和鉴别

**1. 性状** 本品为乳白色或微黄色的均匀乳状黏稠液体，味香甜。

**2. 鉴别**

（1）取含量测定项下的乙醚液 10ml 于 25ml 锥形瓶中，挥去乙醚，残渣加氯仿 1ml，振摇使溶解，滴加三氯化锑的氯仿溶液（1→4）数滴，即显蓝色，渐变为紫红色。

（2）取等量维生素 D2 与维生素 D3 混合对照品溶液，照高效液相色谱法（现行版《中国药典》通则 0512）试验，用十八烷基硅烷键合硅胶为填充剂，以甲醇－乙腈（3∶97）为流动相，检测波长为 254nm。取各约相当于 5～10 单位的混合对照品溶液注入液相色谱仪，调节流动相比例，分离度应大于 1.0。取维生素 D 测定法（现行版《中国药典》通则 0722）中的供试品溶液 B 或收集定量分析柱系统中的维生素 D 流出液，用无氧氮气吹干，加少许流动相溶解后，注入液相色谱仪，记录色谱图，供试品溶液 B 或定量分析柱系统中的维生素 D 流出液中主峰的保留时间应与对照品溶液中维生素 D3 主峰的保留时间一致。

### （二）鱼肝油乳的含量测定

取本品，照维生素 A 测定法（现行版《中国药典》通则 0721）中的高效液相色谱法测定，即得。

**1. 色谱条件与系统适用性试验** 用硅胶为填充剂；以正己烷－异丙醇（997∶3）为流动相；检测波长为 325nm。取系统适用性试验溶液 10μl，注入液相色谱仪，调整色谱系统，维生素 A 醋酸酯峰与其顺式异构体峰的分离度应大于 3.0。精密量取对照品溶液 10μl，注入液相色谱仪，连续进样 5 次，主成分峰面积的相对标准偏差不得过 3.0%。

**2. 系统适用性试验溶液的制备** 取维生素 A 对照品适量（约相当于维生素 A 醋酸酯 300mg），置烧杯中，加入碘试液 0.2ml，混匀，放置约 10 分钟，定量转移至 200ml 量瓶中，用正己烷稀释至刻度，摇匀，精密量取 1ml，置 100ml 量瓶中，用正己烷稀释至刻度，摇匀。

**3. 测定法** 精密称取供试品适量（约相当于 15mg 维生素 A 醋酸酯），置 100ml 量瓶中，用正己烷稀释至刻度，摇匀，精密量取 5ml，置 50ml 量瓶中，用正己烷稀释至刻度，摇匀，作为供试品溶液。另精密称取维生素 A 对照品适量，同法制成对照品溶液。精密量取供试品溶液与对照品溶液各 10μl，分别注入液相色谱仪，记录色谱图，按外标法以峰面积计算，即得。

本品维生素 A 含量不得低于标示量的 90.0%。

## 五、实训考核与思考

### （一）考核项目评分表

以本项目任务二的产品鱼肝油乳为检品，按照现行版《中国药典》最低装量检查法进行装量检查，实训考核评分标准见表4-11。

表4-11 装量检查配分与评分标准

| 序号 | 考核内容 | 考核要点 | 配分 | 评分标准 | 得分 |
| --- | --- | --- | --- | --- | --- |
| 1 | 职业素养 | 着装、举止 | 2 | 无白大衣、着装不整洁、举止不文明扣除此分 | |
| | | 仪容、佩饰 | 2 | 化浓妆、染甲、长甲及手戴佩饰者扣除此分 | |
| | | 爱护仪器、遵守仪器使用规定 | 2 | 违规损坏仪器者扣除此分 | |
| | | 节约水电、药品，环保意识 | 2 | 浪费水电、药品、任意处置试剂及药品者扣除此分 | |
| | | 实验秩序（步骤、台面清晰有序） | 2 | 实验秩序混乱扣除此分 | |
| 2 | 取样 | 1. 取样数量准确<br>2. 正确清除外盖和标签，容器外壁用适宜的方法清洁并干燥 | 10 | 1. 取样数量不准确扣5分<br>2. 未正确清除外盖、标签、清洁容器外壁扣5分<br>3. 不倒扣分 | |
| 3 | 药物的称重 | 1. 正确使用天平<br>2. 规范称取药物<br>3. 容器用适宜的溶剂洗净并干燥 | 20 | 1. 天平未调零点扣5分<br>2. 未使用合适容器称取药物扣5分<br>3. 称取药物不规范扣5分<br>4. 称取结束天平未复原扣5分<br>5. 不倒扣分 | |
| 4 | 计算 | 1. 正确计算每个容器里内容物的装量<br>2. 正确计算平均装量 | 40 | 1. 公式书写不正确扣15分<br>2. 数据计算错误扣15分<br>3. 判断不准确扣10分 | |
| 5 | 熟练程度 | 在规定时间内完成 | 10 | 超过规定时限扣10分 | |
| 6 | 清场 | 桌面整洁卫生，清洗器具，仪器药品归位 | 10 | 1. 未清场扣10分<br>2. 清场不彻底扣5分 | |
| 合计 | | | 100 | | |

扫码“练一练”

### （二）思考题

1. 口服乳剂在生产与贮藏期间应符合哪些规定？
2. 最低装量检查法适用于哪些制剂？

（马春娟）

# 项目五

# 布洛芬混悬滴剂生产实训

扫码"学一学"

## 【项目实训目标】

1. 能按照药品标准对布洛芬混悬滴剂的主要物料进行质量检验。
2. 能按照工艺规程和操作要求完成布洛芬混悬滴剂的制备。
3. 掌握配液罐的操作方法。
4. 掌握混悬滴剂的质量检查方法与相关分析仪器的使用。
5. 理解投料质量与工艺稳定性对药品质量的影响。

## 【项目任务解析】

| 项目组成 | 任务名称 | 面向职业（代码） | 面向岗位 |
|---|---|---|---|
| 任务一 | 物料质量检验 | 药物检验员（4－08－05－04） | 药物分析员、QC |
| 任务二 | 制备布洛芬混悬滴剂 | 药物制剂工（6－12－03－00） | 粉碎过筛工、配料工、液体药剂工、工艺员、QA |
| 任务三 | 布洛芬混悬滴剂质量检查 | 药物检验员（4－08－05－04） | 药物分析员、QC |

## 任务1　物料质量检验

### 一、技能要求

1. 熟悉布洛芬混悬滴剂所用原辅料的质量检验方法。

2. 能按照药典要求完成pH测定法、溶液颜色检查法、干燥失重测定法、紫外－可见分光光度法、薄层色谱法等的基本操作并进行结果判断。

3. 能对原辅料含量进行测定。

### 二、物品准备

**1. 药品与试剂**　布洛芬、甘油、蔗糖、柠檬酸、羧甲纤维素钠、聚山梨酯80等。

**2. 仪器与设备**　酸度计、紫外－可见分光光度计、红外光谱仪、电子天平、滴定管、坩埚等。

### 三、相关指导

布洛芬是非甾体抗炎药，其化学结构见图5－1，用于婴幼儿的退热，缓解由感冒、流感等引起的轻度头痛、咽痛及牙痛等。现行版《中国药典》二部收载有布洛芬口服溶液、布洛芬片、布洛芬胶囊、布洛芬混悬滴剂、布洛芬缓释胶囊和布洛芬糖浆六种制剂。目前我国有2家企业获得布洛芬混悬滴剂批准文号，此外还有9家企业获得布洛芬混悬液批准文号，1家企业获得布洛芬干混悬剂批准文号。生产此药所需物料包括主药（布洛芬）和辅料（甘油、蔗糖、柠檬酸、羧甲纤维素钠、聚山梨酯 80 等），其质量优劣直接关系到成品质量，关系到人们用药的安全性和有效性。

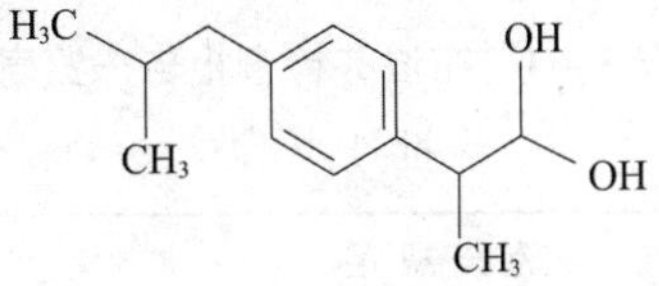


图 5-1　布洛芬化学结构式

## 四、实训操作

### （一）性状与鉴别

**1. 性状**　布洛芬为白色结晶性粉末；稍有特异臭。本品在乙醇、丙酮、三氯甲烷或乙醚中易溶，在水中几乎不溶，在氢氧化钠或碳酸钠试液中易溶。

检查结果，见表 5-1。

**表 5-1　布洛芬性状检查**

厂家：　　　　　　　　　　　　　　批号：

| 性状 | 颜色 | 状态 | 臭味 |
|---|---|---|---|
| 结果 | | | |

**2. 鉴别**　根据现行版《中国药典》二部布洛芬【鉴别】项下做如下检查，见表 5-2。

**表 5-2　布洛芬的鉴别**

厂家：　　　　　　　　　　　　　　批号：

| 项目 | 药典规定 | 结果 | 结论 |
|---|---|---|---|
| 鉴别 1 | 取本品，加 0.4% 氢氧化钠溶液制成每 1ml 中约含 0.25mg 的溶液，照紫外-可见分光光度法（通则 0401）测定，在 265nm 与 273nm 的波长处有最大吸收，在 245mn 与 271nm 的波长处有最小吸收，在 259mn 的波长处有一肩峰 | | |
| 鉴别 2 | 本品的红外光吸收图谱应与对照的图谱（光谱集 943 图）一致 | | |

### （二）检查

按照 GMP 规定生产布洛芬混悬滴剂所用全部原辅料均应按照有关药品标准进行相应检查，经检查合格后方能投入使用。现行版《中国药典》规定，布洛芬混悬滴剂所用主要物料应进行如下检查，见表 5-3。

**表 5-3　主要物料的检查项目一览表**

| 物料名称 | 检查项目 |
|---|---|
| 布洛芬 | 氯化物、有关物质、干燥失重、炽灼残渣、重金属 |
| 甘油 | 酸碱度、颜色、氯化物、硫酸盐、醛与还原性物质、糖、脂肪酸与脂类、易碳化物、有关物质、水分、炽灼残渣、铵盐、铁盐、重金属、砷盐 |
| 蔗糖 | 溶液的颜色、硫酸盐、还原糖、炽灼残渣、钙盐、重金属 |
| 羧甲纤维素钠 | 黏度、酸碱度、氯化物、硫酸盐、硅酸盐、乙醇酸钠、干燥失重、铁盐、重金属、砷盐 |
| 聚山梨酯 80 | 酸碱度、颜色、乙二醇与二甘醇、环氧乙烷和二氧六环、冻结试验、水分、炽灼残渣、重金属、砷盐、脂肪酸组成 |

**1. 布洛芬有关检查**　按照现行版《中国药典》二部布洛芬【检查】项下操作，完成如下实训，见表5－4。

**表5－4　布洛芬检查报告一览表**

厂家：　　　　　　　　　　　　　　批号：

| 项目 | 药典规定 | 结果 | 结论 |
|---|---|---|---|
| 氯化物 | 取本品1.0g，加水50ml，振摇5分钟，滤过，取续滤液25ml，依法检查（通则0801），与标准氯化钠溶液5.0ml制成的对照液比较，不得更浓（0.010％） | | |
| 有关物质 | 取本品，用三氯甲烷制成每1ml中含100mg的溶液，作为供试品溶液；精密量取适量，用三氯甲烷定量稀释制成每1ml中含1ml的溶液，作为对照溶液。照薄层色谱法（通则0502）试验，吸取上述两种溶液各5μl，分别点于同一硅胶G薄层板上，以正已烷－乙酸乙酯－冰醋酸（15∶5∶1）为展开剂，展开，晾干，喷以1%高锰酸钾的稀硫酸溶液，在120℃加热20分钟，置紫外光灯（365nm）下检视。供试品溶液如显杂质斑点，与对照溶液的主斑点比较，不得更深 | | |
| 干燥失重 | 取本品，以五氧化二磷为干燥剂，在60℃减压干燥至恒重，减失重量不得过0.5%（通则0831） | | |
| 炽灼残渣 | 不得过0.1%（通则0841） | | |
| 重金属 | 取本品1.0g，加乙醇22ml溶解后，加醋酸盐缓冲液（pH 3.5）2ml与水适量使成25ml，依法检查（通则0821第一法），含重金属不得过百万分之十 | | |

**2. 甘油有关检查**　按照现行版《中国药典》四部甘油【检查】项下操作完成如下实训，见表5－5。

**表5－5　甘油检查报告一览表**

厂家：　　　　　　　　　　　　　　批号：

| 项目 | 药典规定 | 结果 | 结论 |
|---|---|---|---|
| 酸碱度 | 取本品25.0g，加水稀释成50ml，混匀，加酚酞指示液0.5ml，溶液应无色，加0.1mol/L氢氧化钠溶液0.2ml，溶液应显粉红色 | | |
| 颜色 | 取本品50ml，置50ml纳氏比色管中，与对照液（取比色用重铬酸钾液0.2ml，加水稀释至50ml制成）比较，不得更深 | | |
| 醛与还原性物质 | 取本品约1g，置50ml量瓶中，加水25ml溶解，加入新配制的10%盐酸甲基苯并噻唑铜腙溶液（用0.02mol/L的氢氧化钠溶液调节pH至4.0，临用新制）2ml静置30分钟，加新配制的0.5%三氯化铁溶液5ml，摇匀，静置5分钟，加甲醇稀释至刻度，摇匀。照紫外－可见分光光度法（通则0401），在655nm的波长处测定吸光度，供试品溶液的吸光度不得大于对照品溶液［每1ml含甲醛（$CH_2O$）5.0μg］2.0ml同法处理后的吸光度 | | |

续表

| 项目 | 药典规定 | 结果 | 结论 |
| --- | --- | --- | --- |
| 易碳化物 | 取本品4.0g，在振摇下逐滴加入硫酸5ml，过程中控制温度不得超过20℃，静置1小时后，如显色，与同体积对照溶液（取比色用氯化钴溶液0.2ml，比色用重铬酸钾溶液1.6ml与水8.2ml制成）比较，不得更深 | | |

### （三）含量测定

按照GMP规定生产布洛芬混悬滴剂所用全部原辅料均应按照有关药品标准进行相应含量测定，经检查合格后方能投入使用，下列为现行版《中国药典》规定的布洛芬和甘油的含量测定方法。

**1. 布洛芬含量测定**

取本品约0.5g，精密称定，加中性乙醇（对酚酞指示液显中性）50ml溶解后，加酚酞指示液3滴，用氢氧化钠滴定液（0.1mol/L）滴定。每1ml氢氧化钠滴定液（0.1mol/L）相当于20.63mg的$C_{13}H_{18}O_2$。

按现行版《中国药典》规定，布洛芬按干燥品计算，含$C_{13}H_{18}O_2$不得少于98.5%。

**2. 甘油含量测定**

取本品约0.1g，精密称定，加水45ml，混匀，精密加入2.14%高碘酸钠溶液25ml，摇匀，暗处放置15分钟后，加50%（g/ml）乙二醇溶液10ml，摇匀，暗处放置20分钟，加酚酞指示液0.5ml，用氢氧化钠滴定液（0.1mol/L）滴定至红色，30秒内不褪色，并将滴定的结果用空白试验校正。每1ml氢氧化钠滴定液（0.1mol/L）相当于9.21mg的$C_3H_8O_3$。

按《中国药典》2015年版规定，甘油按无水物计算，含$C_3H_8O_3$不得少于95.0%。

## 五、实训考核与思考

### （一）考核项目评分表

选择本任务处方主药布洛芬为检品，测定原料药物的含量，实训考核评分标准见表5－6。

**表5－6 布洛芬的含量测定考核配分与评分标准**

| 序号 | 考核内容 | 考核要点 | 配分 | 评分标准 | 得分 |
| --- | --- | --- | --- | --- | --- |
| 1 | 职业素养 | 着装、举止 | 1 | 无白大衣、着装不整洁、举止不文明扣除此分 | |
| | | 仪容、佩饰 | 1 | 化浓妆、染甲、长甲及手戴佩饰者扣除此分 | |
| | | 爱护仪器、遵守仪器使用规定 | 4 | 违规损坏仪器者扣除此分 | |
| | | 节约水电、药品、试剂，环保意识 | 2 | 浪费水电、药品、任意处置试剂及药品者扣除此分 | |
| | | 实验秩序（步骤、台面清晰有序） | 2 | 实验秩序混乱扣除此分 | |

续表

| 序号 | 考核内容 | 考核要点 | 配分 | 评分标准 | 得分 |
|---|---|---|---|---|---|
| 2 | 供试品溶液和标准品溶液的制备 | 1. 分析天平使用规范、熟练<br>2. 称重准确<br>3. 容量瓶洗涤规范、熟练<br>4. 移液管正确洗涤，并用待测液润洗 2～3 次<br>5. 吸液、放液操作准确、规范<br>6. 溶解、定容和摇匀准确、熟练 | 40 | 1. 操作不规范每项扣 5 分<br>2. 称重不准确扣 10 分<br>3. 定容不准确扣 10 分<br>4. 移液管未润洗扣 10 分<br>5. 取液不准确扣 10 分<br>6. 操作不熟练酌情扣分 | |
| 3 | 供试品的测定 | 1. 滴定管检漏<br>2. 正确洗涤滴定管，并用滴定液润洗 2～3 次<br>3. 正确装入滴定液，并调零点<br>4. 酸碱中和滴定操作规范、熟练<br>5. 终点颜色适宜，读数准确 | 30 | 1. 操作不规范每项扣 5 分<br>2. 滴定管未润洗扣 5 分<br>3. 滴定时未调零扣 5 分<br>4. 终点过、读数不准确扣 10 分<br>5. 操作不熟练酌情扣分 | |
| 4 | 计算和结论 | 计算结果准确 | 10 | 结果不准确扣 10 分 | |
| 5 | 清场 | 桌面整洁卫生，清洗器具，仪器药品归位 | 10 | 1. 未清场扣 10 分<br>2. 清场不彻底扣 5 分 | |
| | 合计 | | 100 | | |

（二）思考题

1. 布洛芬的各检查项目主要针对何种杂质，有何危害？
2. 紫外 - 可见分光光度计在使用中应注意哪些方面？
3. 酸碱中和滴定法操作中常出现的问题是什么？

## 任务 2 制备布洛芬混悬滴剂

### 一、技能要求

1. 掌握混悬剂生产工艺流程，能按照工艺规程完成布洛芬混悬滴剂的制备。
2. 会按照万能粉碎机、旋振筛和配液罐的操作规程，完成粉碎、过筛和配液的工艺过程。
3. 能对混悬滴剂生产过程进行质量控制。

### 二、物品准备

**1. 药品与试剂** 布洛芬、甘油、蔗糖、柠檬酸、羧甲纤维素钠、聚山梨酯 80 等。

**2. 仪器与设备** 万能粉碎机、旋振筛、配液罐、灌装机等。

### 三、相关指导

（一）任务介绍

口服混悬液系指难溶性固体原料药物分散在液体介质中制成的供口服的混悬液体制剂。

用适宜的量具以小体积或以滴计量的口服溶液剂、口服混悬剂或口服乳剂称为滴剂。口服混悬剂在标签上应注明“用前摇匀”。本次实训任务是制备规格为20ml：0.4g的布洛芬混悬滴剂100L。

**【处方】**

| 原辅料 | 用量/100L |
|---|---|
| 布洛芬 | 2kg |
| 甘油 | 5L |
| 蔗糖 | 40kg |
| 柠檬酸 | 0.2kg |
| 羧甲纤维素钠 | 0.5kg |
| 聚山梨酯80 | 0.1L |
| 纯化水 | 适量 |

**【制法】**将布洛芬粉碎、过100目筛，称取处方量的布洛芬、蔗糖、柠檬酸、羧甲纤维素钠，量取处方量的甘油、聚山梨酯80备用。将布洛芬、聚山梨酯80、柠檬酸等物质加热溶解于5L甘油（含少量水）中，加入羧甲纤维素钠，充分搅拌溶解，制成A溶液。A溶液加入85%糖浆溶液（由蔗糖配合纯化水制备），两种溶液充分混匀形成混合液，见布洛芬呈结晶样析出，加水至100L，混匀，制成布洛芬混悬液。

### （二）混悬滴剂的生产工艺流程及环境要求

按GMP要求，混悬滴剂的生产环境洁净度要求为D级，其制备一般分为原辅料的粉碎和过筛、配液、灌封、包装等过程。其中，配液是关键工序。混悬滴剂生产工艺流程见图5-2。

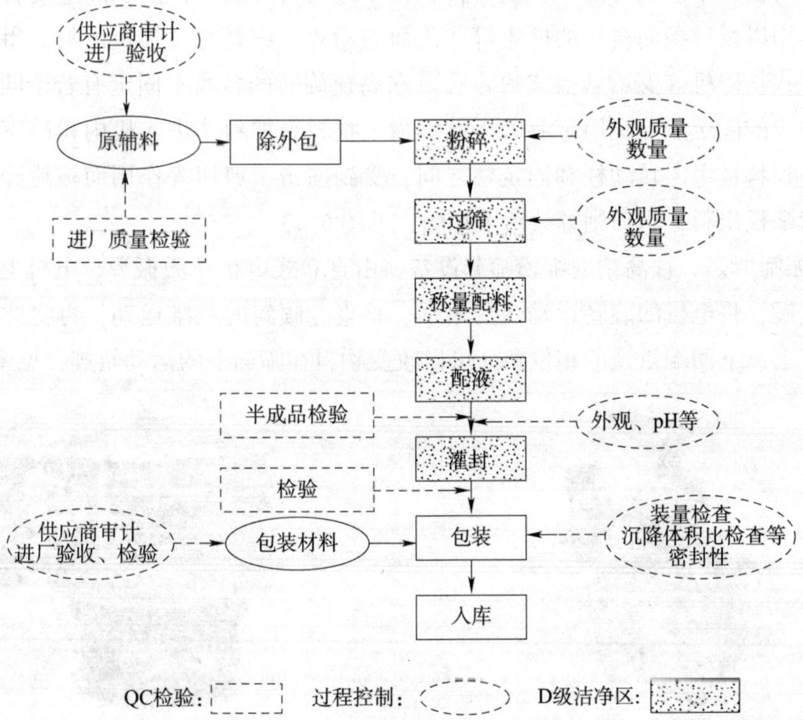


图5-2　混悬滴剂的生产工艺流程图

## （三）混悬滴剂生产过程质量控制点及其检查要求

为确保最终产品质量，布洛芬混悬滴剂在生产过程中要严格进行质量控制，其质量控制点及检查要求见表5-7。

**表5-7　混悬滴剂生产过程质量控制点及检查要求**

| 工序 | 监控点 | 监控项目 | 频次 |
|---|---|---|---|
| 粉碎过筛 | 原辅料 | 异物 | 1次/批<br>1次/批 |
| | 粉碎过筛 | 细度、异物 | 1次/班<br>随时/班 |
| 配料 | 称量 | 磅秤调零、有称量人、复核人，并签字 | 1次/班 |
| 配液 | 纯化水 | 性状、pH、氨、电导率、微生物限度等 | 1次/2周 |
| | 混悬液 | pH、相对密度、主药含量、混合时间、速度 | 2~3次/批 |
| 灌装 | 灌装 | 速度、位置、装量 | 随时/每班 |
| | 密封 | 速度、压力、密封性、外观 | 随时/每班 |
| 包装 | 贴签 | 牢固、位正、外壁清洁 | 随时/班 |
| | 装盒 | 数量、批号、说明书 | 随时/班 |
| | 装箱 | 批号、数量、装箱单、印刷内容 | 随时/班 |

## （四）主要设备介绍

**1. 万能粉碎机**　是一种应用比较广泛的粉碎设备，对物料粉碎的作用力主要是撞击、剪切力。根据其结构不同可分为锤击式和冲击柱式。锤击式粉碎机（俗称榔头机）其结构主要由机壳、加料器、筛板、圆盘、钢锤、衬板等组成。其高速旋转轴上安装有数个锤头，机壳上装有衬板，下部装有筛板，当物料从料斗进入粉碎室时，由于高速旋转的锤头的冲击和剪切作用以及被抛向衬板的撞击等作用而被粉碎，细料通过筛板出料，粗料继续被粉碎。冲击柱式粉碎机（又称转盘式粉碎机）在高速旋转的转盘上固定有若干圈钢齿，另一与转盘相对应的固定盖上也固定有若干圈钢齿。物料由加料斗进入机内粉碎室，由于离心力的作用，物料被甩向转动柱和固定柱之间，受到撞击、剪切等作用而被粉碎。细粉通过底部的环状筛板出料，粗粉则继续留下粉碎，见图5-3。

**2. 旋振筛**　是一种高精度细粉筛分设备，由直立式电机作激振源，电机上、下两端安装有偏心重锤，将电机的旋转运动变为水平、垂直、倾斜的三维运动，再将此运动传递给筛面。调节上、下两端重锤的相位角，可以改变物料在筛面上的运动轨迹，见图5-4。

图5-3　万能粉碎机

图5-4　旋振筛

**3. 配液罐** 又称配制罐、调配罐，是将一种或几种物料按工艺配比进行混配的混合搅拌容器。根据搅拌形式的不同有磁力搅拌配液罐、搅拌叶式配液罐和缓冲配液罐。根据结构的不同可以分为单层配液罐、保温搅拌配液罐、三层保温配液罐。保温配液罐是由罐体、上下封头、搅拌器、支撑、传动装置、轴封装置、夹套、保温介质、保温层等组成，也可以配备液位、流量计量装置。三层保温配液罐的上下封头可以采用多种组合形式：上下椭圆封头，上平口下锥底，上下锥形，上椭圆封头、下锥底，上平口下椭圆封头等。搅拌器的形式可以是简单的桨叶式，也可以是锚式搅拌，或者涡轮式搅拌或刮壁搅拌。传动装置主要是指电机和减速机，电机和减速机的型号需根据罐体容器、物料黏度、搅拌形式确定。夹套可以采用空心夹套或者半管夹套。保温介质根据夹套及罐内温度选用聚氨酯、岩棉或者硅酸铝等，保温层厚度一般为 50 或 100mm，见图 5－5。

图 5－5　配液罐

## 四、实训操作

### （一）生产前准备

**1. 各工序现场检查** 检查该工序的房间、设备、容器具等是否清洁，并在合格有效期内；检查该工序的设备是否正常；检查该工序所需的原辅料、容器具等是否领取，模具是否安装。QA 对生产前检查结果复核后，签发生产许可相关信息。生产设备及生产场所换相应的状态标志。

**2. 领取生产所用物料** 检查所用物料名称、代号、批号、数量等信息，检查物料是否在规定的有效期内，外包装是否完好、清洁，办理物料交接手续，并签字记录。

### （二）粉碎

**1. 粉碎前准备**

（1）工作区检查已清洁，不存在与目前生产无关的记录或残留物等；已准备好批生产记录和足够数量的标签来标明生产区、设备和容器的状态；所有与产品接触的部件已清洁和干燥，不存在上批产品留下的残留物。

（2）使用前，检查设备清洁情况，各部件应清洁干净，无粉尘、污迹；机内壁应光亮整洁，检查设备标识状况。

（3）出料口下接料袋，用橡胶管绑紧，上料斗活动挡板下放到底。

**2. 操作**

（1）接通电源，按住点动按钮，空转 1～2 分钟，观察主轴转动方向是否与箭头指示方向一致，如果转动方向相反，则须立即停机调整电线接头，否则会损坏机件。

（2）检查无误后，启动空转，等机器运转平稳正常后方可使用。

（3）用料斗挡板控制物料下放的速度逐渐下料。

（4）物料加入时，量不可过多，使机器运转顺畅。

（5）粉碎物料时，要注意出料口畅通防止堵塞。

（6）粉碎结束后，应让机器空转 1 分钟左右，将未粉碎的料吹净，点动停止按钮，关闭电源。

（7）进行清场，挂“待清洁”牌，清理机器内部和外部粉尘。

（8）认真填写各项生产记录，并更新设备状态标志。

**3. 注意事项**

（1）同品种连续生产三批或更换品种时，执行万能粉碎机清洁标准操作程序。

（2）机器运转中，操作人员不得离开机器，不得违章操作。

（3）该机可连续工作，因故障或筛网破裂应立即停机，待排除故障后再进行使用。

**（三）过筛**

**1. 过筛前准备**

（1）工作区检查已清洁，不存在与目前生产无关的记录或残留物等；已准备好批生产记录和足够数量的标签来标明生产区、设备和容器的状态；所有与产品接触的部件已清洁和干燥，不存在上批产品留下的残留物。

（2）使用前，检查轴承的润滑情况，所有紧固件是否紧固，传动皮带安装情况及是否良好，防护装置是否完好，粗网及细网有无破损，每一组束环是否锁紧，用手盘动飞轮或拉动皮带，确认设备转动灵活，才可空载试车。

**2. 操作**

（1）先筛机空转启动、运转、通车一次，看有无异常现象和声音，停车共振时，筛机是否跳离弹簧。

（2）检查筛机的运转是否平稳，并注意振动电机的温度情况，温度不得超过70℃。

（3）按下开关按钮，开启设备，开始加料，运转时给料要均匀，使物料均布于筛面，如有物料跑偏现象，应调整给料点、支撑装置或弹簧、振动电机的激振力。

（4）过筛结束时应停止给料，待筛面上物料全部干净后再停车，停车后要及时清理滞留在筛面的异物。

（5）工作结束后按下开关按钮，关闭电源。

（6）卸料后进行清场，挂“待清洁”牌，按《旋振筛清洁操作程序》进行卫生清洁。

（7）认真填写各项生产记录，并更新设备状态标志。

**3. 注意事项**

（1）注意传动部分的轴承，运转正常温升为35℃/环境温度25℃，轴承温升高于70℃/环境温度25℃时，按停车操作执行。

（2）机器运转中应经常检查电机及激振器轴承温度，测听筛子有无异响，观察筛子的振动情况，振幅是否在规定范围内，发现异常情况应停机处理。

（3）停机后，应检查润滑装置，擦洗部件，做好设备检查和保养工作。

**（四）配液**

**1. 配液前准备**

（1）工作区检查已清洁，不存在与目前生产无关的记录或残留物等；已准备好批生产记录和足够数量的标签来标明生产区、设备和容器的状态；所有与产品接触的部件已清洁和干燥，不存在上批产品留下的残留物。

（2）检查电子天平、计量器具、蒸汽压力表等是否合格并在有效期内。

（3）开启配液罐电源、阀门等，空机试运行，正常后进行生产。

**2. 操作**

（1）领料

按批生产指令单到物料暂存间领取生产用原辅料，检查有无检验合格单，核对品名、批号、数量；将领取原辅料用小车推至称量室，按生产指令逐一称量并复核，之后将物料送至配液间，准确填写称量记录。

（2）配液

1）开启A配液罐的进液阀，加入处方量的甘油；关好进液阀，打开投料口阀门，加入处方量的布洛芬、聚山梨酯80、柠檬酸等物料；打开搅拌器电源开关和蒸汽阀门，将罐内物料加热搅拌，温度达到设定值时，应关闭蒸汽阀；加入羧甲纤维素钠，充分搅拌溶解，制成A溶液。

2）开启B配液罐的进液阀，向内放入一定量的纯化水；关好进液阀，打开投料口阀门，加入处方量的蔗糖；打开搅拌器电源开关；打开蒸汽阀门，将罐内物料加热2～3分钟后，关小排气阀，温度达到100℃时，应关闭蒸汽阀；打开输送泵，回流过滤；过滤结束，开启进液阀，放入适量的热纯化水，制成浓度为85%的蔗糖溶液。

3）启动输送泵，将A配液罐中的A溶液泵入85%糖浆溶液，A溶液输送完毕后，用少量纯化水冲洗A配液罐内壁，将冲洗液也全部泵入B配液罐中，两种溶液充分混匀形成混合液，见布洛芬呈结晶样析出，加纯化水至混合液100L，混匀制成布洛芬混悬液。

4）待检验合格后，开启输送泵，将药液泵至高位贮液罐，待灌装。

5）《配液罐清洁规程》进行清洁；检查各个管道阀门的关闭情况，是否正常。

6）认真填写各项生产记录，并更新设备状态标志。

**3. 注意事项**

（1）设备运行出现故障，应将罐内余汽排尽，不能待压维修。

（2）维修时，防止液体溅到电机上。

**（五）灌封、包装**

检查机器各部件是否完好，相关设备是否已清洁消毒；核查从配液岗位接收的药液是否合格，将合格药液从配料罐泵到贮液桶内，将计量泵的吸入管放至贮液桶内；接通灌装机电源，调节设备进行灌装；灌装结束后，按清洁规程进行清洁、消毒，并认真填写各项生产纪录，并更新设备状态标志。

## 五、实训考核与思考

**（一）考核项目评分表**

混悬剂配液是混悬剂制备过程的关键工序，选择混悬剂配液岗位操作进行实训考核，混悬剂配液岗位考核评分标准见表5－8。

**表5－8　配液岗位考核配分与评分标准**

| 序号 | 考核内容 | 考核要点 | 配分 | 评分标准 | 得分 |
|---|---|---|---|---|---|
| 1 | 职业素养 | 着装、举止 | 2 | 无白大衣、着装不整洁、举止不文明扣除此分 | |
| | | 仪容、佩饰 | 2 | 化浓妆、染甲、长甲及手戴佩饰者扣除此分 | |
| | | 爱护仪器、遵守仪器使用规定 | 2 | 违规损坏仪器者扣除此分 | |
| | | 节约水电、药品，环保意识 | 2 | 浪费水电、药品、任意处置试剂及药品者扣除此分 | |
| | | 实验秩序（步骤、台面清晰有序） | 2 | 实验秩序混乱扣除此分 | |

续表

| 序号 | 考核内容 | 考核要点 | 配分 | 评分标准 | 得分 |
|---|---|---|---|---|---|
| 2 | 配液罐操作前准备 | 1. 检查电子天平、计量器具、蒸汽压力表等是否合格并在有效期内<br>2. 开启配液罐电源、阀门等，空机试运行，正常后进行生产 | 20 | 1. 未检查设备是否合格扣10分<br>2. 未开机调试或开机顺序不准确扣10分<br>3. 不倒扣分 | |
| 3 | 领料 | 领取物料并核对 | 10 | 1. 未正确领取物料扣5分<br>2. 未核对物料扣5分<br>3. 不倒扣分 | |
| 4 | 配液 | 1. 开关机顺序正确<br>2. 正确排除故障<br>3. 物料投放顺序正确 | 30 | 1. 开机顺序不正确扣10分<br>2. 未正确排除故障扣10分<br>3. 物料投放顺序不正确扣10分<br>4. 不倒扣分 | |
| 5 | 熟练程度 | 规定时间内完成 | 10 | 超过规定时限扣10分 | |
| 6 | 成品质量 | 混悬液质量符合要求 | 10 | 未配置成布洛芬混悬液扣10分 | |
| 7 | 清场 | 桌面整洁卫生，清洗器具，仪器药品归位 | 10 | 1. 未清场扣10分<br>2. 清场不彻底扣5分 | |
| | 合计 | | 100 | | |

（二）思考题

1. 简述粉碎、过筛操作应注意什么问题？
2. 简述配液操作应注意什么问题？

## 任务3　布洛芬混悬滴剂质量检查

### 一、技能要求

1. 能按照规定方法对布洛芬混悬滴剂生产过程的成品质量进行检查，并填好检查记录。
2. 能正确使用相关检测仪器、计量器具及其他检测工具，并进行维护保养。

### 二、物品准备

**1. 药品与试剂**　布洛芬混悬液等。

**2. 仪器与设备**　酸度计、比重瓶、具塞量筒等。

### 三、相关指导

本制剂应稳定、无刺激性，不得有发霉、酸败、变色、异物、产生气体或其他变质现象，放置后若有沉淀物，经振摇应易再分散，其包装内一般应附有滴管和吸球或其他量具，在标签上应注明“用前摇匀”。现行版《中国药典》规定，布洛芬混悬滴剂应检查pH值、相对密度和其他口服混悬剂项下有关的各项规定（通则0123），还要按其含量测定项下方法检查其含量。本品含布洛芬（$C_{13}H_{18}O_2$）应为标示量的90.0%～110.0%。

扫码“看一看”

## 四、实训操作

按现行版《中国药典》（第四部）对成品混悬滴剂质量检查：

**1. pH** 按现行版《中国药典》通则0631测定，应为2.0～6.5。

**2. 相对密度** 按现行版《中国药典》通则0601测定，应为1.090～1.270。

**3. 装量** 按现行版《中国药典》最低装量检查法（通则0942）检查，应符合规定。

**4. 沉降体积比** 用具塞量筒量取供试品50ml，密塞，用力振摇1分钟，记下混悬物的开始高度 $H_0$，静置3小时，记下混悬物的最终高度 $H$，按下式计算：

$$\text{沉降体积比}=\frac{H}{H_0}$$

其沉降体积比应不低于0.90。

其他各项质量检查应按照现行版《中国药典》布洛芬混悬滴剂中各项要求进行，检查结果应符合各相关规定。

## 五、实训考核与思考

### （一）考核项目评分表

选择本项目任务二的产品布洛芬滴剂为检品，按照现行版《中国药典》最低装量检查法和沉降体积比测定法的要求和方法对该布洛芬滴剂进行最低装量和沉降体积比检查，实训项目考核评分标准见表5－9和表5－10。

**表5－9 混悬滴剂装量检查考核配分与评分标准**

| 序号 | 考核内容 | 考核要点 | 配分 | 评分标准 | 得分 |
|---|---|---|---|---|---|
| 1 | 职业素养 | 着装、举止 | 2 | 无白大衣、着装不整洁、举止不文明扣除此分 | |
| | | 仪容、佩饰 | 2 | 化浓妆、染甲、长甲及手戴佩饰者扣除此分 | |
| | | 爱护仪器、遵守仪器使用规定 | 2 | 违规损坏仪器者扣除此分 | |
| | | 节约水电、药品，环保意识 | 2 | 浪费水电、药品、任意处置试剂及药品者扣除此分 | |
| | | 实验秩序（步骤、台面清晰有序） | 2 | 实验秩序混乱扣除此分 | |
| 2 | 实验前准备 | 1. 准备适宜的测量器具（量器大小应使待测体积至少占其额定体积的40%）<br>2. 正确选择供试品数量 | 30 | 1. 测量器具选择不合适扣15分<br>2. 未正确选择供试品数量扣15分<br>3. 不倒扣分 | |
| 3 | 装量检查 | 1. 开启并将内容物转入所选量筒<br>2. 药品倒出后其容器应倒置15分钟<br>3. 观察结果，并求平均装量 | 40 | 1. 开启供试品有损失扣10分<br>2. 未倒入干燥量筒扣10分<br>3. 未倒置容器15分钟倾尽药液扣10分<br>4. 读数不准确及未求平均装量扣10分<br>5. 不倒扣分 | |

续表

| 序号 | 考核内容 | 考核要点 | 配分 | 评分标准 | 得分 |
|---|---|---|---|---|---|
| 4 | 熟练程度 | 规定时间内完成操作 | 10 | 超过规定时限扣10分 | |
| 5 | 清场 | 桌面整洁卫生，清洗器具，仪器药品归位 | 10 | 1. 未清场扣10分<br>2. 清场不彻底扣5分 | |
| | 合计 | | 100 | | |

**表5－10 混悬滴剂沉降体积比检查配分与评分标准**

| 序号 | 考核内容 | 考核要点 | 配分 | 评分标准 | 得分 |
|---|---|---|---|---|---|
| 1 | 职业素养 | 着装、举止 | 2 | 无白大衣、着装不整洁、举止不文明扣除此分 | |
| | | 仪容、佩饰 | 2 | 化浓妆、染甲、长甲及手戴佩饰者扣除此分 | |
| | | 爱护仪器、遵守仪器使用规定 | 2 | 违规损坏仪器者扣除此分 | |
| | | 节约水电、药品，环保意识 | 2 | 浪费水电、药品、任意处置试剂及药品者扣除此分 | |
| | | 实验秩序（步骤、台面清晰有序） | 2 | 实验秩序混乱扣除此分 | |
| 2 | 实验前准备 | 1. 准备适宜的测量器具<br>2. 正确选择供试品数量 | 20 | 1. 测量器具选择不合适扣10分<br>2. 未正确选择供试品数量扣10分<br>3. 不倒扣分 | |
| 3 | 沉降 | 1. 开启并将内容物转入所选量具<br>2. 用力振摇，并静置3小时<br>3. 准确读取静置前和静置后读数 | 20 | 1. 未按操作步骤操作扣10分<br>2. 未正确读数扣10分<br>3. 不倒扣分 | |
| 4 | 记录、计算 | 1. 正确记录数值<br>2. 正确计算沉降体积比并进行结果判断 | 30 | 1. 数字书写不正确扣10分<br>2. 数据计算错误扣10分<br>3. 结果判断不准确扣10分<br>4. 不倒扣分 | |
| 5 | 熟练程度 | 在规定时间内完成 | 10 | 超过规定时限扣10分 | |
| 6 | 清场 | 桌面整洁卫生，清洗器具，仪器药品归位 | 10 | 1. 未清场扣10分<br>2. 清场不彻底扣5分 | |
| | 合计 | | 100 | | |

扫码“练一练”

## （二）思考题

1. 优良的混悬剂有哪些质量要求？
2. 若某混悬剂其沉降体积比经检查不合格，请分析其原因。

（党　莉）

项目六

# 对乙酰氨基酚颗粒生产实训

## 【项目实训目标】

1. 能按照药品标准对对乙酰氨基酚颗粒的主要物料进行质量检验。
2. 能按照工艺规程和操作要求完成对乙酰氨基酚颗粒的制备。
3. 掌握湿法混合制粒机、流化床干燥机、颗粒剂包装机的操作方法。
4. 掌握颗粒剂的质量检查方法与相关分析仪器的使用。

## 【项目任务解析】

| 项目组成 | 任务名称 | 面向职业（代码） | 面向岗位 |
|---|---|---|---|
| 任务一 | 物料质量检验 | 药物检验员（4－08－05－04） | 药物分析员、QC |
| 任务二 | 制备对乙酰氨基酚颗粒 | 药物制剂工（6－12－03－00） | 颗粒剂工、工艺员、QA |
| 任务三 | 对乙酰氨基酚颗粒质量检查 | 药物检验员（4－08－05－04） | 药物分析员、QC |

## 任务1 物料质量检验

扫码“学一学”

### 一、技能要求

1. 熟悉对乙酰氨基酚颗粒所用原辅料的质量检验方法。

2. 能按照药典要求完成 pH 测定法、溶液颜色检查法、干燥失重测定法、重金属检查法、高效液相色谱法的基本操作并进行结果判断。

### 二、物品准备

**1. 药品与试剂** 对乙酰氨基酚、糊精、玉米淀粉等。

**2. 仪器与设备** 酸度计、高效液相色谱仪、紫外－可见分光光度计等。

### 三、相关指导

对乙酰氨基酚的化学名为 N－（4－羟基苯基）乙酰胺［N－（4－Hydroxyphenyl）acetamide］，商品名为扑热息痛，属于乙酰苯胺类解热镇痛药，其结构式见图 6－1。在美国 1955 年就成为非处方药，我国于 20 世纪 50 年代末期开始生产。本品在临床主要用于普通感冒或流行性感冒引起的发热，也用于缓解轻至中度疼痛如头痛、关节痛、偏头痛、牙痛、肌肉痛、神经痛、痛经等。现行版《中国药典》二部收载有对乙酰氨基酚片剂、咀嚼片、泡腾片、注射液、栓剂、胶囊剂、颗粒剂、滴剂、凝胶剂等剂型。对乙酰氨基酚颗粒中常用糊精、淀粉等辅料，其质量优劣直接影响到产品的安全性及有效性。

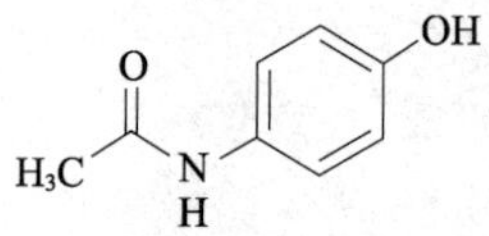

图6－1　对乙酰氨基酚化学结构式

## 四、实训操作

### （一）性状与鉴别

**1. 对乙酰氨基酚**

（1）性状　对乙酰氨基酚为白色结晶或结晶性粉末；无臭。本品在热水或乙醇中易溶，在丙酮中溶解，在水中略溶。本品的熔点（现行版《中国药典》通则0612第二法）为168～172℃。检查结果见表6－1。

**表6－1　对乙酰氨基酚性状检查**

厂家：　　　　　　　　　　　　　　批号：

| 性状 | 颜色 | 状态 | 气味 | 溶解性 | 熔点 |
|---|---|---|---|---|---|
| 结果 | | | | | |

（2）鉴别　按照现行版《中国药典》二部对乙酰氨基酚【鉴别】项下做如下检查，见表6－2。

**表6－2　对乙酰氨基酚的鉴别**

厂家：　　　　　　　　　　　　　　批号：

| 项目 | 药典规定 | 结果 | 结论 |
|---|---|---|---|
| 鉴别1 | 本品的水溶液加三氯化铁试液，即显蓝紫色 | | |
| 鉴别2 | 取本品约0.1g，加稀盐酸5ml，置水浴中加热40分钟，放冷；取0.5ml，滴加亚硝酸钠试液5滴，摇匀，用水3ml稀释后，加碱性β－萘酚试液2ml，振摇，即显红色 | | |
| 鉴别3 | 本品的红外光吸收图谱应与对照的图谱（光谱集131图）一致 | | |

**2. 糊精**

（1）性状　糊精为白色或类白色的无定形粉末；无臭，味微甜。本品在沸水中易溶，在乙醇或乙醚中不溶。

（2）鉴别　根据现行版《中国药典》四部糊精【鉴别】项下做如下检查，取本品10%的水溶液1ml，加碘试液1滴，即显紫红色。

**3. 玉米淀粉**　具体内容详见胶囊剂生产实训项目。

### （二）检查

按照GMP规定，生产对乙酰氨基酚颗粒所用全部原辅料均应按照有关药品标准进行相应检查，经检查合格后方能投入使用。现行版《中国药典》规定，对乙酰氨基酚颗粒所用主要物料应进行如下检查，见表6－3。

**表6-3 主要物料的检查项目一览表**

| 物料名称 | 检查项目 |
| --- | --- |
| 对乙酰氨基酚 | 酸度、乙醇溶液的澄清度与颜色、氯化物、硫酸盐、对氨基酚及有关物质、对氯苯乙酰胺、干燥失重、炽灼残渣、重金属 |
| 糊精 | 酸度、还原糖、干燥失重、炽灼残渣、重金属、铁盐、微生物限度 |
| 玉米淀粉 | 酸度、外来物质、二氧化硫、氧化物质、干燥失重、灰分、重金属、铁盐、微生物限度 |

**1. 对乙酰氨基酚有关检查** 按照现行版《中国药典》二部对乙酰氨基酚【检查】项下操作完成如下实训，见表6-4。

**表6-4 对乙酰氨基酚检查报告一览表**

厂家： 批号：

| 项目 | 药典规定 | 结果 | 结论 |
| --- | --- | --- | --- |
| 酸度 | 取本品0.10g，加水10ml使溶解，依法测定（通则0631），pH应为5.5~6.5 | | |
| 乙醇溶液的澄清度与颜色 | 取本品1.0g，加乙醇10ml溶解后，溶液应澄清无色；如显浑浊，与1号浊度标准液（通则0902第一法）比较，不得更浓；如显色，与棕红色2号或橙红色2号标准比色液（通则0901第一法）比较，不得更深 | | |
| 氯化物 | 取本品2.0g，加水100ml，加热溶解后，冷却，滤过，取滤液25ml，依法检查（通则0801），与标准氯化钠溶液5.0ml制成的对照液比较，不得更浓（0.01%） | | |
| 硫酸盐 | 取氯化物项下剩余的滤液25ml，依法检查（通则0802），与标准硫酸钾溶液1.0ml制成的对照液比较，不得更浓（0.02%） | | |
| 对氨基酚及有关物质 | 临用新制。取本品适量，精密称定，加溶剂［甲醇-水（4:6）］制成每1ml中约含20mg的溶液，作为供试品溶液；取对氨基酚对照品适量，精密称定，加上述溶剂溶解并制成每1ml中约含对氨基酚0.1mg的溶液，作为对照品溶液；精密量取对照品溶液与供试品溶液各1ml，置同一100ml量瓶中，用上述溶剂稀释至刻度，摇匀，作为对照溶液。照高效液相色谱法（通则0512）试验。用辛烷基硅烷键合硅胶为填充剂；以磷酸盐缓冲液（取磷酸氢二钠8.95g，磷酸二氢钠3.9g，加水溶解至1000ml，加10%四丁基氢氧化铵溶液12ml）-甲醇（90:10）为流动相；检测波长为245nm；柱温为40℃；理论板数按对乙酰氨基酚峰计算不低于2000，对氨基酚峰与对乙酰氨基酚峰的分离度应符合要求。精密量取对照溶液与供试品溶液各20μl，分别注入液相色谱仪，记录色谱图至主峰保留时间的4倍。供试品溶液色谱图中如有与对氨基酚保留时间一致的色谱峰，按外标法以峰面积计算，含对氨基酚不得过0.005%，其他单个杂质峰面积不得大于对照溶液中对乙酰氨基酚峰面积的0.1倍（0.1%），其他各杂质峰面积的和不得大于对照溶液中对乙酰氨基酸峰面积的0.5倍（0.5%） | | |

续表

| 项目 | 药典规定 | 结果 | 结论 |
|---|---|---|---|
| 对氯苯乙酰胺 | 临用新制。取对氨基酚及有关物质项下的供试品溶液作为供试品溶液；另取对氯苯乙酰胺对照品与对乙酰氨基酚对照品各适量，精密称定，加溶剂［甲醇－水（4∶6）］溶解并制成每1ml中约含对氯苯乙酰胺1μg与对乙酰氨基酚20μg的混合溶液，作为对照品溶液。照高效液相色谱法（通则0512）试验。用辛烷基硅烷键合硅胶为填充剂；以磷酸盐缓冲液（取磷酸氢二钠8.95g，磷酸二氢钠3.9g，加水溶解至1000ml，加10%四丁基氢氧化铵12ml）－甲醇（60∶40）为流动相；检测波长为245nm；柱温为40℃；理论板数按对乙酰氨基酚峰计算不低于2000，对氯苯乙酰胺峰与对乙酰氨基酚峰的分离度应符合要求。精密量取对照品溶液与供试品溶液各20μl，分别注入液相色谱仪，记录色谱图。按外标法以峰面积计算，含对氯苯乙酰胺不得过0.005% | | |
| 干燥失重 | 取本品，在105℃干燥至恒重，减失重量不得过0.5%（通则0831） | | |
| 炽灼残渣 | 不得过0.1%（通则0841） | | |
| 重金属 | 取本品1.0g，加水20ml，置水浴中加热使溶解，放冷，滤过，取滤液加醋酸盐缓冲液（pH 3.5）2ml与水适量使成25ml，依法检查（通则0821第一法），含重金属不得过百万分之十 | | |

**2. 糊精有关检查** 按照现行版《中国药典》四部糊精【检查】项下操作完成如下实训，见表6－5。

**表6－5 糊精检查报告一览表**

厂家： 批号：

| 项目 | 药典规定 | 结果 | 结论 |
|---|---|---|---|
| 酸度 | 取本品5.0g，加水50ml，加热使溶解，放冷，加酚酞指示液2滴与氢氧化钠滴定液（0.1mol/L）2.0ml，应显粉红色 | | |
| 还原糖 | 取本品2.0g，加水100ml，振摇5分钟，静置，滤过；取滤液50ml，加碱性酒石酸铜试液50ml，煮沸3分钟，用105℃恒重的垂熔玻璃坩埚滤过，滤渣先用水、再用乙醇、最后用乙醚分次洗涤，在105℃干燥2小时，遗留的氧化亚铜不得过0.20g | | |
| 干燥失重 | 取本品，在105℃干燥至恒重，减失重量不得过10.0%（通则0831） | | |
| 炽灼残渣 | 取本品1.0g，依法检查（通则0841），遗留残渣不得过0.5% | | |
| 重金属 | 取炽灼残渣项下遗留的残渣，依法检查（通则0821第二法），含重金属不得过百万分之二十 | | |

续表

| 项目 | 药典规定 | 结果 | 结论 |
|---|---|---|---|
| 铁盐 | 取本品2.0g，炽灼灰化后，残渣加盐酸1ml与硝酸3滴，置水浴上蒸发至近干，放冷，加盐酸1ml使溶解，用水移至50ml量瓶中，加水稀释至刻度，摇匀；精密量取10ml，依法检查（通则0807），与标准铁溶液2.0ml制成的对照液比较，不得更深（0.005%） | | |
| 微生物限度 | 取本品，依法检查（通则1105与通则1106），每1g供试品中需氧菌总数不得过1000个，霉菌和酵母菌总数不得过100cfu，不得检出大肠埃希菌 | | |

**3. 玉米淀粉有关检查** 具体内容详见胶囊剂生产实训项目。

### （三）含量测定

按照GMP规定，生产对乙酰氨基酚颗粒所用全部原辅料均应按照有关药品标准进行相应含量测定，经检查合格后方能投入使用，下列为现行版《中国药典》规定的对乙酰氨基酚的含量测定方法。

按照现行版《中国药典》二部对乙酰氨基酚【含量测定】项下做如下检查：取对乙酰氨基酚约40mg，精密称定，置250ml量瓶中，加0.4%氢氧化钠溶液50ml溶解后，加水至刻度，摇匀，精密量取5ml，置100ml量瓶中，加0.4%氢氧化钠溶液10ml，加水至刻度，摇匀，照紫外－可见分光光度法（通则0401），在257nm的波长处测定吸光度，按$C_8H_9NO_2$的吸收系数（$E_{1cm}^{1\%}$）为715计算，即得。

按现行版《中国药典》规定，对乙酰氨基酚按干燥品计算，含$C_8H_9NO_2$应为98.0%～102.0%。

## 五、实训考核与思考

### （一）考核项目评分表

选择本任务所用原料药对乙酰氨基酚的含量测定作为实训考核项目，其考核评分标准见表6－6。

**表6－6 对乙酰氨基酚的含量测定考核配分与评分标准**

| 序号 | 考核内容 | 考核要点 | 配分 | 评分标准 | 得分 |
|---|---|---|---|---|---|
| 1 | 职业素养 | 着装、举止 | 2 | 无白大衣、着装不整洁、举止不文明扣除此分 | |
| | | 仪容、佩饰 | 2 | 化浓妆、染甲、长甲及手戴佩饰者扣除此分 | |
| | | 爱护仪器、遵守仪器使用规定 | 2 | 违规损坏仪器者扣除此分 | |
| | | 节约水电、药品、试剂，环保意识 | 2 | 浪费水电、药品、任意处置试剂及药品者扣除此分 | |
| | | 实验秩序（步骤、台面清晰有序） | 2 | 实验秩序混乱扣除此分 | |

续表

| 序号 | 考核内容 | 考核要点 | 配分 | 评分标准 | 得分 |
|---|---|---|---|---|---|
| 2 | 供试品溶液的制备 | 1. 分析天平使用规范、熟练<br>2. 称重准确<br>3. 溶解、定容和摇匀准确、熟练 | 30 | 1. 操作不规范每项扣5分<br>2. 称重不准确扣10分<br>3. 定容不准确扣10分<br>4. 操作不熟练酌情扣分 | |
| 3 | 供试品的测定 | 1. 紫外分光光度计使用规范、熟练<br>2. 测定结果处理准确 | 30 | 1. 操作不规范每项扣5分<br>2. 结果处理不准确扣15分<br>3. 操作不熟练酌情扣分 | |
| 4 | 清场 | 1. 清洗器具规范、正确<br>2. 桌面整洁卫生，仪器药品归位 | 20 | 1. 操作不规范每项扣5分<br>2. 仪器未关机扣10分<br>3. 未清场扣除此分<br>4. 清场不彻底扣10分 | |
| 5 | 熟练程度 | 在规定时间内完成 | 10 | 超过规定时限扣10分 | |
| 合计 | | | 100 | | |

注：各项均不倒扣分

（二）思考题

1. 对乙酰氨基酚的各检查项目主要针对何种杂质，有何危害？

2. 如何确定各物料的检查项目？

3. 本次实训中用到的限量检查方法有哪些？请举例说明。

## 任务2 制备对乙酰氨基酚颗粒

扫码“学一学”

### 一、技能要求

1. 掌握颗粒剂生产工艺流程，能按照工艺规程完成对乙酰氨基酚颗粒的制备。

2. 会按照湿法混合制粒机、流化床干燥机、整粒机、颗粒剂分装机的操作规程，完成颗粒剂的制粒、干燥、整粒、包装的工艺过程。

3. 能对颗粒剂生产过程进行质量控制。

### 二、物品准备

**1. 药品与试剂** 对乙酰氨基酚、糊精、玉米淀粉等。

**2. 仪器与设备** 湿法混合制粒机、流化床干燥机、整粒机、颗粒剂分装机、电子天平等。

### 三、相关指导

（一）任务介绍

颗粒剂系指原料药物与适宜的辅料混合制成具有一定粒度的干燥颗粒状制剂。颗粒剂可分为可溶颗粒（通称为颗粒）、混悬颗粒、泡腾颗粒、肠溶颗粒、缓释颗粒和控释颗粒等。根据需要颗粒剂可加入适宜的辅料，如稀释剂、黏合剂、分散剂、着色剂和矫味剂等。

为了防潮、掩盖原料药物的不良气味等需要，也可对颗粒包薄膜衣。本次实训任务是制备100mg/袋的对乙酰氨基酚颗粒10000袋。

【处方】

| 原辅料 | 用量/10000袋 | 处方分析 |
|---|---|---|
| 对乙酰氨基酚 | 1kg | 主药 |
| 糊精 | 3kg | 填充剂、黏合剂 |
| 玉米淀粉 | 6kg | 填充剂、崩解剂 |
| 淀粉浆 | 适量 | 黏合剂 |

【制法】

1. 制备10%淀粉浆　将淀粉混悬于全部量的水中，在夹层容器中加热并不断搅拌（不宜用直火加热，以免焦化），直至糊化。

2. 按处方量称取对乙酰氨基酚、糊精、玉米淀粉，至湿法混合制粒机中，加入10%淀粉浆制湿颗粒。

3. 将湿颗粒用沸腾干燥机干燥至颗粒无潮湿感，再转移至整粒机整粒。

4. 将所得颗粒用颗粒分装机分装，每袋应含有对乙酰氨基酚100mg。

### （二）颗粒剂的生产工艺流程及环境要求

按GMP要求，颗粒剂的生产环境洁净度要求为D级，其制备一般分为配料、制粒、干燥、整粒和包装等过程。其中，制粒是关键工序。颗粒剂生产工艺流程见图6-2。

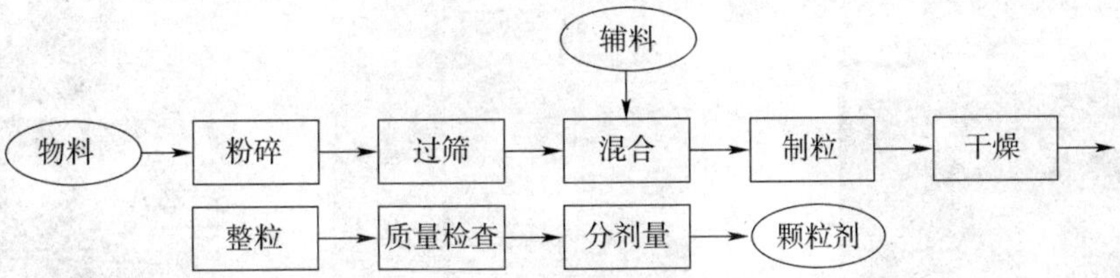


图6-2　颗粒剂生产工艺流程图

### （三）颗粒剂生产过程质量控制点及其检查要求

颗粒剂生产工艺过程主要包括粉碎、过筛、混合、制粒、干燥等工序，生产过程质量控制点及其检查要求见表6-7。

表6-7　颗粒剂生产过程质量控制点及检查要求

| 工序 | 监控点 | 监控项目 | 频次 |
|---|---|---|---|
| 粉碎过筛 | 原辅料 | 异物 | 1次/批<br>1次/批 |
| | 粉碎过筛 | 细度、异物 | 1次/班<br>随时/班 |
| 配料 | 称量 | 磅秤调零、有称量人、复核人，并签字 | 1次/班 |
| 制粒 | 颗粒 | 黏合剂外观、浓度与温度，润湿剂浓度，搅拌时间、速度，切割时间、速度 | 1次/批 |
| | | 筛网无破损、筛网目数 | |

续表

| 工　序 | 监 控 点 | 监 控 项 目 | 频　次 |
|---|---|---|---|
| 干燥 | 流化床 | 温度、风压 | 随时/班 |
| | 干粒 | 水分 | 1～2 次/批 |
| 整粒 | 筛网 | 规格 | 1 次/批 |
| | 干粒 | 无异物，粒度均匀 | 1 次/批 |
| 内包材 | 铝塑 | 热封、批号、装量 | 随时/班 |
| 包装 | 装盒 | 批号、数量、说明书、封口签 | 随时/班 |
| | 标签、说明书 | 批号、内容、数量、使用记录 | 随时/班 |
| | 装箱 | 批号、数量、装箱单、印刷内容 | 随时/班 |
| | 标签、小盒、大箱 | 批号、生产日期、有效期 | 打印前核对 |

扫码“看一看”

## （四）主要设备介绍

颗粒剂的生产过程主要使用湿法混合制粒机（图6-3）、沸腾干燥机（图6-4）、整粒机、全自动颗粒分装机（图6-5）等设备。

图6-3　湿法混合制粒机

图6-4　沸腾干燥机

图6-5　全自动颗粒分装机

**1. 湿法混合制粒机**　湿法混合制粒机主要部件有制粒锅体，设置在制粒锅体内的搅拌桨、制粒刀和喷头。工作时，喷头将黏合剂均匀喷洒在物料粉粒上，使其表面润湿并产生黏着力，搅拌桨旋转产生的涡流作用使物料充分混合；侧置的制粒切刀对翻腾的物料团块充分打碎、切割，最终形成质地均匀、致密的颗粒。

**2. 沸腾干燥机**　沸腾干燥机又称流化床，一般由加热器、引风机、沸腾床主机、布袋除尘器、旋风分离器、操作台等组成。其干燥原理是：空气经加热净化后，由引风机从下部导入，穿过料斗的孔网板进入床体；由于风压的作用，湿物料在干燥机内形成沸腾状态；由于热风与物料广泛接触，增强了传热传质的过程，从而在较短时间内完成物料的烘干。

**3. 全自动颗粒分装机**　全自动颗粒分装机主要包括供纸、主传动、拉袋、调速、计量、剪切等机构。通过以上机构可自动完成制袋、打码、计量、充填、封合、分切等工序。拉袋采用驱动步进电机控制及色标定位，检测准确；封合可选择背封、三边封、四边封包装形式；切刀可选用平刀、锯齿、点划线方式。计量方式采用容积量杯，伸缩式容量调节，操作简单、计量准确。

## 四、实训操作

### （一）生产前准备

1. 检查各工序生产现场、设备、容器的清洁状态，并核对其有效期。检查现场是否具有《清场合格证》及设备容器是否具有“已清洁”标示牌，按岗位工艺指令填写工作状态。

2. 检查生产设备的“设备完好”标示及各部件，检查电器控制面板各仪表及按钮、开关等是否完好。如发现异常，及时排除或报告有关人员。

3. QA 对生产前检查结果复核后，签发生产许可相关信息。生产现场更换为《生产许可证》，设备容器更换为“正在生产”标示牌。

### （二）制粒前准备

根据生产指令填写领料单，到中转站领取生产所需物料。核对所用物料名称、代号、规格、数量、批号、有效期和检验报告单等信息无误，确认外包装完好、清洁，办理物料交接手续并签字记录。检查现场温湿度等符合工艺要求时方可投料生产。

物料如需粉碎、过筛，设备操作详见混悬滴剂生产实训项目。

### （三）制粒、干燥与整粒

**1. 制粒**

（1）检查湿法混合制粒机各部件是否正常；空机试运转，检查程控系统、液压系统、压缩空气系统等能否正常运行。

（2）打开压缩空气密封锅体，将原辅料投入锅内，盖上锅盖并锁合。设定搅拌桨转速（慢速）及干混时间，开机干混。

（3）按工艺规程要求加入黏合剂，设定搅拌桨转速（快速）及湿混时间，进行湿混，使物料充分润湿混匀制成软材。

（4）设定制粒刀转速及切割时间，利用制粒刀将达到一定湿度的软材切碎，使其在锅内反复碰撞翻滚，最终形成湿颗粒。

（5）制粒完成后，打开出料阀门，设定搅拌桨慢速搅拌，使湿颗粒从出料口落入接收容器。

（6）制粒结束后，关闭压缩空气。按清洁标准操作规程对设备进行清洁消毒。

**2. 干燥**

（1）安装好沸腾干燥机的捕集袋等部件。接通电源、压缩空气等。

（2）将待干燥的湿颗粒收集至沸腾干燥机的干燥车斗中，检查湿颗粒是否符合生产工艺要求，有无明显异物。

（3）将车斗推至沸腾干燥机的合适位置，按下“顶升”按钮，使锅体合拢，设置干燥温度（60℃～65℃）。启动风机，调节风量至物料沸腾情况适中，并间歇开动“搅拌”使物料充分沸腾干燥。

（4）控制干燥时间，取样测定颗粒的含水量，应满足工艺要求范围。初步判断以手指捻搓干颗粒无潮湿感为宜。

（5）干燥结束后，关闭加热器、风机。手动清灰数次，使捕集袋内粉粒落入干燥车斗中。按下“顶降”按钮，待车斗复位后拉出车斗卸料。

**3. 整粒**

干燥过程中，湿颗粒会发生黏连、结块等现象，为获得有一定粒度的均匀干颗粒，必须进行过筛整粒。整粒所用筛网目数要依据产品特性而定。

（1）工作时，将装有干颗粒的沸腾干燥机的车斗推至整粒机的锥形料斗正下方，降下整粒机料斗与干燥机车斗扣合，锁紧固定（沸腾干燥机的车斗需与整粒机料斗匹配）。启动提升按钮，车斗提升，移除车架；随后启动翻转按钮，将车斗翻转180°，干颗粒即进入整粒机料斗。调整料斗至工作高度，安装接料容器。

（2）空载启动整粒机，调节回转刀转速，使机器正常运转。

（3）打开料斗蝶阀，使物料进入筛筒整粒后密闭转移到下一工序。

注：整粒后的颗粒大小，由筛网目数、回转刀与筛网之间的间距以及回转刀的转速快慢来调节。

**（四）包装**

1. 自中间站领取待分装的颗粒，核对品名、规格、批号、重量；领取分装用铝箔，检查其外观质量。检查模具（含字模、装量模具）的规格，应与批包装指令的要求一致并完好。

2. 安装好分装用铝箔，开机调试。调试过程包括设定纵封横封辊温度、设定袋长、调整拉袋起始时间、调整刀位和剪切时间、调整光电眼、调整热封压力、调整制袋器、调整装量、调整落料时间、调整包装速度等。在上述调整完成后，按启动开关，使机器运转，观察包装袋的封切质量，应切口平整、边缘平齐、封口平整及牢固，批号印字清晰无误。设备空载运行1～2分钟，确认设备正常。

注：（1）纵封横封温度一般在98～145℃之间，横封设定值常高出纵封设定值5～10℃。（2）提高包装速度时，可适当提高热封温度，反之应适当降低热封温度。

3. 在加料斗中放入待分装颗粒，按批包装指令的要求，调整分装装量。试运行1～2分钟，随机连续取6袋，于电子天平上分别称取各袋净重，各袋净重均应在合格范围内，否则应调整至合格。连续运行5分钟，随机连续取6袋，同上述操作检查装量，合格后方可生产。

（1）试机时的颗粒包装袋应倒进废料收集桶内，装量不合格的半成品应剪袋后倒出颗粒，直接套用。生产过程中应及时补充颗粒，避免料斗无料，并定期检查机器的运转情况。

（2）分装开始时，操作人员应每隔15分钟取样10袋检查一次平均装量，符合规定方可正常生产。稳定一小时后，操作人员应每隔30分钟取样检查一次平均装量，并及时填写对应的时间、每袋装量，如超出规定范围，应立即停机。确实超出规定范围的，应将前一段时间的半成品另行放置，并贴上“待处理”标志。

（3）分装过程中随时抽检包装质量，发现封合不良、漏包及错位等不合格品须剔除并及时调整设备使包装符合要求。

4. 将分装好的半成品用容器盛装好，称重，注明品名、规格、数量、日期等，签字送中间站存放。

5. 分装结束，取下生产标示牌，按清洁标准操作规程进行清洁、清场。填写清场记录，经质监员检查合格后，挂“已清场”标示牌。

## 五、实训考核与思考

**（一）考核项目评分表**

制粒技术广泛应用于固体制剂生产过程中，制粒岗位操作考核评分标准见表6－8。

表 6-8 制粒岗位考核配分与评分标准

| 序号 | 考核内容 | 考核要点 | 配分 | 评分标准 | 得分 |
|---|---|---|---|---|---|
| 1 | 职业素养 | 着装、举止 | 2 | 无白大衣、着装不整洁、举止不文明扣除此分 | |
| | | 仪容、佩饰 | 2 | 化浓妆、染甲、长甲及手戴佩饰者扣除此分 | |
| | | 爱护仪器、遵守仪器使用规定 | 2 | 违规损坏仪器者扣除此分 | |
| | | 节约水电、药品，环保意识 | 2 | 浪费水电、药品、任意处置试剂及药品者扣除此分 | |
| | | 实验秩序（步骤、台面清晰有序） | 2 | 实验秩序混乱扣除此分 | |
| 2 | 生产前准备 | 1. 检查生产环境的清场状况<br>2. 检查设备、工具及容器的清洁状况<br>3. 检查设备的合格状态<br>4. 检查核准计量容器、衡器<br>5. 核对所用原辅料（检验报告单、规格、批号等）；计算投料量 | 30 | 1. 未检查环境及器具清洁状况扣10分<br>2. 未检查设备合格状态扣5分<br>3. 未检查量具校准扣5分<br>4. 领取物料与生产指令不一致扣10分<br>5. 投料量计算错误扣10分 | |
| 3 | 生产 | 1. 正确调试及使用湿法混合制粒机制备颗粒<br>2. 能按照生产指令正确设定混合制粒各参数<br>3. 能解决生产过程中出现的问题 | 30 | 1. 未按照岗位标准操作规程操作扣10分<br>2. 混合制粒参数设定错误扣10分<br>3. 无法解决生产中的问题扣10分 | |
| 4 | 生产记录 | 生产记录及时、准确、完整 | 20 | 1. 记录不及时扣5分<br>2. 记录涂改撕毁扣5分<br>3. 记录不完整扣5分 | |
| 5 | 清场 | 生产器具、环境整洁卫生；物品归位 | 10 | 1. 未清场扣10分<br>2. 清场不彻底扣5分 | |
| | 合计 | | 100 | | |

注：各项均不倒扣分。

## （二）思考题

1. 湿法混合制粒机的搅拌浆和制粒刀的转速对颗粒质量有何影响？
2. 沸腾干燥机的电器操作顺序是什么？如何判断物料的干燥程度？
3. 整粒机的筛网目数如何选择？

扫码“学一学”

## 任务3 对乙酰氨基酚颗粒质量检查

### 一、技能要求

1. 能按照规定方法对对乙酰氨基酚颗粒的质量进行检查，并填写检查记录。
2. 能正确使用相关检测仪器、计量器具及其他检测工具，并进行维护保养。

### 二、物品准备

**1. 药品与试剂** 对乙酰氨基酚颗粒、稀盐酸、氢氧化钠溶液等。

**2. 仪器与设备** 电子天平、烘箱、药筛、溶出度测定仪、紫外－可见分光光度计等。

### 三、相关指导

颗粒剂应干燥，颗粒均匀，色泽一致，无吸潮、软化、结块、潮解等现象。除另有规定外，颗粒剂应进行粒度、水分、干燥失重、溶化性、装量差异、装量、微生物限度检查。现行版《中国药典》规定，对乙酰氨基酚颗粒为白色或类白色颗粒；本品需检查对氨基酚、溶出度等项目，还需进行含量测定，药典规定含对乙酰氨基酚（$C_8H_9NO_2$）应为标示量的95.0%～105.0%。

### 四、实训操作

#### （一）粒度

除另有规定外，照粒度和粒度分布测定法（现行版《中国药典》四部通则0982第二法双筛分法）测定，应符合规定。

取单剂量包装的5袋（瓶）或多剂量包装的1袋（瓶），称定重量，置上层一号筛中（下层五号筛下配有密合的接收容器），保持水平状态过筛，左右往返，边筛动边拍打3分钟。取不能通过一号筛和能通过五号筛的颗粒及粉末，称定重量，计算其所占比例（%），不得超过15%。

#### （二）干燥失重

除另有规定外，化学药品和生物制品颗粒剂照干燥失重测定法（现行版《中国药典》四部通则0831）测定，应符合规定。

取供试品，混合均匀（如为较大的结晶，应先迅速捣碎使成2mm以下的小粒），取约1g，置与供试品相同条件下干燥至恒重的扁形称量瓶中，精密称定，除另有规定外，在105℃干燥（含糖颗粒应在80℃减压干燥）至恒重。由减失的重量和取样量计算供试品的干燥失重，不得超过2.0%。

供试品干燥时，应平铺在扁形称量瓶中，厚度不可超过5mm，如为疏松物质，厚度不可超过10mm。放入烘箱或干燥器进行干燥时，应将瓶盖取下，置称量瓶旁，或将瓶盖半开进行干燥；取出时，须将称量瓶盖好。置烘箱内干燥的供试品，应在干燥后取出置干燥器中放冷，然后称定重量。

#### （三）装量差异

单剂量包装的颗粒剂按下述方法检查，应符合规定。

取供试品10袋（瓶），除去包装，分别精密称定每袋（瓶）内容物的重量，求出每袋

（瓶）内容物的装量与平均装量。每袋（瓶）装量与平均装量相比较［凡无含量测定的颗粒剂或有标示装量的颗粒剂，每袋（瓶）装量应与标示装量比较］，超出装量差异限度的颗粒剂不得多于2袋（瓶），并不得有1袋（瓶）超出装量差异限度1倍。

| 平均装量或标示装量 | 装量差异限度 |
|---|---|
| 1.0g及1.0g以下 | ±10% |
| 1.0g以上至1.5g | ±8% |
| 1.5g以上至6.0g | ±7% |
| 6.0g以上 | ±5% |

凡规定检查含量均匀度的颗粒剂，一般不再进行装量差异检查。

**（四）溶出度**

取本品，照溶出度与释放度测定法（现行版《中国药典》四部通则0931第二法），以稀盐酸24ml加水至1000ml为溶出介质，转速为每分钟50转，依法操作，经30分钟时，取溶液10ml，滤过，精密量取续滤液适量，用0.04%氢氧化钠溶液稀释制成每1ml中含对乙酰氨基酚约8μg的溶液，照紫外－可见分光光度法（通则0401），在257nm的波长处测定吸光度，按$C_8H_9NO_2$的吸收系数（$E_{1cm}^{1\%}$）为715计算每袋的溶出量。限度为标示量的80%，应符合规定。

**（五）含量**

取装量差异项下的内容物，混合均匀，精密称取适量（约相当于对乙酰氨基酚40mg），置250ml量瓶中，加0.4%氢氧化钠溶液50ml与水50ml，振摇使对乙酰氨基酚溶解，用水稀释至刻度，摇匀，滤过，精密量取续滤液5ml，照对乙酰氨基酚含量测定项下方法，自“置100ml量瓶中”起，依法测定，即得。本品含对乙酰氨基酚（$C_8H_9NO_2$）应为标示量的95.0%～105.0%。

其他各项质量检查应按照现行版《中国药典》对乙酰氨基酚颗粒中各项要求进行，检查结果应符合各相关规定。

## 五、实训考核与思考

**（一）考核项目评分表**

选择本项目任务二的产品作为检品，按照现行版《中国药典》有关方法和规定对对乙酰氨基酚颗粒的装量差异限度和溶出度进行检查，其考核评分标准见表6－8和表6－9。

**表6－8　装量差异限度检查配分与评分标准**

| 序号 | 考核内容 | 考核要点 | 配分 | 评分标准 | 得分 |
|---|---|---|---|---|---|
| 1 | 职业素养 | 着装、举止 | 2 | 无白大衣、着装不整洁、举止不文明扣除此分 | |
| | | 仪容、佩饰 | 2 | 化浓妆、染甲、长甲及手戴佩饰者扣除此分 | |
| | | 爱护仪器、遵守仪器使用规定 | 2 | 违规损坏仪器者扣除此分 | |

续表

| 序号 | 考核内容 | 考核要点 | 配分 | 评分标准 | 得分 |
|---|---|---|---|---|---|
| | | 节约水电、药品，环保意识 | 2 | 浪费水电、药品、任意处置试剂及药品者扣除此分 | |
| | | 实验秩序（步骤、台面清晰有序） | 2 | 实验秩序混乱扣除此分 | |
| 2 | 取样 | 1. 取样数量准确<br>2. 准确收集内容物并除去包装 | 10 | 1. 取样数量不准确扣5分<br>2. 未准确收集内容物并除去包装扣5分 | |
| 3 | 药物的称重 | 1. 正确使用天平<br>2. 规范称取药物 | 20 | 1. 天平未调零点扣5分<br>2. 未使用合适衬垫物称取药物扣5分<br>3. 称取药物不规范扣5分<br>4. 称取结束未使天平恢复原状扣5分 | |
| 4 | 计算百分比 | 正确计算百分比 | 40 | 1. 公式书写不正确扣15分<br>2. 数据计算错误扣15分<br>3. 限度判断不准确扣10分 | |
| 5 | 熟练程度 | 在规定时间内完成 | 10 | 超过规定时限扣10分 | |
| 6 | 清场 | 桌面整洁卫生，清洗器具，仪器药品归位 | 10 | 1. 未清场扣10分<br>2. 清场不彻底扣5分 | |
| | 合计 | | 100 | | |

注：各项均不倒扣分

**表6-9 溶出度检查配分与评分标准**

| 序号 | 考核内容 | 考核要点 | 配分 | 评分标准 | 得分 |
|---|---|---|---|---|---|
| 1 | 职业素养 | 着装、举止 | 2 | 无白大衣、着装不整洁、举止不文明扣除此分 | |
| | | 仪容、佩饰 | 2 | 化浓妆、染甲、长甲及手戴佩饰者扣除此分 | |
| | | 爱护仪器、遵守仪器使用规定 | 2 | 违规损坏仪器者扣除此分 | |
| | | 节约水电、药品，环保意识 | 2 | 浪费水电、药品、任意处置试剂及药品者扣除此分 | |
| | | 实验秩序（步骤、台面清晰有序） | 2 | 实验秩序混乱扣除此分 | |
| 2 | 溶出度测定仪的使用 | 1. 正确安装溶出度测定仪各配件<br>2. 正确设定溶出参数 | 20 | 1. 不会使用仪器扣除此分<br>2. 水浴未预热至37℃即放样品扣10分<br>3. 溶出度测定仪各配件安装错误扣10分<br>4. 溶出参数设定错误扣除此分 | |

续表

| 序号 | 考核内容 | 考核要点 | 配分 | 评分标准 | 得分 |
| --- | --- | --- | --- | --- | --- |
| 3 | 供试品溶液的制备 | 1. 取样及时准确<br>2. 稀释、定容和摇匀准确、熟练 | 25 | 1. 取样时间错误或操作错误扣10分<br>2. 未按规定浓度稀释扣10分<br>3. 定容不准确扣10分<br>4. 操作不规范每项扣5分<br>5. 操作不熟练酌情扣分 | |
| 4 | 供试品的测定 | 1. 紫外分光光度计使用规范、熟练<br>2. 测定结果处理准确，溶出度计算正确 | 25 | 1. 操作不规范每项扣5分<br>2. 溶出度计算错误扣15分<br>3. 结果判断不准确扣10分<br>4. 操作不熟练酌情扣分 | |
| 5 | 清场 | 1. 清洗器具规范、正确<br>2. 桌面整洁卫生，仪器药品归位 | 10 | 1. 操作不规范每项扣5分<br>2. 仪器未关机扣5分<br>3. 未清场扣除此分<br>4. 清场不彻底扣5分 | |
| 6 | 熟练程度 | 在规定时间内完成 | 10 | 超过规定时限扣10分 | |
| | 合计 | | 100 | | |

注：各项均不倒扣分

## （二）思考题

1. 干燥失重测定与水分测定有何异同？
2. 如何减少颗粒剂的装量差异？

（张小娟）

扫码“练一练”

项目七

# 盐酸雷尼替丁胶囊生产实训

## 【项目实训目标】

1. 能按照药品标准对盐酸雷尼替丁胶囊的主要物料进行质量检验。
2. 能按照工艺规程和操作要求完成盐酸雷尼替丁胶囊的制备。
3. 掌握胶囊填充机、胶囊数粒瓶装机的操作方法。
4. 掌握胶囊剂的质量检查方法与相关分析仪器的使用。
5. 理解投料质量与工艺稳定性对药品质量的影响。

## 【项目任务解析】

| 项目组成 | 任务名称 | 面向职业（代码） | 面向岗位 |
| --- | --- | --- | --- |
| 任务一 | 物料质量检验 | 药物检验员（4-08-05-04） | 药物分析员、QC |
| 任务二 | 制备盐酸雷尼替丁胶囊 | 药物制剂工（6-12-03-00） | 胶囊剂工、颗粒剂工、工艺员、QA |
| 任务三 | 盐酸雷尼替丁胶囊质量检查 | 药物检验员（4-08-05-04） | 药物分析员、QC |

扫码“学一学”

## 任务1　物料质量检验

### 一、技能要求

1. 熟悉盐酸雷尼替丁胶囊所用原辅料的质量检验方法。

2. 能按照药典要求完成pH值测定法、溶液颜色检查法、干燥失重测定法、重金属检查法、高效液相色谱法的基本操作并进行结果判断。

3. 能对空心胶囊进行相关质量检查。

### 二、物品准备

**1. 药品与试剂**　盐酸雷尼替丁、淀粉、硬脂酸镁、药用空心胶囊等。

**2. 仪器与设备**　酸度计、崩解仪、高效液相色谱仪、滴定管等。

### 三、相关指导

盐酸雷尼替丁是第二代$H_2$受体拮抗剂，其化学结构见图7-1，临床主要用于治疗十二指肠溃疡、良性胃溃疡、术后溃疡、反流性食管炎等。现行版《中国药典》二部收载有盐酸雷尼替丁片剂、泡腾颗粒、注射液和胶囊四种制剂。盐酸雷尼替丁胶囊是本药应用较为广泛的品种，目前我国有400余家企业获得批准文号，生产此药所需物料包括主药（盐酸雷尼替丁)、辅料(玉米淀粉、硬脂酸镁或二氧化硅)和明胶空心胶囊，其质量优劣直接关系到成品质量，关系到人们用药的安全性和有效性。

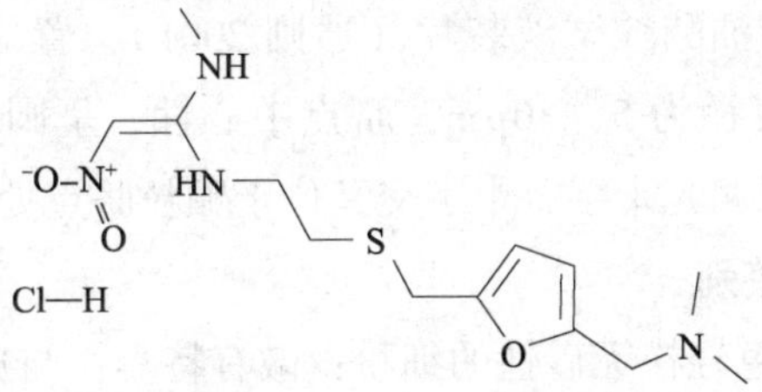


图7-1 盐酸雷尼替丁化学结构式

## 四、实训操作

### (一)性状与鉴别

按照GMP规定生产盐酸雷尼替丁胶囊所用全部原辅料均应按照有关药品标准进行相应性状与鉴别，经检查合格后方能投入使用。

#### 1. 盐酸雷尼替丁的性状与鉴别

(1) 性状 盐酸雷尼替丁为类白色至淡黄色结晶性粉末；有异臭；极易潮解，吸潮后颜色变深。本品在水或甲醇中易溶，在乙醇中略溶，在丙酮中几乎不溶。检查结果见表7-1。

**表7-1 盐酸雷尼替丁性状检查**

厂家： 批号：

| 性状 | 颜色 | 状态 | 臭味 | 潮解性 |
|---|---|---|---|---|
| 结果 | | | | |

(2) 鉴别 根据现行版《中国药典》二部盐酸雷尼替丁【鉴别】项下做如下检查，见表7-2。

**表7-2 盐酸雷尼替丁的鉴别**

厂家： 批号：

| 项目 | 药典规定 | 结果 | 结论 |
|---|---|---|---|
| 鉴别1 | 取本品约0.2g，置试管中，用小火缓缓加热，产生的气体能使湿润的醋酸铅试纸显黑色 | | |
| 鉴别2 | 在含量测定项下记录的图谱中，供试品溶液主峰的保留时间应与对照品溶液主峰的保留时间一致 | | |
| 鉴别3 | 取本品，加水制成每1ml中含10μg的溶液，照紫外-可见分光光度法(通则0401)测定，在228nm与314nm的波长处有最大吸收 | | |
| 鉴别4 | 本品的红外光吸收图谱应与对照的图谱(光谱集401图)一致 | | |
| 鉴别5 | 本品的水溶液显氯化物的鉴别(1)的反应(通则0301) | | |

备注：盐酸雷尼替丁的鉴别可选做(2)(4)和(5)项或(1)(2)(3)和(5)项。

#### 2. 淀粉的性状与鉴别

(1) 性状 本品为白色或类白色粉末；在水或乙醇中均不溶解。

（2）鉴别　①取本品约1.0g，加水15ml，煮沸，放冷，即成类白色半透明的凝胶状物。②取鉴别①项下凝胶絮状物约1ml，加碘试液1滴，即显蓝黑色或紫黑色，加热后逐渐褪色。③取本品适量，用甘油醋酸试液装片（通则2001），置显微镜下观察，淀粉均为单粒，呈多角形或类圆形，直径为5～30μm；脐点中心性，呈圆点状或星状；层纹不明显，在偏光显微镜下观察，呈现偏光十字，十字交叉位于颗粒脐点处。

**3. 硬脂酸镁的性状与鉴别**

（1）性状　本品为白色轻松无砂性的细粉；微有特臭；与皮肤接触有滑腻感。本品在水、乙醇或乙醚中不溶。

（2）鉴别　①取本品5.0g，置圆底烧瓶中，加无过氧化物乙醚50ml，稀硝酸20ml与水20ml，加热回流至完全溶解，放冷，移至分液漏斗中，振摇，放置分层，将水层移至另一分液漏斗中，用水提取乙醚层2次，每次4ml，合并水层；用无过氧化物乙醚15ml清洗水层，将水层移至50ml量瓶中加水稀至刻度，摇匀，作为供试品溶液应显镁盐的鉴别实验（通则0301）。②在硬脂酸与棕榈酸相对含量检查项下记录的色谱图中，供试品溶液色谱图中两主峰的保留时间应分别与对照品溶液两主峰的保留时间一致。

**4. 明胶空心胶囊的性状与鉴别**

（1）性状　本品呈圆筒状，系由可套合和锁合的帽和体两节组成的质硬且有弹性的空囊。囊体应光洁，色泽均匀，切口平整，无变形，无异臭。本品分为透明（两节均不含遮光剂），半透明（仅一节含遮光剂），不透明（两节均含遮光剂）三种。

（2）鉴别　①取本品0.25g，加水50ml，加热使溶化，放冷，摇匀，取溶液5ml，加重铬酸钾试液－稀盐酸（4∶1）数滴，即产生橘黄色絮状沉淀。②取鉴别①项下的溶液1ml，加水50ml，摇匀，加鞣酸试液数滴，即产生浑浊。③取本品约0.3g，置试管中，加钠石灰少许，产生的气体能使湿润的红色石蕊试纸变蓝色。

### （二）检查

按照GMP规定生产盐酸雷尼替丁胶囊所用全部原辅料均应按照有关药品标准进行相应检查，经检查合格后方能投入使用。现行版《中国药典》规定，盐酸雷尼替丁胶囊所用主要物料应进行如下检查，见表7－3。

**表7－3　主要物料的检查项目一览表**

| 物料名称 | 检查项目 |
|---|---|
| 盐酸雷尼替丁 | 酸度、溶液澄清度、有关物质、干燥失重、炽灼残渣、重金属 |
| 玉米淀粉 | 酸度、外来物质、二氧化硫、氧化物质、干燥失重、灰分、重金属、铁盐、微生物限度 |
| 硬脂酸镁 | 酸碱度、氯化物、硫酸盐、干燥失重、铁盐、镉盐、镍盐、重金属、硬脂酸与棕榈酸相对含量、微生物限度 |
| 明胶空心胶囊 | 黏度、松紧度、脆碎度、崩解时限、亚硫酸盐、对羟基苯甲酸酯类、氯乙醇、环氧乙烷、干燥失重、炽灼残渣、铬、重金属、微生物限度 |

**1. 盐酸雷尼替丁有关检查**　按照现行版《中国药典》二部盐酸雷尼替丁【检查】项下操作，完成如下实训，见表7－4。

**表7-4　盐酸雷尼替丁检查报告一览表**

厂家：　　　　　　　　　　　　批号：

| 项目 | 药典规定 | 结果 | 结论 |
| --- | --- | --- | --- |
| 酸度 | 取本品0.20g，加水10ml溶解后，依pH测定法（通则0631）测定，pH应为4.5～6.5 | | |
| 溶液澄清度与颜色 | 取本品1.0g，加水溶解使成100ml，溶液应澄清无色；如显色，与黄色3号标准比色液（通则0901第一法）比较，不得更深 | | |
| 有关物质 | 照盐酸雷尼替丁【检查】项下有关物质检查，记录色谱图。供试品溶液色谱图中如有杂质峰，相对保留时间约为1.75的杂质峰面积不得大于对照溶液主峰面积的0.5倍（0.5%），其他单个杂质峰面积不得大于对照溶液主峰面积的0.2倍（0.2%），其他各杂质峰面积的和不得大于对照溶液主峰面积的0.5倍（0.5%）。供试品溶液色谱图中小于对照溶液主峰面积0.05倍的色谱峰忽略不计 | | |
| 干燥失重 | 取本品约1g，以五氧化二磷为干燥剂，在60°C减压干燥4小时，照干燥失重测定法（通则0831）减失重量不得过0.75%。 | | |
| 炽灼残渣 | 取本品1.0g，依炽灼残渣测定法（通则0841）检查，遗留残渣不得过0.1% | | |
| 重金属 | 取炽灼残渣项下遗留的残渣，依重金属检查法第二法（通则0821）检查，含重金属不得过百万分之二十 | | |

**2. 玉米淀粉有关检查**　按照现行版《中国药典》四部玉米淀粉【检查】项下操作完成如下实训，见表7-5。

**表7-5　玉米淀粉检查报告一览表**

厂家：　　　　　　　　　　　　批号：

| 项目 | 药典规定 | 结果 | 结论 |
| --- | --- | --- | --- |
| 外来物质 | 取本品适量，用甘油醋酸试液装片，照显微鉴别法（通则2001），置显微镜下观察，淀粉均为单粒，呈多角形或类圆形，直径为5～30μm；脐点中心性，呈圆点状或星状；层纹不明显。不得有其他品种的淀粉颗粒 | | |
| 二氧化硫 | 取本品，照二氧化硫残留量测定法（通则2331），含二氧化硫不得过0.004% | | |
| 氧化物质 | 取本品4.0g，照玉米淀粉【检查】氧化物质项下操作，消耗硫代硫酸钠滴定液（0.002mol/L）不得过1.4ml（0.002%） | | |
| 灰分 | 取本品1.0g，照灰分测定法（通则2302）操作，遗留残渣不得过0.3% | | |

**3. 硬脂酸镁有关检查**　按照现行版《中国药典》四部硬脂酸镁【检查】项下操作完成

如下实训，见表7－6。

**表7－6 硬脂酸镁检查报告一览表**

厂家： 批号：

| 项目 | 药典规定 | 结果 | 结论 |
|---|---|---|---|
| 酸碱度 | 取本品1.0g，加水20.0ml，水浴上加热1分钟并时时振摇，放冷，滤过，取续滤液10.0ml，加溴麝香草酚蓝指示液0.05ml，用盐酸滴定液（0.1mol/L）或氢氧化钠滴定液（0.1mol/L）滴定至溶液颜色发生变化，滴定液用量不得过0.05ml | | |
| 铁盐 | 取本品0.50g，炽灼灰化后，加稀盐酸5ml与水10ml，煮沸，放冷，滤过，滤液加过硫酸铵50mg，用水稀释成35ml，照铁盐检查法（通则0807），与标准铁溶液5.0ml用同一方法制成的对照液比较，不得更深（0.01%） | | |

**4. 明胶空心胶囊有关检查** 按照现行版《中国药典》四部明胶空心胶囊【检查】项下操作完成如下实训，见表7－7。

**表7－7 明胶空心胶囊检查报告一览表**

厂家： 批号：

| 项目 | 药典规定 | 结果 | 结论 |
|---|---|---|---|
| 黏度 | 取本品4.50g，按明胶空心胶囊【检查】项下黏度检查方法准备，照黏度测定法第一法（毛细管内径2.0mm）于40℃±1℃水浴中测定，本品运动黏度不得低于60mm$^2$/s | | |
| 松紧度 | 取本品10粒，用拇指与食指轻捏胶囊两端，旋转拔开不得有黏结、变形、破裂，然后装满滑石粉，将帽、体套合并锁合，逐粒于1m的高度处直坠于厚度为2cm的木板上，不应漏粉；如有少量漏粉，不得超过1粒。如超过，应另取10粒复试，均应符合规定 | | |
| 崩解时限 | 取本品6粒，装满滑石粉，照崩解时限检查法（通则0921）胶囊剂项下的方法，加挡板进行检查，各粒均应在10分钟内全部溶化或崩解。如有1粒不能全部溶化或崩解，应另取6粒复试，均应符合规定 | | |

### （三）含量测定

按照GMP规定生产盐酸雷尼替丁胶囊所用全部原辅料均应按照有关药品标准进行相应含量测定，经检查合格后方能投入使用，下列为现行版《中国药典》规定的硬脂酸镁和盐酸雷尼替丁的含量测定方法。

**1. 硬脂酸镁含量测定**

取本品约0.2g，精密称定，加正丁醇－无水乙醇（1∶1）溶液50ml，加浓氨溶液5ml与氨－氯化铵缓冲液（pH10.0）3ml，再精密加入乙二胺四醋酸二钠滴定液（0.05mol/L）

25ml与铬黑T指示剂少许，混匀，于40～50℃水浴上加热至溶液澄清，用锌滴定液（0.05mol/L）滴定至溶液自蓝色转变为紫色，并将滴定的结果用空白试验校正。每1ml乙二胺四醋酸二钠滴定液（0.05mol/L）相当于1.215mg的Mg。

按现行版《中国药典》规定，硬脂酸镁按干燥品计算，含Mg应为4.0%～5.0%。

**2. 盐酸雷尼替丁含量测定**

（1）含量测定方法 照高效液相色谱法（通则0512）测定。

1）色谱条件与系统适用性试验。

用十八烷基硅烷键合硅胶为填充剂（Kromasil C18，4.6mm×150mm，5μm或效能相当的色谱柱）；流动相A为磷酸盐缓冲液（取磷酸6.8ml置1900ml水中，加入50%氢氧化钠溶液8.6ml，加水至2000ml，用磷酸或50%氢氧化钠溶液调节pH至7.1±0.05）－乙腈（98∶2），流动相B为磷酸盐缓冲液－乙腈（78∶22）进行梯度洗脱（表7－8）；检测波长为230nm；流速为每分钟1.5ml；柱温为35℃。取盐酸雷尼替丁约0.1g，置100ml量瓶中，加50%氢氧化钠溶液1ml，加水约60ml，振摇使溶解，用水稀释至刻度，摇匀，室温放置1小时后，取10μl注入液相色谱仪，记录色谱图。调节流速或流动相比例，使主成分色谱峰的保留时间约为12分钟，杂质Ⅰ的相对保留时间约为0.85，雷尼替丁峰与杂质Ⅰ峰的分离度应大于4.0。

**表7－8 HPLC梯度洗脱程序**

| 时间（分钟） | 流动相A（%） | 流动相B（%） |
|---|---|---|
| 0 | 100 | 0 |
| 15 | 0 | 100 |
| 23 | 0 | 100 |
| 24 | 100 | 0 |
| 30 | 100 | 0 |

2）测定法。

取本品约22mg，精密称定，置200ml量瓶中，加水溶解并稀释至刻度，摇匀，作为供试品溶液，精密量取10μl注入液相色谱仪，记录色谱图；另取盐酸雷尼替丁对照品约22mg，同法测定。按外标法以峰面积计算，即得。

（2）含量测定步骤。

1）溶液及流动相制备。

①流动相准备：按要求配制流动相A和流动相B，即磷酸盐缓冲液－乙腈（98∶2）和磷酸盐缓冲液－乙腈（78∶22），制备好的流动相通过0.45μm滤膜滤过，用前超声脱气。

②供试品溶液的制备：取本品约22mg，精密称定，置200ml量瓶中，加水溶解并稀释至刻度，摇匀，作为供试品溶液。同法配制另一份供试品溶液，用前经0.45μm滤膜滤过

③对照品溶液的制备：取盐酸雷尼替丁对照品约22mg，同法配制对照品溶液，用前经0.45μm滤膜滤过。

2）供试品测定。

①检查：高效液相色谱仪上次使用状态，检查仪器各部分是否符合本次实验要求。

②开机：按照规定的色谱条件设置仪器运行参数，流动相A和流动相B按上表所列进

行梯度洗脱，开始系统平衡。

③系统适应性试验：取盐酸雷尼替丁约0.1g，按上述方法制成溶液后，取10μl注入液相色谱仪，记录色谱图。调节流速或流动相比例，使主成分色谱峰的保留时间约为12分钟，杂质Ⅰ的相对保留时间约为0.85，雷尼替丁峰与杂质Ⅰ峰的分离度应大于4.0。

④测定供试品溶液与对照品溶液：分别精密量取10μl供试品溶液和对照品溶液注入液相色谱仪，记录色谱图。

⑤清洗和关机：实验结束后，关闭检测器。分别采用15ml的低浓度乙腈－水（10%～20%）、较高浓度的乙腈－水（50%）及高浓度的乙腈－水（80%～100%）冲洗色谱柱。冲洗完毕后，降速至零，关泵、关电源、填写使用记录。

按现行版《中国药典》规定，盐酸雷尼替丁按干燥品计算，含 $C_{13}H_{22}N_4O_3S \cdot HCl$ 应为97.5%～102.0%。

## 五、实训考核与思考

### （一）考核项目评分表

按照现行版《中国药典》有关规定，对原料药物盐酸雷尼替丁进行含量测定，实训考核评分标准见表7－9。

**表7－9 盐酸雷尼替丁的含量测定考核配分与评分标准表**

| 序号 | 考核内容 | 考核要点 | 配分 | 评分标准 | 得分 |
|---|---|---|---|---|---|
| 1 | 职业素养 | 着装、举止 | 1 | 无白大衣、着装不整洁、举止不文明扣除此分 | |
| | | 仪容、佩饰 | 1 | 化浓妆、染甲、长甲及手戴佩饰者扣除此分 | |
| | | 爱护仪器、遵守仪器使用规定 | 4 | 违规损坏仪器者扣除此分 | |
| | | 节约水电、药品、试剂，环保意识 | 2 | 浪费水电、药品、任意处置试剂及药品者扣除此分 | |
| | | 实验秩序（步骤、台面清晰有序） | 2 | 实验秩序混乱扣除此分 | |
| 2 | 系统适应性试验 | 1. 开机顺序正确<br>2. 进行系统适应性试验并作出相关结论 | 15 | 1. 操作不规范每项扣5分<br>2. 结论不准确每项扣10分 | |
| 3 | 供试品溶液和标准品溶液的制备 | 1. 分析天平使用规范、熟练<br>2. 称重准确<br>3. 容量瓶洗涤规范、熟练<br>4. 溶解、定容和摇匀准确、熟练 | 30 | 1. 操作不规范每项扣5分<br>2. 称重不准确扣10分<br>3. 定容不准确扣10分<br>4. 操作不熟练酌情扣分 | |
| 4 | 供试品的测定 | 1. 高效液相色谱仪使用规范、熟练<br>2. 测定结果处理准确 | 25 | 1. 操作不规范每项扣5分<br>2. 结果处理不准确扣10分<br>3. 操作不熟练酌情扣分 | |
| 5 | 清洗和关机 | 1. 清洗仪器规范、正确<br>2. 关机顺序正确 | 10 | 操作不规范每项扣5分 | |

续表

| 序号 | 考核内容 | 考核要点 | 配分 | 评分标准 | 得分 |
|---|---|---|---|---|---|
| 6 | 清场 | 桌面整洁卫生，清洗器具，仪器药品归位 | 10 | 1. 未清场扣10分<br>2. 清场不彻底扣5分 | |
| | 合计 | | 100 | | |

（二）思考题

1. 盐酸雷尼替丁的各检查项目主要针对何种杂质，有何危害？

2. 胶囊制剂的一般检查项目有哪些？空心胶囊的检查意义是什么？

3. 本次实验中用到的限量检查方法有哪些？请举例说明。

## 任务2 制备盐酸雷尼替丁胶囊

扫码“学一学”

### 一、技能要求

1. 掌握胶囊剂生产工艺流程，能按照工艺规程完成盐酸雷尼替丁胶囊的制备。

2. 会按照胶囊填充机、胶囊抛光机和胶囊数粒瓶装机的操作规程，完成胶囊的填充、抛光和包装的工艺过程。

3. 能对胶囊剂生产过程进行质量控制。

### 二、物品准备

**1. 药品与试剂** 盐酸雷尼替丁、淀粉、硬脂酸镁、75%乙醇、药用空心胶囊等。

**2. 仪器与设备** 流化制粒机、胶囊填充机、胶囊抛光机、胶囊数粒瓶装机、崩解仪、电子分析天平等。

### 三、相关指导

（一）任务介绍

硬胶囊，通称为胶囊，系指采用适宜的制剂技术，将原料药物或加适宜辅料制成的均匀粉末、颗粒、小片、小丸、半固体或液体等，充填于空心胶囊中的胶囊剂。本次实训任务是制备规格为150mg/粒的盐酸雷尼替丁胶囊10000粒。因主药极易潮解，所以严格控制生产环境的湿度是生产过程质量控制的一个重点。

**【处方】**

| 原辅料 | 用量/10000粒 |
|---|---|
| 盐酸雷尼替丁 | 1.50kg |
| 玉米淀粉 | 0.87kg |
| 75%乙醇 | 0.172kg |
| 硬脂酸镁 | 0.02056kg |

**【制法】**将盐酸雷尼替丁、淀粉、硬脂酸镁分别过14目、60目、40目筛，备用。称取处方量的盐酸雷尼替丁和淀粉，分次交替置于湿法混合颗粒机配料锅内，混合并制成适宜颗粒，于沸腾干燥机上干燥。干燥粒过14目筛整粒，分次加入硬脂酸镁，混匀。按盐酸

雷尼替丁含量 150mg/粒装胶囊。

### （二）硬胶囊剂的生产工艺流程及环境要求

按 GMP 要求，硬胶囊剂的生产环境洁净度要求为 D 级，其制备一般分为填充物料的制备、胶囊填充、胶囊抛光和包装等过程。其中，胶囊填充是关键工序。硬胶囊剂生产工艺流程见图 7－2。

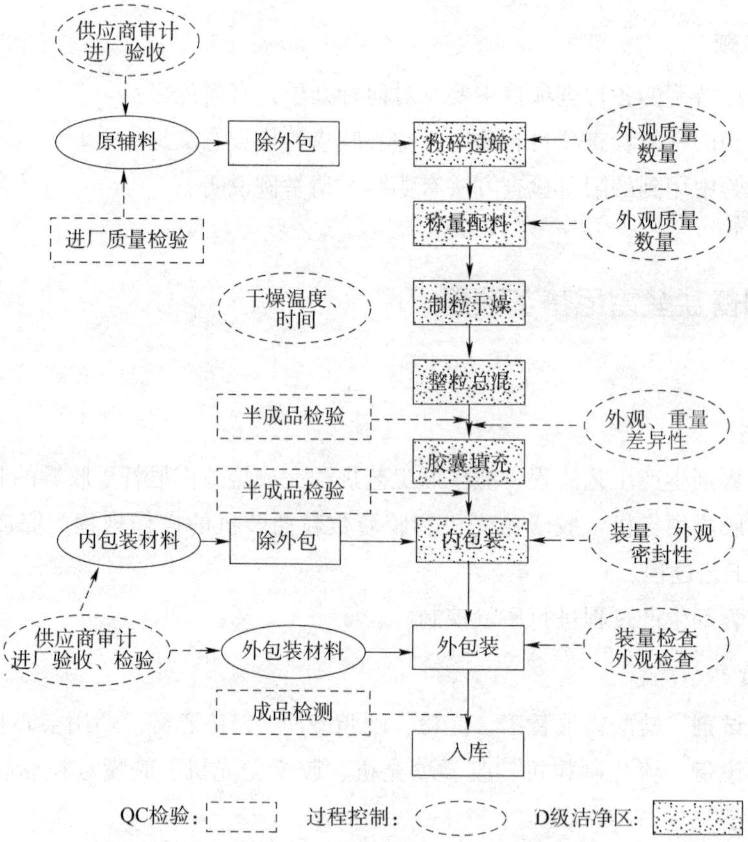


图 7－2　硬胶囊剂的生产工艺流程图

### （三）硬胶囊生产过程质量控制点及其检查要求

硬胶囊剂简称硬胶囊，填充物料的准备、填充、包装等步骤是关键工序，硬胶囊剂生产过程质量控制点及其检查要求见表 7－10。

**表 7－10　硬胶囊生产过程质量控制点及其检查要求**

| 工序 | 监控点 | 监控项目 | 频次 |
|---|---|---|---|
| 粉碎过筛 | 辅料 | 异物 | 1 次/批<br>1 次/批 |
| | 粉碎过筛 | 细度、异物 | 1 次/班<br>随时/班 |
| 配料 | 称量 | 磅秤调零、有称量人、复核人，并签字 | 1 次/班 |
| 制粒 | 颗粒 | 黏合剂外观、浓度与温度，润湿剂浓度，混合时间、速度 | 1 次/批 |
| | | 筛网无破损、筛目 | |

续表

| 工　序 | 监 控 点 | 监控项目 | 频　次 |
|---|---|---|---|
| 干燥 | 热风循环烘箱 | 温度、时间 | 随时/班 |
| | 流化床 | 温度、风压 | 随时/班 |
| | 干粒 | 水分 | 1～2 次/批 |
| 整粒 | 筛网 | 规格 | 1 次/批 |
| | 干粒 | 无异物，粒度均匀 | 1 次/批 |
| 总混 | 混合物料 | 时间、含量、混粉得量 | 1 次/批 |
| 胶囊填充 | 囊壳 | 规格、外观 | 1 次/班 |
| | 胶囊 | 装量差异 | 1 次/20 分钟 |
| | | 外观 | 随时/班 |
| | | 崩解时限（溶出度、释放度） | 1 次/批 |
| | 环境与设备 | 环境温度与湿度、车速 | 随时/班 |
| 内包材 | 塑料瓶 | 密封性 | 1 次/每班 |
| | 铝塑 | 热封、批号、装量 | 随时/班 |
| | 胶囊 | 外观、异物 | 随时/班 |
| 包装 | 包装品（瓶装用） | 装量、封口、瓶签 | 随时/班 |
| | 装盒 | 批号、数量、说明书、封口签 | 随时/班 |
| | 标签、说明书 | 批号、内容、数量、使用记录 | 随时/班 |
| | 装箱 | 批号、数量、装箱单、印刷内容 | 随时/班 |
| | 标签、小盒、大箱 | 批号、生产日期、有效期至 | 打印前核对 |

### （四）主要设备介绍

**1. 全自动胶囊填充机**　其结构由空胶囊下料装置、胶囊分送装置、粉剂下料装置、计量盘机构、胶囊充填封合机构、箱内主传动机构和电器控制系统等组成，见图7 3。工作时，回转台将胶囊输送至各工作区域，在各区域短暂停留时间里，各种作业同时进行，依次完成体帽分离、体帽错位、定量充填、剔除废囊、帽体闭合、胶囊导出、模板清洁等工序。随后，进入下一个操作循环。

扫码“看一看”

**2. 胶囊数粒装瓶机**　其结构由加料斗、下料口、计数装置等部分组成，见图7－4。工作时把药粒倒入顶部料斗，通过调整振动送料器的振动级别使料斗中的药粒逐渐沿着振动槽板形成连续不断的条状直线下滑至落料口，并逐粒落入检测通道，采用光电效应配合机械计数，定量的药粒落入一个下料口接着注入包装瓶。

## 四、实训操作

### （一）生产前准备

**1. 各工序现场检查**　检查该工序的房间、设备、容器具、模具等是否清洁，并在合格有效期内；检查该工序的设备是否正常；检查该工序所需的原辅料、容器具等是否领取，模具是否安装。QA 对生产前检查结果复核后，签发生产许可相关信息。生产设备及生产场所换相应的状态标志。

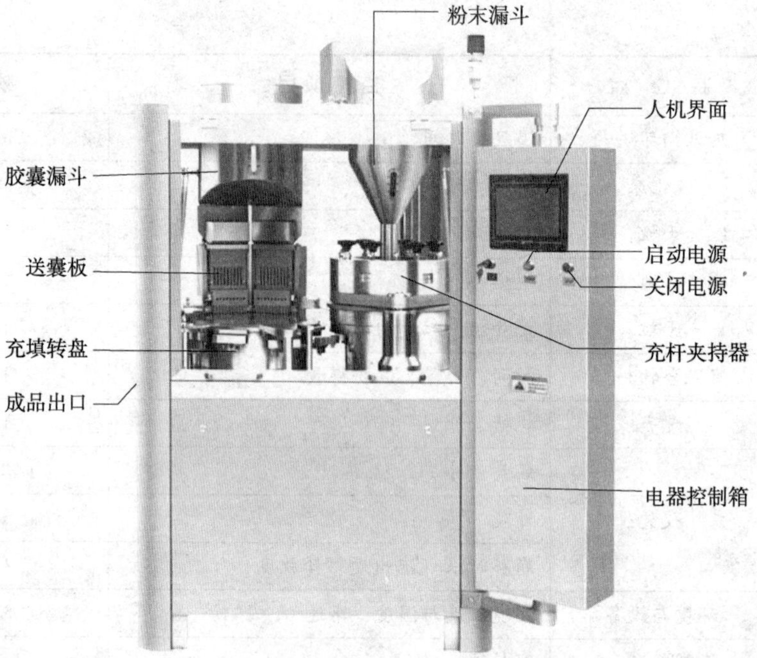


图 7－3　全自动胶囊填充机

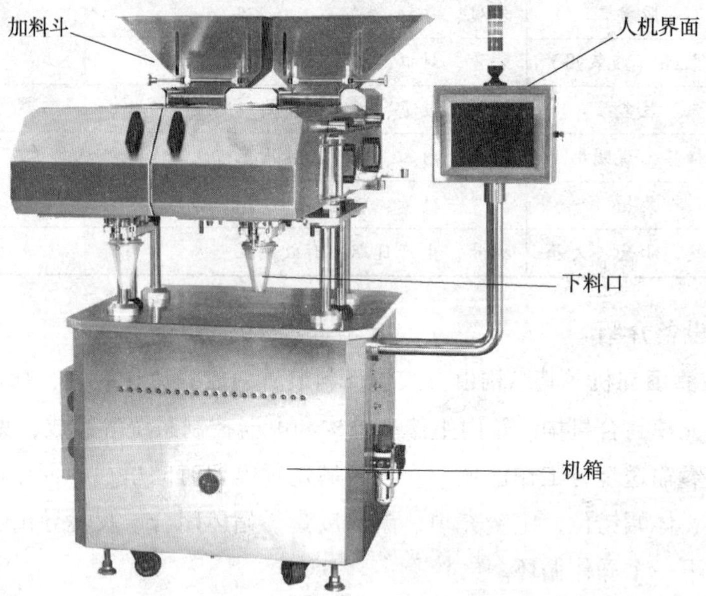


图 7－4　胶囊数粒装瓶机

**2. 领取生产所用物料**　检查所用物料名称、代号、批号、数量等信息，检查物料是否在规定的效期内，外包装是否完好、清洁，办理物料交接手续，并签字记录。

**（二）填充物料的制备**

过筛、制粒具体操作详见颗粒剂生产实训项目；总混具体操作详见片剂生产实训项目。注意事项如下：

1. 加入润湿剂后，混合制粒时间为 60 秒；干燥过程的最高温度不能超过 55℃，总混时间为 20 分钟。

2. 中间品干颗粒应进行外观、粒度、水分检查，颗粒水分须低于 2.0%。

3. 因盐酸雷尼替丁极易吸潮，整粒操作间、总混、操作间的相对湿度必须低于 60%。

## （三）胶囊填充与抛光

**1. 填充前准备**

（1）工作区检查已清洁，不存在与目前生产无关的记录或残留物等；已准备好批生产记录和足够数量的标签来标明生产区、设备和容器的状态；所有与产品接触的部件已清洁和干燥，不存在上批产品留下的胶囊颗粒及残留物。

（2）检查下列部件：胶囊填充机（旋转台和机罩内部）；下料管、水平叉、导引块、上下模块；空胶囊加料器、颗粒料斗、给料装置；废胶囊剔除盒、颗粒回收槽、模孔清洁盒；空胶囊回收桶。

（3）将生产区和盛胶囊桶挂上标签，标明产品名称、批号、日期和签名。

**2. 装配**

（1）按批生产记录取好所需的模块、下料管、导引块、水平叉及胶囊剔除盒和模孔清洁盒，检查有无受损，变形以及光洁度是否良好。

（2）安装胶囊料斗、下料管、水平叉、导引块、上下模块及胶囊剔除盒及模孔清洁盒，检查安装是否良好。

**3. 操作**

（1）从备料区领取空胶囊，检查是否贴好标签，标明产品名称、批号、数量；用清洁的专用料铲将空胶囊加入胶囊料斗中。

（2）使用点动控制，使空胶囊充满下料管，并进入模块中，运行几圈，检查胶囊的开启和闭合动作是否良好。

（3）按生产指令，从中间站领取已合格的半成品颗粒，检查是否挂好物料卡，标明产品名称、批号、重量、桶数。

（4）用清洁的专用料铲将颗粒加到加料斗中。

（5）设定机器的转速，开动机器转动 1～2 圈。

（6）按批生产记录的要求，调整胶囊的重量，取大约 100 粒样品，经质检员检测，QA 确认合格后开机。

（7）将从出料口流出的填充好胶囊直接进入胶囊抛光机进行抛光。收集抛好光的胶囊置于套有双层聚乙烯袋的接料桶内。

**4. 注意事项**

充填过程不要使胶囊和物料料斗空料，并应随时检查导出胶囊的外观，每隔 15～20 分钟检查一次装量差异，每个批号做一次崩解时限检查。若发现中控指标异常，应及时调节填充量、机器转速等参数。

**5. 全自动胶囊充填机标准操作规程** 见表 7－11。

**表 7－11　NJP400 全自动胶囊充填机标准操作规程**

<table>
<tr><td colspan="3">题目：NJP400 全自动胶囊充填机标准操作规程</td><td>登记号：<br>SOP－SB－****</td><td colspan="2">页数：1/2</td></tr>
<tr><td>批准：</td><td>日期：　年　月　日</td><td>制定：</td><td>制定日期：　年<br>月　日</td><td colspan="2">生效日期：　年<br>月　日</td></tr>
<tr><td>审核：</td><td>日期：　年　月　日</td><td>颁发部门：质管部</td><td>颁发人：</td><td>版本号：</td><td>*</td></tr>
<tr><td colspan="6">分发部门：质量总监、生产总监、设备总监、设备部、口服车间</td></tr>
</table>

续表

| 标题 | 正文 | 负责人 |
|---|---|---|
| 1. 目的 | 建立NJP400全自动胶囊充填机标准操作规程。 | 操作工<br>维修工<br>设备管理员 |
| 2. 范围 | 适用于NJP400全自动胶囊充填机的操作。 | |
| 3. 责任 | 设备管理员、操作工、维修工。 | |
| 4. 内容 | | |
| 4.1 | 点动运行操作步骤 | |
| 4.1.1 | 将主电源开关合上，电源指示灯亮。 | |
| 4.1.2 | 按下“真空泵启动”键，指示灯亮，真空泵工作。 | |
| 4.1.3 | 按下“主电机启动”按钮，机器开始运转，启动灯亮，松手后机器停止运转。 | |
| 4.2 | 运行状态操作步骤 | |
| 4.2.1 | 将电控柜门和有机玻璃门全部关上。 | |
| 4.2.2 | 将电源开关拨至“1”位，“电源”灯亮。 | |
| 4.2.3 | 检查是否有过载、缺料或门未关，面板右侧相应的灯会亮，按提示清除故障。如药粉料位不够，按加料选择按钮手动灯亮，再按手动加料按钮直至药粉料位，灯灭后松开。 | |
| 4.2.4 | 将钥匙插入运行选择开关并拨至垂直位，“运行”灯亮；按“加料选择”按钮，“自动”灯亮。 | |
| 4.2.5 | 面板右侧所有报警灯都不亮时，设置主机运行频率。反复按变频器操作键盘“PRGM/REST”钮直至显示频率“F＊＊.＊”，按“∧”或“∨”钮直至需要的频率。 | |
| 4.2.6 | 按“真空泵启动”按钮，按钮灯亮，泵工作。按“主电机启动”按钮，主电机开始工作。 | |
| 4.3 | 工作完毕，先按“主电机停止”按钮，再按“真空泵停止”按钮，机器停止运转。 | |

### （四）包装

将抛光后胶囊倒入胶囊数粒装瓶机的顶部料斗，通过适当调整振动送料器，使料斗内堆状的胶囊逐渐沿着振动槽板变成连续不断的条状直线下滑至落料口，通过电子和机械的配合计数，将定量胶囊由两个振动下料口同时分别装瓶，封口。

## 五、实训考核与思考

### （一）考核项目评分表

能规范、熟练使用全自动胶囊填充机完成胶囊剂物料的填充是胶囊填充岗位的基本要求，选择胶囊填充岗位操作进行实训考核，评分标准见表7－12。

表7－12 胶囊填充岗位配分与评分标准

| 序号 | 考核内容 | 考核要点 | 配分 | 评分标准 | 得分 |
|---|---|---|---|---|---|
| 1 | 职业素养 | 着装、举止 | 2 | 无白大衣、着装不整洁、举止不文明扣除此分 | |
| | | 仪容、佩饰 | 2 | 化浓妆、染甲、长甲及手戴佩饰者扣除此分 | |
| | | 爱护仪器、遵守仪器使用规定 | 2 | 违规损坏仪器者扣除此分 | |
| | | 节约水电、药品，环保意识 | 2 | 浪费水电、药品、任意处置试剂及药品者扣除此分 | |
| | | 实验秩序（步骤、台面清晰有序） | 2 | 实验秩序混乱扣除此分 | |

续表

| 序号 | 考核内容 | 考核要点 | 配分 | 评分标准 | 得分 |
|---|---|---|---|---|---|
| 2 | 胶囊填充机调试 | 1. 接通电源<br>2. 按下真空泵吸尘机按钮<br>3. 按下主机启动开关，让机器低速空转2分钟，检查真空泵的吸尘机工作是否正常<br>4. 按下停机按钮，使机器停下 | 20 | 1. 未调试胶囊填充机扣10分<br>2. 开机顺序不准确扣10分<br>3. 不倒扣分 | |
| 3. | 物料填充 | 1. 填充空囊壳<br>2. 填充物料 | 10 | 1. 囊壳放置位置不准确扣5分<br>2. 物料放置位置不准确扣5分<br>3. 不倒扣分 | |
| 4 | 开机运行 | 1. 开机顺序准确<br>2. 正确排除故障 | 20 | 1. 开机顺序不准确扣10分<br>2. 未正确排除故障扣10分<br>3. 不倒扣分 | |
| 5 | 停机操作 | 停机顺序准确 | 10 | 停机顺序不准确扣10分 | |
| 6 | 熟练程度 | 规定时间内完成 | 10 | 超过规定时限扣10分 | |
| 7 | 成品质量 | 胶囊完整性符合要求 | 10 | 1. 囊体囊帽分离扣1~5分<br>2. 胶囊不完整扣1~5分 | |
| 8 | 清场 | 桌面整洁卫生，清洗器具，仪器药品归位 | 10 | 1. 未清场扣10分<br>2. 清场不彻底扣5分 | |
| 合计 | | | 100 | | |

（二）思考题

1. 胶囊填充过程装量差异检查不合格、瘪头和封口不严分别是由哪些原因造成的？如何纠正？

2. 简述全自动动胶囊填充机的操作注意事项。

## 任务3 盐酸雷尼替丁胶囊质量检查

扫码“学一学”

### 一、技能要求

1. 能按照规定方法对盐酸雷尼替丁胶囊生产过程的半成品、成品质量进行检查，并填好检查记录。

2. 能正确使用相关检测仪器、计量器具及其他检测工具，并进行维护保养。

### 二、物品准备

**1. 药品与试剂** 填充胶囊的中间品（干颗粒）、盐酸雷尼替丁胶囊等。

**2. 仪器与设备** 电子天平、快速水分测定仪、崩解仪等。

## 三、相关指导

胶囊剂应整洁，不得有黏结、变形、渗漏或囊壳破裂等现象，并应无异臭；胶囊剂囊壳不应变质。中药硬胶囊剂应按规定方法进行水分检查不得超过9.0%。装量差异或含量均匀度、崩解时限或溶出度、释放度以及微生物限度检查应符合药品标准相关要求。现行版《中国药典》规定，盐酸雷尼替丁胶囊应检查有关物质、干燥失重、装量差异、崩解时限、微生物限度等项目，还要按其含量测定项下方法检查，本品含盐酸雷尼替丁按雷尼替丁（$C_{13}H_{32}N_4O_3S$）计算，应为标示量的93.0%～107.0%。

## 四、实训操作

### （一）中间产品质量检查

**1. 干颗粒**

（1）外观 干粒外观呈淡黄色，色泽均匀，无异物。

（2）干粒水分 用快速水分测定仪测定，加热温度为105℃，加热时间为15分钟，测得水分低于2%。

（3）粒度 能全部过20目筛，但能过60目筛的颗粒应少于35%。

**2. 胶囊**

（1）外观 抽查100粒，外观整洁，大小长短一致，颜色均匀一致，有光泽度，不得有褪色、变色现象，无斑点，无砂眼、破裂、漏粉、附粉、变形、异臭、发霉现象。梅花头、皱皮、缺角、瘪头、气泡等不超过1%。

（2）装量差异 抽取20粒胶囊，用千分之一电子天平分别测定各粒内容物的重量，平均装量低于0.30g/粒时，装量差异应在±9.0%范围内；平均装量高于0.30g/粒时，装量差异应在±6.5%范围内。检查结果填写见表7－13。

**表7－13 装量差异限度检查**

| 序号 | 每粒实际装量 | 平均装量 | 装量差异限度 | 结论 |
|---|---|---|---|---|
| 1 | | | | |
| 2 | | | | |
| … | | | | |
| 20 | | | | |

（3）崩解时限 取6粒胶囊，放入水温为37℃±1℃的崩解仪中，如胶囊浮于水面，可加挡板。测定崩解时间均应少于20分钟。

### （二）成品胶囊的质量标准

**1. 崩解时限** 按现行版《中国药典》规定的方法检查，应少于30分钟。

**2. 装量差异** 按现行版《中国药典》规定的方法检查，当平均装量大于或等于0.30g/粒时，装量差异应小于±7.5%；当平均装量低于0.30g/粒时，装量差异应小于±10%。

其他各项质量检查应按照现行版《中国药典》盐酸雷尼替丁胶囊中各项要求进行，检查结果应符合各相关规定。

## 五、实训考核与思考

### （一）考核项目评分表

胶囊剂崩解时限检查、装量差异限度检查实训考核评分标准见表7－13、表7－14。

**表7－13　胶囊剂崩解时限检查考核配分与评分标准**

| 序号 | 考核内容 | 考核要点 | 配分 | 评分标准 | 得分 |
|---|---|---|---|---|---|
| 1 | 职业素养 | 着装、举止 | 2 | 无白大衣、着装不整洁、举止不文明扣除此分 | |
| | | 仪容、佩饰 | 2 | 化浓妆、染甲、长甲及手戴佩饰者扣除此分 | |
| | | 爱护仪器、遵守仪器使用规定 | 2 | 违规损坏仪器者扣除此分 | |
| | | 节约水电、药品，环保意识 | 2 | 浪费水电、药品、任意处置试剂及药品者扣除此分 | |
| | | 实验秩序（步骤、台面清晰有序） | 2 | 实验秩序混乱扣除此分 | |
| 2 | 实验前准备 | 1. 水浴箱内加入适量的水<br>2. 设置温度37℃ ±1℃<br>3. 正确调整吊篮位置<br>4. 1000ml烧杯中加入适当的水 | 40 | 1. 水浴箱内加水过多/过少扣10分<br>2. 未设置温度扣10分<br>3. 吊篮位置不正确扣10分<br>4. 1000ml烧杯中加入水过多或过少扣10分<br>5. 不倒扣分 | |
| 3 | 崩解操作 | 1. 正确选择供试品数量<br>2. 开机运行<br>3. 观察结果 | 30 | 1. 未正确选择供试品数量扣10分<br>2. 温度未到达时即开启崩解仪扣10分<br>3. 崩解不彻底即停止操作扣10分<br>4. 不倒扣分 | |
| 4 | 熟练程度 | 规定时间内完成操作 | 10 | 超过规定时限扣10分 | |
| 5 | 清场 | 桌面整洁卫生，清洗器具，仪器药品归位 | 10 | 1. 未清场扣10分<br>2. 清场不彻底扣5分 | |
| 合计 | | | 100 | | |

**表7－14　装量差异限度检查配分与评分标准**

| 序号 | 考核内容 | 考核要点 | 配分 | 评分标准 | 得分 |
| --- | --- | --- | --- | --- | --- |
| 1 | 职业素养 | 着装、举止 | 2 | 无白大衣、着装不整洁、举止不文明扣除此分 | |
| | | 仪容、佩饰 | 2 | 化浓妆、染甲、长甲及手戴佩饰者扣除此分 | |
| | | 爱护仪器、遵守仪器使用规定 | 2 | 违规损坏仪器者扣除此分 | |
| | | 节约水电、药品，环保意识 | 2 | 浪费水电、药品、任意处置试剂及药品者扣除此分 | |
| | | 实验秩序（步骤、台面清晰有序） | 2 | 实验秩序混乱扣除此分 | |
| 2 | 取样 | 1. 取样数量准确<br>2. 正确清除内容物并拭净囊壳 | 10 | 1. 取样数量不准确扣5分<br>2. 未正确清除内容物并拭净囊壳扣5分<br>3. 不倒扣分 | |
| 3 | 药物的称重 | 1. 正确使用天平<br>2. 规范称取药物 | 20 | 1. 天平未调零点扣5分<br>2. 未使用合适衬垫物称取药物扣5分<br>3. 称取药物不规范扣5分<br>4. 称取结束未使天平恢复原状扣5分<br>5. 不倒扣分 | |
| 4 | 计算百分比 | 正确计算百分比 | 40 | 1. 公式书写不正确扣15分<br>2. 数据计算错误扣15分<br>3. 限度判断不准确扣10分 | |
| 5 | 熟练程度 | 在规定时间内完成 | 10 | 超过规定时限扣10分 | |
| 6 | 清场 | 桌面整洁卫生，清洗器具，仪器药品归位 | 10 | 1. 未清场扣10分<br>2. 清场不彻底扣5分 | |
| | 合计 | | 100 | | |

## （二）思考题

1. 胶囊剂与片剂的崩解时限检查在操作和崩解时限要求上有什么不同？
2. 若干颗粒的水分限度检查不合格，请分析其原因和不利影响，并说出解决的办法。

扫码“练一练”

（李忠文　王文心）

项目八

# 阿司匹林肠溶片生产实训

## 【项目实训目标】

1. 能按照药品标准对阿司匹林肠溶片的主要物料进行质量检验。
2. 能按照工艺规程和操作要求完成阿司匹林肠溶片的制备。
3. 掌握旋转式压片机、高效包衣机、铝塑包装机的操作方法。
4. 掌握片剂的质量检查方法与相关分析仪器的使用。
5. 理解投料质量与工艺稳定性对药品质量的影响。

## 【项目任务解析】

| 项目组成 | 任务名称 | 面向职业（代码） | 面向岗位 |
|---|---|---|---|
| 任务一 | 物料质量检验 | 药物检验员（4－08－05－04） | 药物分析员、QC |
| 任务二 | 制备阿司匹林肠溶片 | 药物制剂工（6－12－03－00） | 颗粒剂工、片剂工、工艺员、QA |
| 任务三 | 阿司匹林肠溶片质量检查 | 药物检验员（4－08－05－04） | 药物分析员、QC |

## 任务1　物料质量检验

扫码“学一学”

### 一、技能要求

1. 熟悉阿司匹林肠溶片所用原辅料的质量检验方法。

2. 能按照药典要求完成溶液颜色检查法、易碳化物检查法、干燥失重测定法、重金属检查法、高效液相色谱法等基本操作并进行结果判断。

### 二、物品准备

**1. 药品与试剂**　阿司匹林、玉米淀粉、羧甲淀粉钠、羟丙甲纤维素等。

**2. 仪器与设备**　比色管、移液管、滴定管、高效液相色谱仪等。

### 三、相关指导

阿司匹林为常见的非甾体类抗炎药，其化学结构见图8－1，其主要药理作用包括解热、镇痛、抗炎、抗风湿、抗血栓等。现行版《中国药典》二部收载有阿司匹林片、肠溶片、肠溶胶囊、泡腾片、阿司匹林栓等5种制剂，其中阿司匹林肠溶片是本药应用较为广泛的品种，目前我国有16家企业获得该品种的批准文号。生产此药所需物料包括主药（阿司匹林）和辅料（玉米淀粉、羧甲淀粉钠、羟丙甲纤维素等），其质量优劣直接关系到成品质量，关系到人们用药的安全性和有效性。

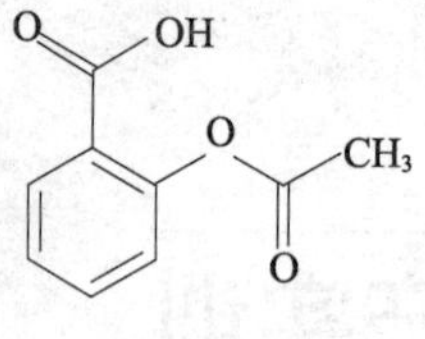

图 8－1 阿司匹林化学结构式

## 四、实训操作

### （一）性状与鉴别

**1. 性状** 阿司匹林为白色结晶或结晶性粉末；无臭或微带醋酸臭；遇湿气即缓缓水解。本品在乙醇中易溶，在三氯甲烷或乙醚中溶解，在水或无水乙醚中微溶，在氢氧化钠溶液或碳酸钠溶液中溶解，但同时分解。检查结果见表 8－1。

**表 8－1 阿司匹林性状检查**

厂家： 批号

| 性状 | 颜色 | 状态 | 臭味 |
|---|---|---|---|
| 结果 | | | |

**2. 鉴别** 根据现行版《中国药典》二部阿司匹林【鉴别】项下做如下检查，见表 8－2。

**表 8－2 阿司匹林的鉴别**

厂家： 批号：

| 项目 | 药典规定 | 结果 | 结论 |
|---|---|---|---|
| 鉴别 1 | 取本品约 0.1g，加水 10ml，煮沸，放冷，加三氯化铁试液 1 滴，即显紫堇色 | | |
| 鉴别 2 | 取本品约 0.5g，加碳酸钠试液 10ml，煮沸 2 分钟后，放冷，加过量的稀硫酸，即析出白色沉淀，并发生醋酸的臭气 | | |
| 鉴别 3 | 本品的红外光吸收图谱应与对照的图谱（光谱集 5 图）一致 | | |

### （二）检查

按照 GMP 规定生产阿司匹林肠溶胶囊所用全部原辅料均应按照有关药品标准进行相应检查，经检查合格后方能投入使用。现行版《中国药典》规定，阿司匹林肠溶片所用主要物料应进行如下检查，见表 8－3。

**表 8－3 主要物料的检查项目一览表**

| 物料名称 | 检查项目 |
|---|---|
| 阿司匹林 | 溶液澄明度、游离水杨酸、易炭化物、有关物质、干燥失重、炽灼残渣、重金属 |
| 玉米淀粉 | 酸度、外来物质、二氧化硫、氧化物质、干燥失重、灰分、重金属、铁盐、微生物限度 |
| 羧甲淀粉钠 | 酸碱度、氯化钠、乙醇酸钠、干燥失重、铁盐、重金属 |
| 羟丙甲纤维素 | 黏度、酸碱度、水中不溶物、干燥失重、炽灼残渣、重金属、砷盐 |

**1. 阿司匹林有关检查** 按照现行版《中国药典》二部阿司匹林【检查】项下操作，完

成如下实训，见表8－4。

**表8－4　阿司匹林检查报告一览表**

厂家：　　　　　　　　　　　　　　　　　批号：

| 项目 | 药典规定 | 结果 | 结论 |
|---|---|---|---|
| 溶液澄明度 | 取本品0.50g，加温热至约45℃的碳酸钠试液10ml溶解后，溶液应澄清 | | |
| 游离水杨酸 | 临用新制。取本品约0.1g，精密称定，置10ml量瓶中，加1%冰醋酸的甲醇溶液适量，振摇使溶解，并稀释至刻度，摇匀，作为供试品溶液；取水杨酸对照品约10mg，精密称定，置100ml量瓶中，加1%冰醋酸的甲醇溶液适量使溶解并稀释至刻度，摇匀，精密量取5ml，置50ml量瓶中，用1%冰醋酸的甲醇溶液稀释至刻度，摇匀，作为对照品溶液。照高效液相色谱法（通则0512）试验。用十八烷基硅烷键合硅胶为填充剂；以乙腈－四氢呋喃－冰醋酸－水（20：5：5：70）为流动相；检测波长为303nm。理论板数按水杨酸峰计算不低于5000，阿司匹林峰与水杨酸峰的分离度应符合要求。立即精密量取对照品溶液与供试品溶液各10μl，分别注入液相色谱仪，记录色谱图。供试品溶液色谱图中如有与水杨酸峰保留时间一致的色谱峰，按外标法以峰面积计算，不得过0.1% | | |
| 易炭化物 | 取本品0.5g，照易炭化物检查法（通则0842），与对照液（取比色用氯化钴液0.25ml、比色用重铬酸钾液0.25ml、比色用硫酸铜液0.40ml，加水使成5ml）比较，不得更深 | | |
| 有关物质 | 取本品约0.1g，置10ml量瓶中，加1%冰醋酸的甲醇溶液适量，振摇使溶解并稀释至刻度，摇匀，作为供试品溶液；精密量取1ml，置200ml量瓶中，用1%冰醋酸的甲醇溶液稀释至刻度，摇匀，作为对照溶液；精密量取对照溶液1ml，置10ml量瓶中，用1%冰醋酸的甲醇溶液稀释至刻度，摇匀，作为灵敏度溶液。照高效液相色谱法（通则0512）试验。用十八烷基硅烷键合硅胶为填充剂；以乙腈－四氢呋喃－冰醋酸－水（20:5:5:70）为流动相A，乙腈为流动相B，按如下程序进行梯度洗脱：0～60分钟：流动相A：100%～20%；流动相B：0～80%；检测波长为276nm。阿司匹林峰的保留时间约为8分钟，阿司匹林峰与水杨酸峰的分离度应符合要求。分别精密量取供试品溶液、对照溶液、灵敏度溶液与游离水杨酸检查项下的水杨酸对照品溶液各10μl，注入液相色谱仪，记录色谱图。供试品溶液色谱图中如有杂质峰，除水杨酸峰外，其他各杂质峰面积的和不得大于对照溶液主峰面积（0.5%）。供试品溶液色谱图中小于灵敏度溶液主峰面积的色谱峰忽略不计 | | |
| 干燥失重 | 取本品，置五氧化二磷为干燥剂的干燥器中，在60℃减压干燥至恒重，减失重量不得过0.5%（通则0831） | | |
| 炽灼残渣 | 照炽灼残渣检查法（通则0841）检查，不得过0.1% | | |

续表

| 项目 | 药典规定 | 结果 | 结论 |
|---|---|---|---|
| 重金属 | 取本品1.0g，加乙醇23ml溶解后，加醋酸盐缓冲液（pH3.5）2ml，照重金属检查法（通则0821第一法）检查，含重金属不得过百万分之十 | | |

**2. 玉米淀粉有关检查** 按照《中国药典》（2015年版）四部玉米淀粉【检查】项下操作完成如下实训，见表8－5。

**表8－5 玉米淀粉检查报告一览表**

厂家： 批号：

| 项目 | 药典规定 | 结果 | 结论 |
|---|---|---|---|
| 酸度 | 取本品4.0g，加水20ml，振摇5分钟，使混匀，离心，取上清液，照pH测定法（通则0631）检查，pH应为4.5～7.0 | | |
| 外来物质 | 取本品适量，用甘油醋酸试液装片，照显微鉴别法（通则2001），置显微镜下观察，淀粉均为单粒，呈多角形或类圆形，直径为5～30μm；脐点中心性，呈圆点状或星状；层纹不明显。不得有其他品种的淀粉颗粒 | | |
| 二氧化硫 | 取本品，照二氧化硫残留量测定法（通则2331）检查，含二氧化硫不得过0.004% | | |
| 氧化物质 | 取本品4.0g，置具塞锥形瓶中，加水50.0ml，密塞，振摇5分钟，转入具塞离心管中，离心至澄清，取上清液30.0ml，置碘瓶中，加冰醋酸1ml与碘化钾1.0g，密塞，摇匀，置暗处放置30分钟，加淀粉指示液1ml，用硫代硫酸钠滴定液（0.002mol/L）滴定至蓝色消失，并将滴定的结果用空白试验校正。消耗硫代硫酸钠滴定液（0.002mol/L）不得过1.4ml（0. 002%） | | |
| 干燥失重 | 取本品，照干燥失重测定法（通则0831），在130℃干燥90分钟，减失重量不得过14.0% | | |
| 灰分 | 取本品1.0g，照灰分测定法（通则2302）操作，遗留残渣不得过0.3% | | |
| 微生物限度 | 取本品，照非无菌产品微生物限度检查：微生物计数法（通则1105）、非无菌产品微生物限度检查：控制菌检查法（通则1106）检查，每1g供试品中需氧菌总数不得过1000cfu，霉菌和酵母菌数不得过100cfu，不得检出大肠埃希菌 | | |

**3. 羧甲淀粉钠有关检查** 按照现行版《中国药典》四部羧甲淀粉钠【检查】项下操作完成如下实训，见表8－6。

**表8-6 羧甲淀粉钠检查报告一览表**

厂家：　　　　　　　　　　　　　批号：

| 项目 | 药典规定 | 结果 | 结论 |
|---|---|---|---|
| 酸碱度 | 取本品1.0g，加水100ml振摇分散后，照pH测定法（通则0631）检查，pH应为5.5~7.5 | | |
| 氯化钠 | 取本品约0.5g，精密称定，置250ml锥形瓶中，加水150ml，摇匀，加铬酸钾指示液1ml，用硝酸银滴定液（0.1mol/L）滴定。每1ml硝酸银滴定液（0.1mol/L）相当于5.844mg的NaCl。按干燥品计算，含氯化钠不得过6.0% | | |
| 乙醇酸钠 | 避光操作。取本品0.2g，精密称定，置烧杯中，加5mol/L醋酸溶液与水各5ml，搅拌约15分钟至乙醇酸钠溶解；加丙酮50ml与氯化钠1g，搅拌使羧甲淀粉钠完全沉淀，滤过，滤液置100ml量瓶中，加丙酮稀释至刻度，摇匀；静置24小时，取上清液作为供试品溶液。取室温减压干燥12小时的乙醇酸0.310g，置500ml量瓶中，加水溶解并稀释至刻度，精密量取5ml，置100ml量瓶中，加5mol/L醋酸溶液5ml，静置30分钟，加丙酮80ml和氯化钠1g，摇匀，加丙酮稀释至刻度，摇匀，静置24小时，作为对照溶液。取供试品溶液和对照溶液各2.0ml，分别置25ml纳氏比色管中，水浴加热至丙酮挥去，放冷，加2,7-二羟基萘硫酸溶液（取2,7-二羟基萘10mg，加硫酸100ml溶解，放置至颜色褪去，2天内使用）20ml，密塞，摇匀，置水浴中加热20分钟，冷却。供试品溶液与对照溶液比较，不得更深。必要时，取上述两种溶液，照紫外-可见分光光度法（通则0401），10分钟内，在540nm波长处测定吸光度，计算，不得过2.0% | | |
| 干燥失重 | 取本品，照干燥失重测定法（通则0831），在130℃干燥90分钟，减失重量不得过10.0% | | |
| 铁盐 | 取本品0.50g，置坩埚中，缓缓炽灼至完全炭化，放冷；加硫酸0.5ml使湿润，低温加热至硫酸蒸气除尽后，在550~600°C炽灼使完全灰化，放冷，加稀盐酸4ml，在60°C水浴中加热10分钟，同时搅拌使溶解，放冷（必要时滤过），移至50ml纳氏比色管中，照铁盐检查法（通则0807）检查，与标准铁溶液1.0ml用同一方法制成的对照液比较，不得更深（0.002%） | | |
| 重金属 | 取本品1.0g，照重金属检查法（通则0821第一法）检查，含重金属不得过百万分之二十 | | |

**4. 羟丙甲纤维素有关检查** 按照现行版《中国药典》四部羟丙甲纤维素【检查】项下操作完成如下实训，见表8-7。

**表8-7　羟丙甲纤维素检查报告一览表**

厂家：　　　　　　　　　　　　　批号：

<table>
<tr><th>项目</th><th>药典规定</th><th>结果</th><th>结论</th></tr>
<tr><td>黏度</td><td>取本品适量（按干燥品计算），加90℃的水制成2.0%（g/g）溶液，充分搅拌约10分钟，直至颗粒得到完全均匀的分散和润湿且瓶内壁无未溶解的样品颗粒，置冰浴中冷却，冷却过程中继续搅匀，除去气泡，必要时用冷水调节重量，除去所有的泡沫作为供试品溶液。<br>方法1：在20℃±0.1℃，按流出时间不少于200秒，选用适宜内径的乌氏黏度计测定溶液的运动黏度（$\nu$），并在相同条件下测定溶液的密度（$\rho$），按下式计算动力黏度：$(\eta)=\rho\nu$。<br>方法2：在20℃±0.1℃，选用适宜的单柱型旋转黏度计（Brookfield type LV model或相当黏度计）按下方表格条件测定（通则0633第三法），旋转2分钟后读数，停止2分钟，再重复实验2次，取三次实验的平均值。
<table>
<tr><th>标示黏度（mPa·s）</th><th>转子型号</th><th>转速（r/min）</th></tr>
<tr><td>600～1400</td><td>3</td><td>60</td></tr>
<tr><td>1400～3500</td><td>3</td><td>12</td></tr>
<tr><td>3500～9500</td><td>4</td><td>60</td></tr>
<tr><td>9500～99500</td><td>4</td><td>6</td></tr>
<tr><td>>99500</td><td>4</td><td>3</td></tr>
</table>
标示黏度小于600mPa·s的，按方法1检验，黏度应为标示黏度的80%～120%；标示黏度大于等于600mPa·s的，按方法2检验，黏度应为标示黏度的75%～140%</td><td></td><td></td></tr>
<tr><td>酸碱度</td><td>取本品1.0g（按干燥品计），边搅拌边加至90℃的水50ml中，放冷，加水使溶液成100ml，搅拌至溶解完全，照pH测定法（通则0631）检查，pH应为5.0～8.0</td><td></td><td></td></tr>
<tr><td>水中不溶物</td><td>取本品1.0g，置烧杯中，加热水（80～90℃）100ml溶胀约15分钟后，然后在冰浴中冷却，加水300ml（黏度高的供试品可适当增加水的体积，确保溶液滤过），并充分搅拌，用经105℃干燥至恒重的1号垂熔玻璃坩埚滤过，烧杯用水洗净，洗液并入上述垂熔玻璃坩埚中，滤过，在105℃干燥至恒重，遗留残渣不得过5mg（0.5%）</td><td></td><td></td></tr>
<tr><td>干燥失重</td><td>取本品，在105℃干燥2小时，照干燥失重测定法（通则0831）操作，减失重量不得过5.0%</td><td></td><td></td></tr>
<tr><td>炽灼残渣</td><td>取本品1.0g，照炽灼残渣检查法（通则0841）检查，遗留残渣不得过1.5%</td><td></td><td></td></tr>
<tr><td>重金属</td><td>取炽灼残渣项下遗留的残渣，照重金属检查法（通则0821第二法）检查，含重金属不得过百万分之二十</td><td></td><td></td></tr>
<tr><td>砷盐</td><td>取本品1.0g，加氢氧化钙1.0g，混合，加水搅拌均匀，干燥后，先用小火烧灼使炭化，再在600℃炽灼使完全灰化，放冷，加盐酸5ml与水23ml使溶解，照砷盐检查法（通则0822第一法）检查，应符合规定（0.0002%）</td><td></td><td></td></tr>
</table>

### （三）含量测定

按照GMP规定生产阿司匹林肠溶片所用全部原辅料均应按照有关药品标准进行相应含量测定，经检查合格后方能投入使用。下列为现行版《中国药典》规定的阿司匹林、羟丙甲纤维素及羧甲淀粉钠的含量测定方法。

**1. 阿司匹林含量测定**

取本品约0.4g，精密称定，加中性乙醇（对酚酞指示液显中性）20ml溶解后，加酚酞指示液3滴，用氢氧化钠滴定液（0.1mol/L）滴定。每1ml氢氧化钠滴定液（0.1mol/L）相当于18.02mg的$C_9H_8O_4$。

按现行版《中国药典》规定，阿司匹林按干燥品计算，含$C_9H_8O_4$应不低于99.5%。

**2. 羟丙甲纤维素含量测定**

（1）甲氧基

取本品，照甲氧基、乙氧基、羟丙氧基测定法（通则0712）测定。如采用第二法（容量法），取本品，精密称定，依法测定，测得的甲氧基量（%）扣除羟丙氧基量（%）与（31/75×0.93）的乘积，即得。

（2）羟丙氧基

取本品，照甲氧基、乙氧基、羟丙氧基测定法（通则0712）测定。如采用第二法（容量法），取本品0.1g，精密称定，依法测定，即得。

根据甲氧基与羟丙氧基含量的不同将羟丙甲纤维素分为四种取代型，即1828、2208、2906、2910型。按现行版《中国药典》规定，羟丙甲纤维素按干燥品计算，各取代型甲氧基（$—OCH_3$）与羟丙氧基（$—OCH_2CHOHCH_3$）的含量应符合要求，见表8-8。

**表8-8 羟丙甲纤维素四种取代型的含量要求**

| 取代型 | 甲氧基 | 羟丙氧基 |
|---|---|---|
| 1828 | 16.5%~20.0% | 23.0%~32.0% |
| 2208 | 19.0%~24.0% | 4.0%~12.0% |
| 2906 | 27.0%~30.0% | 4.0%~7.5% |
| 2910 | 27.0%~30.0% | 7.0%~12.0% |

**3. 羧甲淀粉钠含量测定**

取本品1g，置锥形瓶中，加入80%乙醇20ml，搅拌，过滤；重复操作至滤液用硝酸银试液检查不含氯化物为止。取滤渣在105℃干燥至恒重，取约0.45g，精密称定，置150ml锥形瓶中，加冰醋酸50ml，摇匀，沸水浴上加热回流2小时，放冷，移至100ml烧杯中，锥形瓶用冰醋酸洗涤3次，每次5ml，洗液并入烧杯中，照电位滴定法（通则0701），用高氯酸滴定液（0.1mol/L）滴定，并将滴定的结果用空白试验校正。每1ml高氯酸滴定液（0.1mol/L）相当于2.299mg的Na。

按现行版《中国药典》规定，羧甲淀粉钠按80%乙醇洗过的干燥品计算，含钠（Na）应为2.0%~4.0%。

## 五、实训考核与思考

### （一）考核项目评分表

阿司匹林含量测定、羟丙甲纤维素含量测定、羧甲淀粉钠含量测定考核评分标准见表8-9~表8-11。

**表8-9　阿司匹林含量测定配分与评分标准表**

| 序号 | 考核内容 | 考核要点 | 配分 | 评分标准 | 得分 |
|---|---|---|---|---|---|
| 1 | 职业素养 | 着装、举止 | 1 | 无白大衣、着装不整洁、举止不文明扣除此分 | |
| | | 仪容、佩饰 | 1 | 化浓妆、染甲、长甲及手戴佩饰者扣除此分 | |
| | | 爱护仪器、遵守仪器使用规定 | 4 | 违规损坏仪器者扣除此分 | |
| | | 节约水电、药品、试剂，环保意识 | 2 | 浪费水电、药品、任意处置试剂及药品者扣除此分 | |
| | | 实验秩序（步骤、台面清晰有序） | 2 | 实验秩序混乱扣除此分 | |
| 2 | 称重 | 1. 分析天平使用规范、熟练<br>2. 称重准确 | 15 | 1. 操作不规范每项扣5分<br>2. 称重不准确扣10分<br>3. 操作不熟练酌情扣分 | |
| 3 | 移液管的使用 | 1. 正确洗涤移液管，并用待测溶液润洗2~3次<br>2. 吸液操作准确、熟练<br>3. 放液操作规范 | 25 | 1. 操作不规范每项扣5分<br>2. 未润洗扣10分<br>3. 调零不准确扣10分<br>4. 取液不准确扣10分<br>5. 操作不熟练酌情扣分 | |
| 4 | 滴定 | 1. 滴定管检漏<br>2. 正确洗涤滴定管，并用滴定液润洗2~3次<br>3. 滴定操作规范、熟练<br>4. 终点颜色适宜，读数准确 | 30 | 1. 操作不规范每项扣5分<br>2. 未润洗扣10分<br>3. 终点过、读数不准确扣10分<br>4. 操作不熟练酌情扣分 | |
| 5 | 计算和结论 | 计算结果准确 | 10 | 结果不准确扣10分 | |
| 6 | 清场 | 桌面整洁卫生，清洗器具，仪器药品归位 | 10 | 1. 未清场扣10分<br>2. 清场不彻底扣5分 | |
| 合计 | | | 100 | | |

**表8-10　羟丙甲纤维素含量测定考核配分与评分标准表**

| 序号 | 考核内容 | 考核要点 | 配分 | 评分标准 | 得分 |
|---|---|---|---|---|---|
| 1 | 职业素养 | 着装、举止 | 1 | 无白大衣、着装不整洁、举止不文明扣除此分 | |
| | | 仪容、佩饰 | 1 | 化浓妆、染甲、长甲及手戴佩饰者扣除此分 | |
| | | 爱护仪器、遵守仪器使用规定 | 4 | 违规损坏仪器者扣除此分 | |
| | | 节约水电、药品、试剂，环保意识 | 2 | 浪费水电、药品、任意处置试剂及药品者扣除此分 | |
| | | 实验秩序（步骤、台面清晰有序） | 2 | 实验秩序混乱扣除此分 | |

续表

| 序号 | 考核内容 | 考核要点 | 配分 | 评分标准 | 得分 |
|---|---|---|---|---|---|
| 2 | 实验操作（第一法：气相色谱法） | 系统适应性实验：<br>1. 开机顺序正确<br>2. 进行系统适应性试验并得出相关结论 | 15 | 1. 操作不规范每项扣5分<br>2. 结论不准确每项扣10分 | |
| | | 供试品溶液与对照品溶液的制备：<br>1. 分析天平使用规范、熟练<br>2. 容量瓶洗涤规范、熟练<br>3. 移液、振摇操作规范、熟练<br>3. 对照品加入量计算准确 | 30 | 1. 分析天平操作不规范，称量不准确扣10分<br>2. 容量瓶不清洗扣10分<br>3. 移液不准确，振摇渗漏扣5分<br>4. 对照品加入量计算错误本项不得分<br>5. 操作不熟练酌情扣分 | |
| | | 供试品的测定：<br>1. 气相色谱仪使用规范、熟练<br>2. 测定结果处理准确 | 25 | 1. 操作不规范每项扣5分<br>2. 结果处理不准确扣10分<br>3. 操作不熟练酌情扣分 | |
| | 实验操作（第二法：容量法） | 仪器组装：<br>1. 玻璃仪器清洗干净<br>2. 仪器组装正确，熟练<br>3. 进行气密性检查 | 15 | 1. 仪器未清洗扣5分<br>2. 仪器组装不正确此项不得分<br>3. 未进行气密性检查扣10分<br>4. 操作不熟练酌情扣分 | |
| | | 供试品及空白样品的测定：<br>1. 分析天平使用规范、熟练<br>2. 蒸馏操作规范，熟练<br>3. 正确洗涤移液管，并用待测溶液润洗2～3次<br>4. 滴定操作规范，终点判断准确<br>5. 移液操作规范，体积准确<br>6. 结果计算正确 | 55 | 1. 分析天平操作不规范，称量不准确扣10分<br>2. 蒸馏操作不规范扣20分<br>3. 移液管未清洗扣5分<br>4. 滴定操作不规范扣20分<br>5. 滴定终点判断不准确本项不得分<br>6. 移液操作不规范，体积不准确扣10分<br>7. 结果计算错误扣20分 | |
| 3 | 仪器清洗 | 清洗仪器规范、正确 | 10 | 仪器未清洗本项不得分 | |
| 4 | 清场 | 桌面整洁卫生，清洗器具，仪器药品归位 | 10 | 1. 未清场扣10分<br>2. 清场不彻底扣5分 | |
| 合计 | | | 100 | | |

注：实验中采用气相色谱法时请在第一法处打分，使用容量法时请在第二法处打分。

**表8－11 羧甲淀粉钠含量测定配分与评分标准表**

| 序号 | 考核内容 | 考核要点 | 配分 | 评分标准 | 得分 |
|---|---|---|---|---|---|
| 1 | 职业素养 | 着装、举止 | 1 | 无白大衣、着装不整洁、举止不文明扣除此分 | |
| | | 仪容、佩饰 | 1 | 化浓妆、染甲、长甲及手戴佩饰者扣除此分 | |

续表

| 序号 | 考核内容 | 考核要点 | 配分 | 评分标准 | 得分 |
|---|---|---|---|---|---|
| 1 | 职业素养 | 爱护仪器、遵守仪器使用规定 | 4 | 违规损坏仪器者扣除此分 | |
| | | 节约水电、药品、试剂，环保意识 | 2 | 浪费水电、药品、任意处置试剂及药品者扣除此分 | |
| | | 实验秩序（步骤、台面清晰有序） | 2 | 实验秩序混乱扣除此分 | |
| 2 | 称重 | 1. 分析天平使用规范、熟练<br>2. 称重准确 | 15 | 1. 操作不规范每项扣5分<br>2. 称重不准确扣10分<br>3. 操作不熟练酌情扣分 | |
| 3 | 回流操作 | 1. 仪器组装正确<br>2. 移液操作规范，体积准确<br>3. 回流操作规范、熟练 | 20 | 1. 回流装置组装不正确扣10分<br>2. 移液管使用不规范，体积不准确扣10分<br>3. 回流操作不规范扣10分 | |
| 4 | 滴定 | 1. 正确开机<br>2. 正确选择电极<br>3. 滴定管检漏<br>4. 正确洗涤滴定管，并用滴定液润洗2～3次<br>5. 滴定操作规范、熟练<br>6. 终点颜色适宜，读数准确 | 35 | 1. 开机操作不正确扣10分<br>2. 电极选择错误扣20分<br>3. 滴定管未检漏或未润洗各扣5分<br>4. 终点过、读数不准确扣10分<br>5. 操作不熟练酌情扣分 | |
| 5 | 计算和结论 | 计算结果准确 | 10 | 结果不准确扣10分 | |
| 6 | 清场 | 桌面整洁卫生，清洗器具，仪器药品归位 | 10 | 1. 未清场扣10分<br>2. 清场不彻底扣5分 | |
| 合计 | | | 100 | | |

### （二）思考题

1. 阿司匹林的各检查项目主要针对何种杂质，有何危害？

2. 处方中玉米淀粉、羟丙甲纤维素及羧甲淀粉钠在阿司匹林肠溶片的制备中各有何作用？

3. 气相色谱适用于哪些物质的测定？羟丙甲纤维素为什么可以用气相色谱测定含量？

扫码“学一学”

## 任务2　制备阿司匹林肠溶片

### 一、技能要求

1. 掌握片剂生产工艺流程，能按照工艺规程完成阿司匹林素片的制备。

2. 掌握薄膜包衣的工艺流程，能按照工艺规程完成阿司匹林素片的包衣操作。

3. 会按照旋转式压片机、高效包衣机和铝塑包装机的操作规程，完成阿司匹林片的压片、包衣和铝塑泡罩包装的工艺过程。

4. 能对阿司匹林肠溶片进行质量检查。

## 二、物品准备

**1. 药品与试剂** 阿司匹林、玉米淀粉、羟丙甲纤维素、羧甲淀粉钠、丙烯酸树脂Ⅱ号、丙烯酸树脂Ⅲ号、邻苯二甲酸二乙酯、蓖麻油、聚乙二醇 400、95% 乙醇、纯化水等。

**2. 仪器与设备** 湿法混合制粒机、流化沸腾制粒机、旋转压片机、高效包衣机、铝塑复合包装机、崩解仪、电子分析天平等。

## 三、相关指导

### （一）任务介绍

片剂系指原料药物或与适宜的辅料制成的圆形或异形的片状固体制剂。片剂以口服普通片为主，另有含片、舌下片、口腔贴片、咀嚼片、分散片、可溶片、泡腾片、阴道片、阴道泡腾片、缓释片、控释片、肠溶片与口崩片等。本次实训任务是制备规格为 300mg/片的阿司匹林肠溶片 10000 片。其处方与制法如下：

**【处方】**

| 原辅料 | 用量/10000 片 |
|---|---|
| 阿司匹林 | 3.00kg |
| 玉米淀粉 | 适量 |
| 羧甲淀粉钠 | 60g |
| 羟丙甲纤维素（黏合剂） | 2% |
| 羟丙甲纤维素（隔离层材料） | 15g |
| 聚乙二醇 400 | 35g |
| 丙烯酸树脂Ⅱ号 | 55g |
| 丙烯酸树脂Ⅲ号 | 55g |
| 邻苯二甲酸二乙酯 | 800g |
| 蓖麻油 | 20g |
| 95% 乙醇 | 1300g |
| 纯化水 | 适量 |

扫码“看一看”

**【制法】**

阿司匹林粉碎过 80 目筛，淀粉用 100 目过筛，并在 80℃烘干 24 小时。把淀粉先用纯化水稀释，再用沸水冲熟成淀粉糊，羟丙甲纤维素泡制 24 小时待用。把粉碎好的阿司匹林原料倒入湿法混合制粒机内，加入淀粉糊和羟丙甲纤维素（黏合剂）混合并制成适宜颗粒，于沸腾干燥机上干燥。干颗粒过 16 目筛整粒，加入羧甲淀粉钠混匀。中间品待化验合格后，采用旋转式压片机压成素片。用纯化水溶解羟丙甲纤维素（隔离层材料）过夜，次日加入 95% 乙醇搅拌后再加入聚乙二醇 400，最后混匀即得隔离层溶液。将阿司匹林素片投入到高效包衣机内，于 45～50℃下匀速喷入隔离层溶液，约 30 分钟喷完，干燥得中间体。用95%乙醇1000ml溶解丙烯酸树脂Ⅱ号和Ⅲ号过夜，次日加入邻苯二甲酸二乙酯，蓖麻油搅拌均匀，过100目筛，得肠溶层溶液。将已喷有隔离层的阿司匹林片投入高效包衣机内，于50~55℃下喷入肠溶层溶液，约2小时喷完，干燥后得阿司匹林肠溶片成品。

### （二）片剂的生产工艺流程及环境要求

按GMP要求，片剂的生产环境洁净度要求为D级，对于包衣片剂来讲，其制备一般分为压片物料的制备、压片、包衣和包装等过程。其中，压片和包衣是关键工序。片剂生产工艺流程见图8-2。

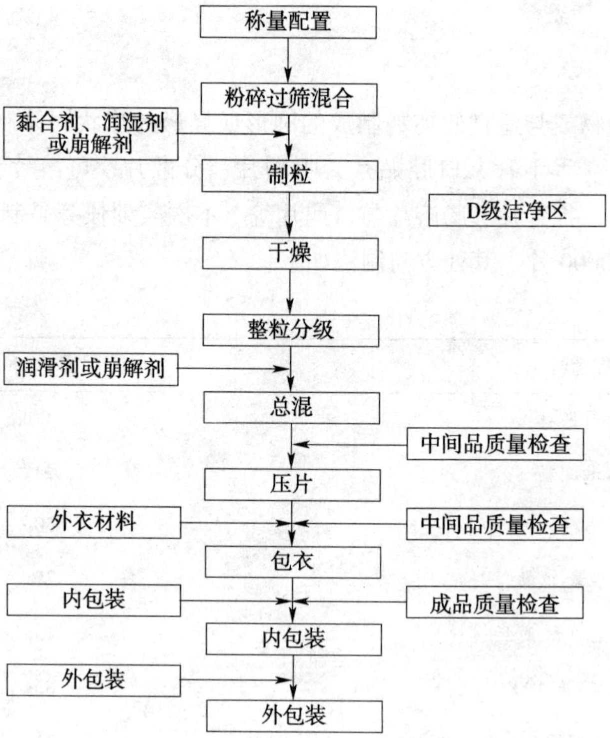


图8-2 片剂的生产工艺流程图

### （三）片剂生产过程质量控制点及其检查要求

湿法制粒压片法是制备片剂常用的方法，其步骤多、工艺复杂，片剂生产过程中的质量控制点及其检查要求见表8-12。

**表8-12 片剂生产过程质量控制点及检查要求**

| 工序 | 监控点 | 监控项目 | 频次 |
| --- | --- | --- | --- |
| 粉碎过筛 | 原辅料 | 异物 | 1次/批<br>1次/批 |
| | 粉碎过筛 | 细度、异物 | 1次/班<br>随时/班 |
| 配料 | 称量 | 磅秤调零、有称量人、复核人，并签字 | 1次/班 |

续表

| 工序 | 监控点 | 监控项目 | 频次 |
|---|---|---|---|
| 制粒 | 颗粒 | 黏合剂外观、浓度与温度，润湿剂浓度，混合时间、速度 | 1 次/批 |
| | | 筛网无破损、筛目 | |
| 干燥 | 热风循环烘箱 | 温度、时间 | 随时/班 |
| | 流化床 | 温度、风压 | 随时/班 |
| | 干粒 | 水分 | 1～2 次/批 |
| 整粒 | 筛网 | 规格 | 1 次/批 |
| | 干粒 | 无异物，粒度均匀 | 1 次/批 |
| 总混 | 混合物料 | 时间、含量、混粉得量 | 1 次/批 |
| 压片 | 片子 | 外观 | 随时/班 |
| | | 平均片重 | 随时/班 |
| | | 片重差异 | 1～2 次/班 |
| | | 硬度、脆碎度、崩解时限 | 1 次以上/批 |
| | | 含量、均匀度、溶出度 | 每批 |
| 包衣 | 包衣片 | 外观 | 随时/班 |
| | | 含量 | 随时/班 |
| | | 片重差异 | 随时/班 |
| | | 崩解时限 | 定时/班 |
| 内包材 | 铝箔 | 清洁度、密封性、批号 | 1 次/每班 |
| | PVC 膜 | 清洁度、密封性、批号 | 1 次/每班 |
| 外包装 | 装盒 | 批号、数量、说明书、封口签 | 随时/班 |
| | 标签、说明书 | 批号、内容、数量、使用记录 | 随时/班 |
| | 装箱 | 批号、数量、装箱单、印刷内容 | 随时/班 |
| | 标签、小盒、大箱 | 批号、生产日期、有效期至 | 打印前核对 |

### （四）主要设备介绍

#### 1. 旋转式压片机

旋转式压片机主要由动力部分、减速传动部分、工作部分（转盘、压轮、片重调节器、压力调节器、加料斗、强迫加料器、吸尘器、筛片机）等组成。工作时由转盘的旋转带动多组冲模作顺时针旋转。物料由加料斗通过强迫加料器流入位于下方中模圈的模孔中。在转盘回转到压片部分时，上冲与下冲在两个压轮的作用下将物料压制成片。压片后，下冲上升将药片从模孔中顶出，在转盘运转到加料器处靠加料器的挡板将药片推出转盘，由出片器导出到筛片机内，筛除杂质及异物后完成整个压片过程。旋转式压片机结构见图 8－3。

#### 2. 高效包衣机

高效包衣机是对素片（片芯）外表面进行包制薄膜衣或糖衣等的包衣设备。主要结构包括包衣锅、送风系统、排风系统、喷雾输液系统及程序控制系统等部分。根据包衣机锅体结构的不同，高效包衣机又可分为网孔式、间隔网孔式及无孔式三种，其中网孔式和间隔网孔式高效包衣机统称为有孔高效包衣机。工作时被包衣的片芯在包衣锅内作连续复杂的轨迹运动。包衣材料经过蠕动泵和有气喷枪自动地喷洒在片芯表面，热风柜按设定的程序和温度向片床供给洁净的热风对药片进行干燥，热风穿过片芯间隙及底部网孔，由排风柜把废气排出，使片芯表面快速形成坚固、细密、光滑圆整的薄膜。高效包衣机结构见图 8 –4。

图 8 –3　旋转式压片机

图 8 –4　高效包衣机

## 四、实训操作

### （一）生产前准备

**1. 各工序现场检查**　检查该工序的房间、设备、容器具、模具等是否清洁，并在有效期内；检查该工序的设备是否完好；检查该工序所需的原辅料、容器具等是否领取，模具是否正确安装。QA 对生产前检查结果复核后，签发生产许可相关信息。生产设备及生产车间更换相应的状态标志。

**2. 领取生产所用物料**　检查所用物料名称、批号、数量等信息，检查物料是否在规定的效期内，外包装是否完好、清洁，办理物料交接手续，并签字记录。

### （二）制颗粒

阿司匹林粉碎后过 80 目筛，淀粉过 100 目筛后 80℃烘干 24 小时。把淀粉先用纯化水稀释，再用沸水冲熟，制成淀粉浆。羟丙甲纤维素泡制 24 小时备用。把粉碎好的阿司匹林原料倒入湿法混合制粒机内，混合均匀后加入淀粉浆及羟丙甲纤维素制成湿颗粒。将湿颗粒置于流化沸腾制粒机内进行干燥，使物料温度不高于 65℃。干燥结束后用 16 目筛整粒，得到阿司匹林干颗粒。

粉碎、过筛、制粒、干燥等具体操作详见颗粒剂生产实训项目。

（三）总混

检查三维运动混合机清洁情况及设备状态，检查混合机警戒线内有无杂物，更换设备状态标志。接通电源并进行试运转，检查无误后停机，并将混合筒转至初始位置。打开加料口盖，将阿司匹林干颗粒置于混合筒内，按处方量加入羧甲淀粉钠，盖好加料口盖。开机，设定混合时间20分钟。混合结束后先将混合筒转至初始位置，由出料口放出物料。生产结束更换设备状态标志。总混过程注意事项如下：

1. 混合机开启前必须确保其警戒线内无人员及杂物，混合过程中也不得随意进入警戒线内，以防发生误伤。

2. 为了防止物料损失，可在混合机加料口及出料口处各接一个接料袋。

3. 混合结束需对中间品进行游离水杨酸及阿司匹林含量的检查。

（四）压片

**1. 压片前准备**

（1）工作区检查已清洁，不存在与目前生产无关的记录或残留物料等；已准备好批生产记录和足够数量的标签来标明生产区、设备和容器状态；所有与产品接触的部件已清洁并干燥，不存在上批产品留下的颗粒及残留物。

（2）检查下列部件：旋转式压片机（转盘及机罩内部）；加料斗、下料管、强迫加料器、上下冲、中模圈、中模顶丝、集油环及出片器。

（3）将生产区和物料桶挂上标签，标明产品名称、批号、日期和签名。

**2. 装配**

（1）按批生产记录取好所需的下料管、强迫加料器、上下冲、中模圈、中模顶丝及集油环，检查冲头及中模圈是否完好，有无受损，是否涂抹适当润滑油。检查其他部件是否变形、受损，光洁度是否良好。

（2）按顺序安装中模圈、上下冲、强迫加料器、下料管等部件，安装完成手动盘车检查安装是否良好。

**3. 生产**

（1）从中间站领取合格的半成品颗粒，检查是否贴好物料标签，标明产品名称、批号、重量、桶数；用清洁的专用料铲将物料加入下料斗内，拉出下料挡板。

（2）点击强迫加料，使物料充满下料管及强迫加料器内。

（3）点击点动，按批生产记录的要求调节压片机填充量及主压力，使片重及硬度符合要求。

（4）取样大约100片左右，经质检员检测，合格后开机。

（5）药片经过筛片后置于套有双层聚乙烯袋的接料桶内，贴好标签，标明产品名称、批号、重量、桶数、日期并签名。

**4. 注意事项**

压片过程中应随时观察片剂外观及加料内物料多少，应保证加料斗内物料不少于总体积的1/3。每隔30分钟检查一次平均片重，每班检查片重差异1~2次。若发现中控指标异常，应及时调节填充量、主压力或机器转速等参数。

**5. 旋转式压片机标准操作规程** 见表8-13。

**表 8-13 ZP-35A 旋转式压片机标准操作规程**

| | | | | |
|---|---|---|---|---|
| 题目：ZP-35A 旋转式压片机标准操作规程 | | | 登记号：SOP-SB-＊＊＊＊ | 页数：1/2 |
| 批准： | 日期：　年　月　日 | 制定： | 制定日期：　年　月　日 | 生效日期：　年　月　日 |
| 审核： | 日期：　年　月　日 | 颁发部门：质管部 | 颁发人： | 版本号：　＊ |
| 分发部门：质量总监、生产总监、设备总监、设备部、口服车间 | | | | |

| 标题 | 正文 | 负责人 |
|---|---|---|
| 1. 目的 | 建立旋转式压片机的操作标准程序。 | 操作工 |
| 2. 范围 | 适用于旋转式压片机的操作过程。 | 维修工 |
| 3. 责任 | 操作工、车间管理人员对本规程的实施负责，工程部负责人对本规程的过程有效执行监督检查责任。 | 设备管理员 |
| 4. 内容 | | |
| 4.1 | 开机前的检查工作： | |
| 4.1.1 | 机台上是否有异物体，如有应及时取出。 | |
| 4.1.2 | 检查配件及模具是否齐全。 | |
| 4.1.3 | 准备好接料容量。 | |
| 4.2 | 操作步骤： | |
| 4.2.1 | 打开右侧门，装上盘车手轮。 | |
| 4.2.2 | 装配好冲模，加料器、加料斗。 | |
| 4.2.3 | 转动手轮，空载运行 1～3 圈，检查冲模运动是否灵活自如，正常。 | |
| 4.2.4 | 合上操作台左侧的电源开关，面板上电源指示灯 $H_1$ 点亮，压力显示 $P_1$ 显示压片支撑力，转速表 $P_2$ 显示“0”，其余部件应无指示。 | |
| 4.2.5 | 转动盘车手轮，检查充填量大小和片剂成型情况。 | |
| 4.2.6 | 拆下手轮，合上侧门。 | |
| 4.2.7 | 压片和准备工作就绪，面板上无故障，显示一切正常，开机，按动增压点动钮，将压力显示调整所需压力，按动无级调速键调整频率至所需转速。 | |
| 4.2.8 | 充填量调整：充填人调节空安装，在机器前面中间两只调节手轮控制。中左调节手轮控制后压轮压制的片重。中右调节手轮按顺时针方向旋转时，充填量减少，反之增加。其充填的大小由测度指示，测度带每转一大格，充填量就增减 1 毫米，刻度盘每转一格，充填量就增减 0.01 毫米。 | |
| 4.2.9 | 片厚度的调节：片剂的厚度调节是由安装在机器前面两端的二只调节手轮控制。左端的调节手轮控制前压轮压制的片厚，右端的调节手轮控制后压轮压制的片厚。当调节手轮按顺时针方向旋转时。片厚增大，反之片厚减少。片剂的厚度由测度显示，刻度带每转过一大格，片剂厚度增大（减少）1 毫米，刻度盘每转过一格，片剂的厚度增大（减少）0.01 毫米。 | |
| 4.2.10 | 粉量的调整：当充填量调妥后，调整粉子的流量。首先松开斗架侧面的滚花，再旋转斗架顶部的滚花，调节料斗口与转台工作面的距离，或料斗上提粉板的开启距离，从而控制粉子的流量。 | |
| 4.2.11 | 所有调试完毕后，即可正式生产。 | |
| 4.3 | 停机前先降低转速，点击“停止”，关闭电源。 | |

## （五）包衣

### 1. 包衣前准备

（1）工作区检查已清洁，不存在与目前生产无关的记录或残留物料等；已准备好批生产记录和足够数量的标签来标明生产区、设备和容器状态；所有与产品接触的部件已清洁并干燥，不存在上批产品留下的片剂及残留物。

（2）检查下列部件：高效包衣机（喷枪、包衣锅、导风罩）；配料锅；蠕动泵；热风柜；排风柜。

（3）将生产区和物料桶挂上标签，标明产品名称、批号、日期和签名。

**2. 装配**

（1）按批生产记录取好所需的包衣锅及导风罩，检查包衣锅是否已清洁，表面是否光洁完好，有无受损。检查导风罩是否与包衣锅型号匹配，有无变形、受损，光洁度是否良好。

（2）将包衣锅及导风罩正确安装，并检查连接是否牢固，导风罩密封是否良好，关闭包衣机保护门。

**3. 生产**

（1）从中间站领取合格的阿司匹林素片，检查是否贴好物料标签，标明产品名称、批号、重量、桶数；用清洁的专用料铲将物料加入包衣锅内，关闭包衣机门。

（2）接通电源，启动包衣机，点击包衣机“转动”按钮，使包衣锅达到规定转速。设定相应的进风温度及风机频率，使片床温度稳定在50～55℃。

（3）将包衣料液的输送管及压缩空气管与喷枪相连，调节蠕动泵转速及雾化压力，使包衣液呈雾状由喷枪喷出，调节好后关闭蠕动泵。将调节好的喷枪推入包衣锅内，适当调整喷枪角度，使其正对片床中部。将喷枪固定于包衣锅壁上，关严包衣机门。

（4）开启蠕动泵，进行包衣。包衣过程大约需要2小时。待基片表面有薄薄一层包衣料时，可将包衣锅转速调整为3.8～4.2r/min，当包衣料消耗一半时，可将包衣锅转速调整为4.8～5.2r/min。

（5）待包衣料喷完后，先关闭蠕动泵，将喷枪从锅内拿出，将锅转速调整为2.5～3.2r/min，保持进风温度，对片床进行干燥。

（6）操作完毕关闭包衣机并出料，置于套有双层聚乙烯袋的接料桶内，贴好物料标签，标明产品名称、批号、重量、桶数、日期并签名。

**4. 注意事项**

（1）包衣过程应随时检查药片外观及增重情况，根据增重情况适当调整蠕动泵转速，以防包衣速度过快，导致片床黏连。

（2）开始包衣后若片床温度及出风温度急剧下降，说明蠕动泵转速过快，应适当降低转速，以免片床黏连。

（3）正式包衣之前应对喷枪的雾化压力及蠕动泵转速进行调节，有条件的还应适当调整“扇面压力”，使雾状料液的扇面与片床宽度相一致，以减少料液的损失。

（4）包衣料液多采用有机溶剂，应注意防火、防爆。

**5. BG－150E高效包衣机标准操作规程** 见表8－14。

**表8－14 BG－150E高效包衣机标准操作规程**

| | | | | | |
|---|---|---|---|---|---|
| 题目：BG－150E高效包衣机标准操作规程 | | | 登记号：SOP－SB－＊＊＊＊ | 页数：1/2 | |
| 批准： | 日期： 年 月 日 | 制定： | 制定日期： 年 月 日 | 生效日期： 年 月 日 | |
| 审核： | 日期： 年 月 日 | 颁发部门：质管部 | 颁发人： | 版本号： | ＊ |
| 分发部门：质量总监、生产总监、设备总监、设备部、口服车间 | | | | | |

续表

| 标题 | 正文 | 负责人 |
|---|---|---|
| 1. 目的 | 建立高效包衣机的操作标准程序。 | 操作工 |
| 2. 范围 | 适用于高效包衣机的操作的过程。 | 维修工 |
| 3. 责任 | 操作工、车间管理人员对本规程的实施负责，工程部负责人对本规程的过程有效执行承监督检查责任。 | 设 备 |
| 4. 内容 | | 管理员 |
| 4.1 | 开机前的检查工作： | |
| 4.1.1 | 检查生产现场、设备、容器的清洁状态，检查《清场合格证》，并核对其有效期。取下“已清洁”标示牌，挂上《生产状态标志》，按岗位工艺指令填写工作状态。 | |
| 4.1.2 | 检查设备各部件、配件是否齐全，紧固件有无松动，如发现异常，及时排除或报告有关人员。 | |
| 4.1.3 | 检查机器润滑情况是否良好。 | |
| 4.1.4 | 检查电器控制面板各仪表及按钮、开关是否完好。 | |
| 4.1.5 | 按岗位工艺指令核对物料品名、规格、批号、数量等。 | |
| 4.1.6 | 按岗位工艺指令配好包衣液。 | |
| 4.2 | 操作步骤： | |
| 4.2.1 | 打开电源开关，开启压缩空气总阀及各压缩空气分阀，确定 PLC 显示正常。 | |
| 4.2.2 | 在显示屏上关闭 PLC 信息框，点击“系统监控”，进入“系统监控”画面。点击“自动”，进入自动生产画面。 | |
| 4.2.3 | 打开视灯；点击“温控”，设定温度，并开启。返回原画面；打开“热风”，热风机运转；再打开“匀浆”，主机运转。<br>确认正常后，打开“排风”，负压显示表指针偏向负压。打开“喷浆”，确定运转后立即关闭。然后关闭“热风”，观察热风温度是否已有下降倾向。 | |
| 4.2.4 | 待温度冷却后，关闭“匀浆”，关闭“排风”，打开包衣滚筒门，加入片芯。 | |
| 4.2.5 | 开启“热风”，让片芯预热，同时打开“匀浆”，转一圈后关闭。（若片芯质量较好，可低转速一直转动主机，并开着“排风”。）预热完毕，关闭“热风”，关闭“匀浆”，开启“排风”。 | |
| 4.2.6 | 开启喷枪减压阀，打开包衣滚筒门移出喷枪，一手捏紧喷枪气管，时放时捏，打开喷枪气开关，同时，检测喷枪通气情况，再开启“喷浆”。待包衣液快流至喷枪口处，捏紧包衣液管，时松时捏，看流出情况是否顺畅。 | |
| 4.2.7 | 确认喷枪喷雾，流畅后，关闭喷枪气开关，关闭“喷浆”，关上包衣滚筒门，并将喷枪外调节旋钮调小。 | |
| 4.2.8 | 调整主机转速 10.0 后，打开“主机”“热风”“排风”，开启喷枪气阀门，打开“喷浆”，调节喷枪外调节旋钮，逐渐加大（调节时要左右旋转，逐渐增大），至适宜喷雾度。包衣过程中不断调整喷枪喷量，并注意控制片芯受热温度，直至片芯包衣完成。 | |
| | 结束操作： | |
| 4.3 | 包衣结束，首先关闭“温控”开关，返回，再关闭喷浆，等喷枪喷出量减少了，降 | |
| 4.3.1 | 低主机转速，然后关闭喷枪气开关，待冷却后关闭“热风”、“排风”、“匀浆”。 | |
| 4.3.2 | 打开喷枪滚筒，移出喷枪，将内外出料斗固定在滚筒上，连接好盛装药片容器，开启“匀浆”开关，筒内药片将自动落入外接容器中。 | |
| 4.3.3 | 工作完毕，关闭压缩空气分阀，关闭压缩空气总阀，关闭总电电源。 | |

### （六）包装

**1. 包装前准备**

（1）工作区检查已清洁，不存在与目前生产无关的记录或残留物料等；已准备好批生产记录和足够数量的标签来标明生产区、设备和容器状态；所有与产品接触的部件已清洁并干燥，不存在上批产品留下的片剂及残留物。

（2）检查下列部件：铝塑泡罩包装机各部件是否有松动或错位现象。

（3）将生产区和物料桶挂上标签，标明产品名称、批号、日期和签名。

**2. 装配**

（1）按批生产记录取好与中间品相适应的成型、热封、冲裁下模具，导向板。

（2）将换好字钉的热封上模装上，使上下模边齐大致相等。将 PVC 塑片和 PTP 铝箔分别安装在各自的支撑架上。

（3）接通气源、水源，并检查有无渗漏现象。

**3. 生产**

（1）打开电源，接通压缩空气及冷却水。

（2）打开加热开关，待加热温度达到设定值后，点击点动按钮，使成型下模打开。将 PVC 膜穿过成型模具与夹持气缸，放下上加热板。点击启动，调节主机转速，使主机低速运行，待 PVC 成型后并走出 3 米左右停机。

（3）将 PVC 端头剪齐，翻转 180°穿入平台，包住主动辊，并用压辊压紧。点击启动按钮，使 PVC 走出 1.5 米后停机。

（4）将 PVC 膜穿过打字装置及冲裁装置，点击启动，观察打字及冲裁位置。

（5）将铝箔穿过热压辊，点击热压及启动按钮，观察封合效果。

（6）将阿司匹林肠溶片加入主料斗，打开上料按钮，点击启动开始生产。

**4. 注意事项**

（1）成型、热封、压痕等部位的压力不宜过大，否则影响使用。

（2）设备运转时，台面上不得有任何工器具。

（3）如按动急停按钮，需向右旋转复位后方能启动主机。

（4）为了安全生产，应按接地标牌指定位置接入地线。

**5. 平板式铝塑泡罩包装机标准操作规程** 见表 8－15。

**表 8－15 DPP－250C 型平板式铝塑泡罩包装机标准操作规程**

| | | | | | |
|---|---|---|---|---|---|
| 题目：DPP－250C 型平板式铝塑泡罩包装机标准操作规程 | | | 登记号：SOP－SB－＊＊＊＊ | 页数：1/2 | |
| 批准： | 日期： 年 月 日 | 制定： | 制定日期： 年 月 日 | 生效日期： 年 月 日 | |
| 审核： | 日期： 年 月 日 | 颁发部门：质管部 | 颁发人： | 版本号： | ＊ |
| 分发部门：质量总监、生产总监、设备总监、设备部、口服车间 | | | | | |

| 标题 | 正文 | 负责人 |
|---|---|---|
| 1. 目的 | 建立一个 DPP－250C 型平板式铝塑泡罩包装机标准操作规程。 | 操作工 |
| 2. 范围 | 适用于 DPP－250C 型平板式铝塑泡罩包装机。 | 维修工 |

续表

| 标题 | 正文 | 负责人 |
|---|---|---|
| 3. 责任 | 操作工、车间管理人员对本规程的实施负责，工程部负责人对本规程的过程有效执行承监督检查责任。 | 设备管理员 |
| 4. 内容 | | |
| 4.1 | 开机前的检查工作： | |
| 4.1.1 | 用75%酒精擦拭料斗，模具、台面等部位，晾干。检查机器各部件是否有松动或错 | |
| 4.1.2 | 位现象，进行校正并加以紧固。 | |
| 4.1.3 | 接通电源、气源、水源，检查有无渗漏现象。 | |
| 4.1.4 | 将PVC和铝箔分别安装在各自承料轴上。 | |
| 4.1.5 | 确认供电电源和各电器一切正常后，将电气箱内各分路保险开关打开。 | |
| 4.1.6 | 接通电源，打开总开关，再点动设备，观察运转情况，主轴应按顺时针方向旋转，否则应调换主电机相序。 | |
| 4.1.7 | 检查批号装置，确保与来料中间体批号相同。 | |
| 4.2 | 操作步骤： | |
| 4.2.1 | 开启电源，打开供气阀、供水阀。 | |
| 4.2.2 | 将所需的模板、台面、刀片等安装到位。 | |
| 4.2.3 | 串好PVC和铝箔，在视屏操作界面设定好上加热、下加热和热封的温度。 | |
| 4.2.4 | 将机器运行起来，进行牵引气夹的调整，松开锁紧螺钉进行移动，保证气夹边沿与泡罩有1～2mm的间隙，并能使泡罩顺利通过。 | |
| 4.2.5 | 观察冲裁的效果，分别调整成型模具、热封模具、压痕模具及冲裁模具，使包装符合要求。 | |
| 4.2.6 | 所有模具调整正常后进行空车运行，泡罩正常方可进行生产。 | |
| 4.3 | 生产结束后按屏幕停止键关闭电源，然后关闭进气阀、进水阀结束生产。 | |

## 五、实训考核与思考

### （一）考核项目评分表

压片岗位、包衣岗位、包装岗位考核项目评分表见标准8－16～表8－18。

**表8－16　压片岗位配分与评分标准表**

| 序号 | 考核内容 | 考核要点 | 配分 | 评分标准 | 得分 |
|---|---|---|---|---|---|
| 1 | 人员净化 | 人员按《医务人员手卫生规范》对手进行正确清洗消毒 | 1 | 洗手动作不规范或未进行洗手、消毒扣除本项分数 | |
| | | 着一般生产区与D级生产区工作服与鞋顺序正确、规范 | 1 | 更衣顺序错误或未按规定着相应洁净服扣除本项分数 | |
| | | 人员进出D级生产区卫生净化流程正确、规范 | 1 | 进出洁净区顺序错误扣除本项分数 | |
| 2 | 生产前检查 | 按生产指令检查操作间温度、相对湿度、静压差并记录 | 5 | 1. 未检查温、湿度、静压差等每项扣1分<br>2. 不倒扣分 | |

续表

| 序号 | 考核内容 | 考核要点 | 配分 | 评分标准 | 得分 |
|---|---|---|---|---|---|
| 3 | 领取物料 | 1. 按GMP要求对称量器具的有效性进行检查<br>2. 按GMP中对物料管理的要求及生产指令对岗位生产用物料进行复核、领用与现场管理 | 4 | 1. 未检查称量器具的有效性扣2分<br>2. 未对物料进行复核扣2分<br>3. 领取物料错误扣除本项分数 | |
| 4 | 压片机安装与调试 | 1. 操作间及设备状态标志检查；记录情况<br>2. 按生产指令规范检查冲模的大小、类型和磨损情况<br>3. 按要求对冲模及各零部件进行清洁消毒<br>4. 各零部件安装顺序正确，位置准确，动作规范<br>5. 手动盘车检查各部件安装情况 | 21 | 1. 未检查操作间及设备状态扣2分<br>2. 未检查冲模大小扣5分<br>3. 未对冲模及零部件进行清洁消毒扣5分<br>4. 零部件安装顺序错误扣除本项分数<br>5. 未检查手动盘车安装情况扣10分<br>6. 不倒扣分 | |
| 5 | 压片 | 1. 及时更换状态标志<br>2. 规范启动压片机进行试压片<br>3. 规范调节填充量与主压力，使片剂符合要求<br>4. 能够正确处理压片过程中遇到的问题 | 19 | 1. 未更换状态标志扣2分<br>2. 启动压片机顺序错误扣5分<br>3. 填充量与主压力调节不正确（包括大小调节错误或手轮选择错误）每次扣2分<br>4. 不倒扣分 | |
| 6 | 清场 | 1. 对中间产品、多余物料等处理规范，对盛装物料的容器准确宣贯标示，动作规范<br>2. 拆卸冲模、料斗、加料器顺序合理，工作规范<br>3. 清洁机器顺序合理，动作规范<br>4. 清洁工作间顺序合理，动作规范<br>5. 正确填写、适时悬挂“待清场”和“已清场”状态标志 | 17 | 1. 中间品或多余物料未按要求处理各扣3分<br>2. 未拆卸冲模或各部件每项扣1分<br>3. 机器清洁顺序不合理扣5分<br>4. 工作间清洁顺序不合理扣5分<br>5. 未适时悬挂正确的状态标志每次扣2分<br>6. 不倒扣分 | |
| 7 | 生产记录填写 | 生产记录填写符合GMP要求，内容真实、准确 | 15 | 1. 生产记录填写不完整每处扣1分<br>2. 内容不真实、不准确扣除本项分数 | |
| 8 | 产品质量 | 1. 外观完整光洁，色泽均匀<br>2. 片重差异符合药典要求<br>3. 硬度在40～70N内<br>4. 脆碎度符合药典要求 | 16 | 每项4分 | |
| | 合计 | | 100 | | |

**表 8－17　包衣岗位配分与评分标准表**

| 序号 | 考核内容 | 考核要点 | 配分 | 评分标准 | 得分 |
|---|---|---|---|---|---|
| 1 | 职业素养 | 着装、举止 | 2 | 无白大衣、着装不整洁、举止不文明扣除此分 | |
| | | 仪容、佩饰 | 2 | 化浓妆、染甲、长甲及手戴佩饰者扣除此分 | |
| | | 爱护仪器、遵守仪器使用规定 | 2 | 违规损坏仪器者扣除此分 | |
| | | 节约水电、药品，环保意识 | 2 | 浪费水电、药品、任意处置试剂及药品者扣除此分 | |
| | | 实验秩序（步骤、台面清晰有序） | 2 | 实验秩序混乱扣除此分 | |
| 2 | 包衣机安装与检查 | 1. 正确安装包衣锅<br>2. 正确安装导风罩<br>3. 正确连接喷枪压缩空气管路与衣料输送管路，将喷枪推入包衣锅内<br>4. 检查各部件连接是否牢固，导风罩与包衣锅的密封性是否良好 | 20 | 1. 安装顺序错误本项不得分<br>2. 忘记安装一个部件扣 5 分<br>3. 未进行检查扣 10 分 | |
| 3 | 片床预热 | 1. 向包衣锅内加入物料<br>2. 开启风机、加热，调整包衣锅转速<br>3. 控制片床温度为 50～55℃ | 20 | 1. 开机顺序错误扣 10 分<br>2. 片床温度过高扣 10 分 | |
| 4 | 包衣 | 1. 开启蠕动泵，调节雾化压力，使包衣液呈雾状喷出<br>2. 将调节好的喷枪推入包衣锅内并固定于锅壁上<br>3. 根据片床温度变化适当调整蠕动泵转速<br>4. 根据包衣液消耗情况适当调整包衣锅转速<br>5. 定时检查药片外观、增重情况、片重差异、崩解时限<br>6. 包衣液全部喷完后关闭蠕动泵，保持进风温度，对片床进行干燥 | 20 | 1. 未调节喷枪扣 10 分<br>2. 蠕动泵转速过快，片床黏连本项不得分<br>3. 未及时调整包衣锅转速扣 10 分<br>4. 未按要求检查药片外观、增重情况、片重差异、崩解时限每项扣 5 分<br>5. 包衣结束后未对片床进行干燥本项不得分 | |
| 5 | 熟练程度 | 规定时间内完成 | 10 | 超过规定时限扣 10 分 | |
| 6 | 成品质量 | 1. 衣层外观颜色均匀，表面光洁完整<br>2. 片重差异、崩解时限等符合要求 | 10 | 每项检查不合格扣 5 分 | |
| 7 | 清场 | 桌面整洁卫生，清洗器具，仪器药品归位 | 10 | 1. 未清场扣 10 分<br>2. 清场不彻底扣 5 分 | |
| 合计 | | | 100 | | |

**表8-18　包装岗位配分与评分标准表**

| 序号 | 考核内容 | 考核要点 | 配分 | 评分标准 | 得分 |
|---|---|---|---|---|---|
| 1 | 职业素养 | 着装、举止 | 2 | 无白大衣、着装不整洁、举止不文明扣除此分 | |
| | | 仪容、佩饰 | 2 | 化浓妆、染甲、长甲及手戴佩饰者扣除此分 | |
| | | 爱护仪器、遵守仪器使用规定 | 2 | 违规损坏仪器者扣除此分 | |
| | | 节约水电、药品，环保意识 | 2 | 浪费水电、药品、任意处置试剂及药品者扣除此分 | |
| | | 实验秩序（步骤、台面清晰有序） | 2 | 实验秩序混乱扣除此分 | |
| 2 | 泡罩包装机安装与检查 | 1. 正确安装成型、热封、冲裁下模具及导向板<br>2. 更换热封上模上的字钉并正确安装上模<br>3. 将PVC与铝箔安装到各自支撑架上<br>4. 正确连接压缩空气与冷却水管路<br>5. 检查各部件连接是否牢固，压缩空气与冷却水有无渗漏 | 20 | 1. 忘记安装一个部件扣5分<br>2. 忘记更换热封上模上的字钉扣10分<br>3. 未对安装情况进行检查扣10分 | |
| 3 | 包装 | 1. 开机，打开加热开关，对设备进行预热<br>2. 待温度达到设定值后，点击点动，将PVC穿过加热板及成型模具，并走出3米<br>3. 将PVC翻转180°穿入平台，穿过热封合装置，并走出1.5米<br>4. 将PVC穿过打字装置与冲裁装置，检查打字与冲裁位置<br>5. 将铝箔穿过热封合装置，点击启动，检查封合效果<br>6. 向加料斗内加入物料，点击启动开始包装<br>7. 随时检查成型、封合效果及上料质量 | 40 | 1. 开机顺序错误扣10分<br>2. PVC膜走向顺序错误扣20分<br>3. 铝箔走向错误扣20分<br>4. 包装过程未按要求检查成品质量扣20分 | |
| 4 | 熟练程度 | 规定时间内完成 | 10 | 超过规定时限扣10分 | |
| 5 | 成品质量 | 1. 包装整齐，外观完整，字迹清晰，密封良好<br>2. 物料损耗较少 | 10 | 1. 包装不合格扣5分<br>2. 物料损耗过多扣5分 | |

续表

| 序号 | 考核内容 | 考核要点 | 配分 | 评分标准 | 得分 |
|---|---|---|---|---|---|
| 6 | 清场 | 桌面整洁卫生，清洗器具，仪器药品归位 | 10 | 1. 未清场扣 10 分<br>2. 清场不彻底扣 5 分 | |
| 合计 | | | 100 | | |

（二）思考题

1. 颗粒总混时为何选择三维运动混合机？槽型混合机与 V 型混合机是否可以？三种混合设备的适用范围各是什么？

2. 压片机安装时的正确顺序是什么？如顺序错误会导致怎样的结果？

3. 使用高效包衣机包衣过程中如出现片床黏连应考虑哪些原因？如何处理？

## 任务 3　阿司匹林肠溶片质量检查

扫码“学一学”

### 一、技能要求

1. 能按照规定方法对阿司匹林肠溶片生产过程的半成品、成品质量进行检查，并能正确填写检查记录。

2. 能正确使用相关检测仪器、计量器具及其他检测工具，并进行维护保养。

### 二、物品准备

**1. 药品与试剂**　阿司匹林对照品、水杨酸对照品、乙醇、盐酸、硫酸、氢氧化钠、冰醋酸等。

**2. 仪器与设备**　纳氏比色管、智能崩解仪、智能溶出度仪、高效液相色谱仪、电子分析天平等。

### 三、相关指导

对于素片而言，外观上应片形一致，片面光洁，边缘整齐，色泽均匀，不允许有斑点（有色片可稍有深色花斑）、麻点、黏冲、裂片、松片、厚薄片等情况。对于包衣片而言，外形应圆整、光滑、色泽均匀、片面细腻，不得有小珠点、瘪片等情况。同时，对于一般口服片剂，其重量差异或含量均匀度、崩解时限或溶出度、释放度以及微生物限度检查还应符合药品标准相关要求。《中国药典》（2015 年版）规定，阿司匹林肠溶片应检查游离水杨酸、溶出度及重量差异、微生物限度等。同时还应按其含量测定项下方法，采用外标法检查成品中阿司匹林含量。

### 四、实训操作

（一）中间产品质量检查

**1. 干颗粒**

（1）游离水杨酸

取颗粒适量（相当于 5 片），置乳钵中，用乙醇 30ml 分次研磨，并移入 100ml 容量瓶中，超声溶解 5 分钟，放至室温，用水稀释至刻度，摇匀，立即滤过，精密量取续滤液 2ml，置 50ml 纳氏比色管中，用水稀释至 50ml，立即加新制的稀硫酸铁铵溶液（取 1mol/L

的盐酸溶液1ml，置100ml量瓶中，加硫酸铁铵指示液2ml后，再加水适量使成100ml）3ml，摇匀，30秒内如显色，与对照液（精密量取0.01%水杨酸溶液4.5ml，加95%乙醇3ml，0.05%酒石酸溶液1ml，用水稀释至50ml，再加上述新制的稀硫酸铁铵溶液3ml，摇匀）比较，不得更深（1.5%）。

（2）阿司匹林含量

取颗粒适量，混合均匀，研细，精密称取适量（约相当于阿司匹林3g），置100ml量瓶中，超声溶解5分钟，放至室温，再用水稀释至刻度，摇匀，滤过，精密量取续滤液10ml（约相当于阿司匹林0.3g），置200ml锥形瓶中，加中性乙醇20ml，振摇，使阿司匹林溶解，加酚酞指示液3滴，滴加氢氧化钠滴定液（0.1mol/L）至溶液显粉红色，再精密加氢氧化钠滴定液（0.1mol/L）40ml，置水浴（100℃）上加热15分钟并时时振摇，迅速放冷至室温，用硫酸滴定液（0.05mol/L）滴定，并将滴定的结果用空白试验校正。每1ml的氢氧化钠滴定液（0.1mol/L）相当于18.02mg的$C_9H_8O_4$。

$$\text{计算公式为：含量}=\frac{(V_{空白}-V)\times M\times 2\times 0.01802\times \text{理论片量}}{0.1\times W\times 10/100\times 0.3}\times 100\%$$

其中$V_{空白}$为空白消耗硫酸滴定液的体积（ml）；V为样品消耗硫酸滴定液的体积（ml）；M为硫酸滴定液的摩尔浓度（mol/L）；W为样品称样量（g）。

**2. 阿司匹林素片**

（1）外观　白色片，表面光滑，无麻点，无杂质点。

（2）崩解时限　将吊篮悬挂于支架上，浸入1000ml烧杯中，并调节吊篮位置使其下降时筛网距烧杯底部25mm，烧杯内盛有37℃±1℃的0.1mol/L盐酸溶液600ml，0.2mol/L磷酸钠溶液200ml，混匀，用2mol/L盐酸溶液或2mol/L氢氧化钠溶液调节溶液的pH值为6.8±0.05，调节液位高度使吊篮上升时筛网在液面下15mm处。取供试品6片，分别置上述吊篮的玻璃管中，启动崩解仪进行检查。各片均应在15分钟内全部崩解。如有1片崩解不完全，应另取6片，按上述方法复试，均应符合规定。

扫码“看一看”

（3）重量差异　取阿司匹林素片20片，精密称定总重量，求得平均片重后，再分别精密称定各片的重量。每片重量与平均片重相比较，超出重量差异限度的药片不得多于2片，并不得有1片超出限度的1倍。片重差异限度为±5%。

扫码“看一看”

**（二）成品质量检查**

现行版《中国药典》规定，阿司匹林肠溶片应检查游离水杨酸、溶出度及重量差异、微生物限度等。游离水杨酸及重量差异的测定参考半成品的质量检查方法，此处仅介绍溶出度的测定方法。

**1. 酸中溶出量**　取本品，照溶出度与释放度测定法（通则0931第一法方法1），以0.1mol/L的盐酸溶液750ml为溶出介质，转速为每分钟100转，依法操作，经2小时，取溶液10ml，滤过，取续滤液作为供试品溶液；取阿司匹林对照品，精密称定，加1%冰醋酸的甲醇溶液溶解并稀释制成每1ml中含40μg的溶液，作为对照品溶液。照高效液相色谱法（通则0512）测定，用十八烷基硅烷键合硅胶为填充剂，以乙腈－四氢呋喃－冰醋酸－水（20：5：5：70）为流动相，检测波长为276mn。精密量取供试品及对照品溶液各10μl注入高效液相色谱，按照外标法以峰面积计算阿司匹林溶出量，限度应小于标示量的10%。

**2. 缓冲液中溶出量**　在酸中溶出量检查项下的溶液中继续加入37℃的0.2mol/L磷酸钠溶液250ml，混匀，用2mol/L盐酸溶液或2mol/L氢氧化钠溶液调节溶液的pH至6.8±0.05，继续溶出 45 分钟。取溶液 10ml，滤过，取续滤液作为供试品溶液；另精密称取阿司匹林对照品适量，精密称定，加 1% 冰醋酸的甲醇溶液溶解并稀释制成每 1ml 含 0.2mg 的溶液，作为阿司匹林对照品溶液；另取水杨酸对照品，精密称定，加 1% 冰醋酸的甲醇溶液溶解并稀释制成每 1ml 中含 16μg 的溶液，作为水杨酸对照品溶液。照“酸中溶出量”测定中的色谱条件，精密量取供试品溶液、阿司匹林对照品溶液与水杨酸对照品溶液各 10μl，分别注入高效液相色谱仪，记录色谱图。按外标法计算每片中阿司匹林和水杨酸的含量，将水杨酸含量乘以 1.304 后，与阿司匹林含量相加即得每片缓冲液中释放量。限度为标示量的 70%，应符合规定。

其他各项质量检查应按照现行版《中国药典》阿司匹林肠溶片中各项要求进行，检查结果应符合各相关规定。

## 五、实训考核与思考

### （一）考核项目评分表

片剂崩解时限检查、片剂重量差异检查、溶出度检查岗位考核项目评分标准见表 8－19～表 8－21。

**表 8－19　片剂崩解时限检查岗位配分与评分标准**

| 序号 | 考核内容 | 考核要点 | 配分 | 评分标准 | 得分 |
|---|---|---|---|---|---|
| 1 | 职业素养 | 着装、举止 | 2 | 无白大衣、着装不整洁、举止不文明扣除此分 | |
| | | 仪容、佩饰 | 2 | 化浓妆、染甲、长甲及手戴佩饰者扣除此分 | |
| | | 爱护仪器、遵守仪器使用规定 | 2 | 违规损坏仪器者扣除此分 | |
| | | 节约水电、药品，有环保意识 | 2 | 浪费水电、药品、任意处置试剂及药品者扣除此分 | |
| | | 实验秩序（步骤、台面清晰有序） | 2 | 实验秩序混乱扣除此分 | |
| 2 | 实验前准备 | 1. 水浴箱内加入适量的水<br>2. 设置温度 37℃<br>3. 正确调整吊篮位置<br>4. 1000ml 烧杯中加入适当测定介质，并正确调节 pH | 40 | 1. 水浴箱内加水过多/过少扣 5 分<br>2. 未设置温度扣 5 分<br>3. 吊篮位置不正确扣 10 分<br>4. 1000ml 烧杯中所加介质体积过多或过少扣 10 分<br>5. pH 调节错误扣 10 分 | |
| 3 | 崩解操作 | 1. 正确选择供试品数量<br>2. 开机运行<br>3. 观察结果 | 30 | 1. 未正确选择供试品数量扣 10 分<br>2. 温度未到达时即开启崩解仪扣 10 分<br>3. 崩解不彻底即停止操作扣 10 分 | |
| 4 | 熟练程度 | 规定时间内完成操作 | 10 | 超过规定时限扣 10 分 | |
| 5 | 清场 | 桌面整洁卫生，清洗器具，仪器药品归位 | 10 | 1. 未清场扣 10 分<br>2. 清场不彻底扣 5 分 | |
| | 合计 | | 100 | | |

**表8-20　片剂重量差异检查岗位配分与评分标准**

| 序号 | 考核内容 | 考核要点 | 配分 | 评分标准 | 得分 |
|---|---|---|---|---|---|
| 1 | 职业素养 | 着装、举止 | 2 | 无白大衣、着装不整洁、举止不文明扣除此分 | |
| | | 仪容、佩饰 | 2 | 化浓妆、染甲、长甲及手戴佩饰者扣除此分 | |
| | | 爱护仪器、遵守仪器使用规定 | 2 | 违规损坏仪器者扣除此分 | |
| | | 节约水电、药品，环保意识 | 2 | 浪费水电、药品、任意处置试剂及药品者扣除此分 | |
| | | 实验秩序（步骤、台面清晰有序） | 2 | 实验秩序混乱扣除此分 | |
| 2 | 取样 | 1. 取样数量准确<br>2. 正确清洁片剂表面粉尘 | 10 | 1. 取样数量不准确扣5分<br>2. 未正确清洁片剂表面粉尘扣5分 | |
| 3 | 药物的称重 | 1. 正确使用天平<br>2. 规范称取药物 | 20 | 1. 天平未清零扣5分<br>2. 未使用托盘或称量瓶称取药物扣5分<br>3. 称取药物不规范扣5分<br>4. 称取结束未将天平恢复原状扣5分 | |
| 4 | 结果判定 | 正确计算片重差异，并进行结果判定 | 40 | 1. 公式书写不正确扣15分<br>2. 数据计算错误扣15分<br>3. 限度判断不准确扣10分 | |
| 5 | 熟练程度 | 在规定时间内完成 | 10 | 超过规定时限扣10分 | |
| 6 | 清场 | 桌面整洁卫生，清洗器具，仪器药品归位 | 10 | 1. 未清场扣10分<br>2. 清场不彻底扣5分 | |
| 合计 | | | 100 | | |

**表8-21　溶出度检查岗位配分与评分标准**

| 序号 | 考核内容 | 考核要点 | 配分 | 评分标准 | 得分 |
|---|---|---|---|---|---|
| 1 | 职业素养 | 着装、举止 | 2 | 无白大衣、着装不整洁、举止不文明扣除此分 | |
| | | 仪容、佩饰 | 2 | 化浓妆、染甲、长甲及手戴佩饰者扣除此分 | |
| | | 爱护仪器、遵守仪器使用规定 | 2 | 违规损坏仪器者扣除此分 | |
| | | 节约水电、药品，环保意识 | 2 | 浪费水电、药品、任意处置试剂及药品者扣除此分 | |
| | | 实验秩序（步骤、台面清晰有序） | 2 | 实验秩序混乱扣除此分 | |

续表

| 序号 | 考核内容 | 考核要点 | 配分 | 评分标准 | 得分 |
|---|---|---|---|---|---|
| 2 | 实验前准备 | 1. 水浴箱内加入适量的水<br>2. 设置温度37℃<br>3. 正确选择溶出装置<br>4. 溶出杯中加入适当溶出介质，并正确调整pH | 10 | 1. 水浴箱内加水过多/过少扣5分<br>2. 未设置温度扣5分<br>3. 溶出装置选择不正确本项不得分<br>4. 所加溶出介质不正确本项不得分<br>5. pH调节不准确扣5分 | |
| 3 | 溶出操作 | 1. 在转篮内加入药物<br>2. 启动溶出仪，设定相应转速进行溶出<br>3. 到达规定时间进行取样<br>4. 样品及时用微孔滤膜过滤 | 20 | 1. 药物未置于转篮内本项不得分<br>2. 转速设定错误扣10分<br>3. 取样时间不准确或取样动作过慢扣10分<br>4. 取样结束未及时过滤扣10分 | |
| 4 | 样品测定 | 1. 准确配制对照品溶液<br>2. 正确选择色谱柱<br>3. 正确设置检测条件<br>4. 实验结束正确冲洗色谱柱并关机 | 30 | 1. 对照品溶液配制错误扣10分<br>2. 色谱柱不恰当扣10分<br>3. 检测条件设置错误扣10分<br>4. 实验结束未冲洗色谱柱或未关机各扣10分 | |
| 5 | 结果判定 | 采用外标法正确计算溶出量，并进行结果判定 | 10 | 1. 公式书写不正确扣10分<br>2. 数据计算错误扣10分<br>3. 限度判断不准确扣10分 | |
| 6 | 熟练程度 | 在规定时间内完成 | 10 | 超过规定时限扣10分 | |
| 7 | 清场 | 桌面整洁卫生，清洗器具，仪器药品归位 | 10 | 1. 未清场扣10分<br>2. 清场不彻底扣5分 | |
| 合计 | | | 100 | | |

## （二）思考题

扫码“练一练”

1. 阿司匹林肠溶片半成品及成品为什么均需检查游离水杨酸？
2. 阿司匹林肠溶片溶出度测定为何分酸中溶出量与缓冲液中溶出量两步进行？
3. 对于阿司匹林肠溶片而言，溶出度合格可否不再进行崩解时限检查？请说明原因。

（郝晶晶）

项目九

# 维生素 E 软胶囊生产实训

## 【项目实训目标】

1. 能按照药品标准对维生素 E 软胶囊的主要物料进行质量检验。
2. 能按照工艺规程和操作要求完成维生素 E 软胶囊的制备。
3. 掌握软胶囊机、真空搅拌桶的操作方法。
4. 掌握软胶囊的质量检查方法与相关分析仪器的使用。
5. 理解投料质量与工艺稳定性对药品质量的影响。

## 【项目任务解析】

| 项目组成 | 任务名称 | 面向职业（代码） | 面向岗位 |
| --- | --- | --- | --- |
| 任务一 | 物料质量检验 | 药物检验员（4-08-05-04） | 药物分析员、QC |
| 任务二 | 制备维生素 E 软胶囊 | 药物制剂工（6-12-03-00） | 软胶囊化胶工、软胶囊内容物配制工、软胶囊压制工、工艺员、QA |
| 任务三 | 维生素 E 软胶囊质量检查 | 药物检验员（4-08-05-04） | 药物分析员、QC |

## 任务 1　物料质量检验

扫码“学一学”

### 一、技能要求

1. 熟悉维生素 E 软胶囊所用原辅料的质量检验方法。

2. 能按照药典要求对原辅料完成溶液颜色检查法、干燥失重测定法、重金属检查法、水分测定法、气相色谱法等的基本操作并进行结果判断。

### 二、物品准备

**1. 药品与试剂**　维生素 E、大豆油、胶囊用明胶、甘油、纯化水、维生素 E 对照品等。

**2. 仪器与设备**　酸度计、密度计、气相色谱仪、旋光仪、紫外-可见分光光度计、分析天平等。

### 三、相关指导

维生素 E 是一种脂溶性维生素，其水解产物为生育酚，是最主要的抗氧化剂之一，其化学结构见图 9-1。临床主要用于心、脑血管疾病及习惯性流产、不孕症的辅助治疗。现行版《中国药典》二部收载有维生素 E 片剂、粉剂、软胶囊、注射液四种制剂。维生素 E

软胶囊是本药应用较为广泛的品种，目前我国有150余家企业获得批准文号，生产此药所需物料包括主药（维生素E）、辅料（大豆油、胶囊用明胶、甘油、纯化水等），其质量优劣直接关系到成品质量，关系到人们用药的安全性和有效性。

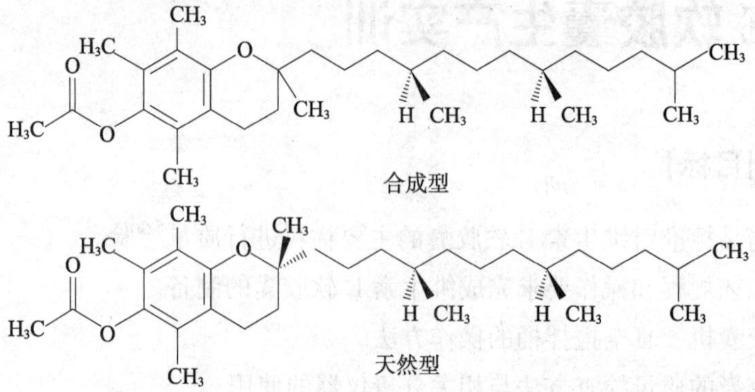


图9－1 维生素E化学结构式

## 四、实训操作

### （一）性状与鉴别

**1. 性状** 维生素E为微黄色至黄色或黄绿色澄清的黏稠液体；几乎无臭；遇光色渐变深。天然型放置会固化，25℃左右熔化。本品在无水乙醇、丙酮、乙醚或植物油中易溶，在水中不溶。检查结果见表9－1。

**表9－1 维生素E性状检查**

厂家：　　　　　　　　　　　　　　　批号：

| 性状 | 颜色 | 状态 | 臭味 | 比旋度 | 折光率 | 吸收系数 |
|---|---|---|---|---|---|---|
| 结果 | | | | | | |

**2. 鉴别** 根据现行版《中国药典》二部维生素E【鉴别】项下做如下检查，见表9－2。

**表9－2 维生素E鉴别检查**

厂家：　　　　　　　　　　　　　　　批号：

| 项目 | 药典规定 | 结果 | 结论 |
|---|---|---|---|
| 鉴别1 | 取本品约30mg，加无水乙醇10ml溶解后，加硝酸2ml，摇匀，在75℃加热约15分钟，溶液显橙红色 | | |
| 鉴别2 | 在含量测定项下记录的色谱图中，供试品溶液主峰的保留时间应与对照品溶液主峰的保留时间一致 | | |
| 鉴别3 | 本品的红外光吸收图谱应与对照的图谱（光谱集1206图）一致 | | |

扫码“看一看”

### （二）检查

按照GMP规定生产维生素E软胶囊所用全部原辅料均应按照有关药品标准进行相应检查，经检查合格后方能投入使用。现行版《中国药典》规定，维生素E软胶囊所用主要物料应进行如下检查，见表9－3。

**表 9-3 主要物料的检查项目一览表**

| 物料名称 | 检查项目 |
|---|---|
| 维生素 E | 酸度、生育酚（天然型）、有关物质（合成型）、残留溶剂 |
| 大豆油 | 过氧化物、不皂化物、棉籽油、水分、重金属、砷盐、脂肪酸组成 |
| 胶囊用明胶 | 酸碱度、透光率、电导率、亚硫酸盐（以 $SO_2$ 计）、过氧化物、干燥失重、炽灼残渣、铬、重金属、砷盐、微生物限度 |
| 甘油 | 酸碱度、颜色、氯化物、硫酸盐、醛与还原性物质、糖、脂肪酸与脂类、易炭化物、有关物质、水分、炽灼残渣、铵盐、铁盐、砷盐、重金属 |
| 纯化水 | 酸碱度、硝酸盐、亚硝酸盐、氨、电导率、总有机碳、易氧化物、不挥发物、重金属、微生物限度 |

**1. 维生素 E 有关检查** 按照现行版《中国药典》二部维生素 E【检查】项下操作，完成如下实训，填写表 9-4。

**表 9-4 维生素 E 检查报告一览表**

厂家： 批号：

| 项目 | 药典规定 | 结果 | 结论 |
|---|---|---|---|
| 酸度 | 取乙醇与乙醚各 15ml，置锥形瓶中，加酚酞指示液 0.5ml，滴加氢氧化钠滴定液（0.1mol/L）至微显粉红色，加本品 1.0g，溶解后，用氢氧化钠滴定液（0.1mol/L）滴定，消耗的氢氧化钠滴定液（0.1mol/L）不得过 0.5ml | | |
| 生育酚（天然型） | 取本品 0.10g，加无水乙醇 5ml 溶解后，加二苯胺试液 1 滴，用硫酸铈滴定液（0.01mol/L）滴定，消耗的硫酸铈滴定液（0.01mol/L）不得过 1.0ml | | |
| 有关物质（合成型） | 照维生素 E【检查】项下有关物质（合成型）检查，记录色谱图至主成分峰保留时间的 2 倍，供试品溶液的色谱图中如有杂质峰，α-生育酚（杂质 I）（相对保留时间约为 0.87）的峰面积不得大于对照溶液主峰面积（1.0%），其他单个杂质峰面积不得大于对照溶液主峰面积的 1.5 倍（1.5%），各杂质峰面积的和不得大于对照溶液主峰面积的 2.5 倍（2.5%） | | |
| 残留溶剂 | 取本品，精密称定，加 N，N-二甲基甲酰胺溶解并定量稀释制成每 1ml 中约含 50mg 的溶液，作为供试品溶液；另取正己烷，加 N，N-二甲基甲酰胺定量稀释制成每 1ml 中约含 10μg 的溶液，作为对照品溶液。照残留溶剂测定法（通则 0861 第一法）试验，以 5% 苯基甲基聚硅氧烷为固定液（或极性相近的固定液），起始柱温为 50℃，维持 8 分钟，然后以每分钟 45℃ 的速率升温至 260℃，维持 15 分钟。正己烷的残留量应符合规定（天然型） | | |

**2. 大豆油有关检查** 按照现行版《中国药典》四部大豆油【检查】项下操作完成如下实训，见表 9-5。

**表9－5　大豆油检查报告一览表**

厂家：　　　　　　　　　　　　　　　批号：

| 项目 | 药典规定 | 结果 | 结论 |
|---|---|---|---|
| 过氧化物 | 取本品10.0g，置250ml碘瓶中，立即加冰醋酸－三氯甲烷（60∶40）30ml，振摇使溶解，精密加饱和碘化钾溶液0.5ml，密塞，振摇1分钟，加水30ml，用硫代硫酸钠滴定液（0.01mol/L）滴定，至近终点时，加淀粉指示液0.5ml，继续滴定至蓝色消失，并将滴定的结果用空白试验校正。消耗硫代硫酸钠滴定液（0.01mol/L）不得过10.0ml | | |
| 水分 | 取本品，以无水甲醇－癸醇（1∶1）为溶剂，照水分测定法（通则0832第一法1）测定，含水分不得过0.1% | | |
| 重金属 | 取本品4.0g，置50ml瓷蒸发皿中，加硫酸4ml，混匀，缓缓加热至硫酸除尽后，加硝酸2ml与硫酸5滴，小火加热至氧化氮气除尽后，在500～600℃炽灼使完全灰化，放冷，依法检查（通则0821第二法），含重金属不得过百万分之五 | | |
| 砷盐 | 取本品1.0g，加氢氧化钙1.0g，混合，加水少量，搅拌均匀，干燥后，先用小火灼烧使炭化，再在500～600℃炽灼使完全灰化，放冷，加盐酸5ml与水23ml，依法检查（通则0822第一法），应符合规定（0.0002%） | | |

**3. 胶囊用明胶有关检查**　按照现行版《中国药典》四部胶囊用明胶【检查】项下操作完成如下实训，见表9－6。

**表9－6　胶囊用明胶检查报告一览表**

厂家：　　　　　　　　　　　　　　　批号：

| 项目 | 药典规定 | 结果 | 结论 |
|---|---|---|---|
| 酸碱度 | 取本品1.0g，加入热水100ml，充分振摇使溶解，放冷至35℃，依法测定（通则0631），pH应为4.0～7.2 | | |
| 透光率 | 取本品2.0g，加50～60℃水溶解并制成含6.67%的溶液后，冷却至45℃，照紫外－可见分光光度法（通则0401），分别在450nm和620nm的波长处测定透光率，分别不得低于50%和70% | | |
| 干燥失重 | 取本品，在105℃干燥15小时，减失重量不得过15.0%（通则0831） | | |
| 炽灼残渣 | 取本品1.0g，依法检查（通则0841），遗留残渣不得过2.0% | | |

**4. 甘油有关检查**　按照现行版《中国药典》四部甘油【检查】项下操作完成如下实训，见表9－7。

**表9－7 甘油检查报告一览表**

厂家： 批号：

| 项目 | 药典规定 | 结果 | 结论 |
|---|---|---|---|
| 酸碱度 | 取本品25.0g，加水稀释成50ml，混匀，加酚酞指示液0.5ml，溶液应无色，加0.1mol/L氢氧化钠溶液0.2ml，溶液应显粉红色 | | |
| 颜色 | 取本品50ml，置50ml纳氏比色管中，与对照液（取比色用重铬酸钾液0.2ml，加水稀释至50ml制成）比较，不得更深 | | |
| 氯化物 | 取本品5.0g，依法检查（通则0801），与标准氯化钠溶液7.5ml制成的对照液比较，不得更浓（0.0015%） | | |
| 硫酸盐 | 取本品10g，依法检查（通则0802），与标准硫酸钾溶液2.0ml制成的对照液比较，不得更浓（0.002%） | | |

**5. 纯化水有关检查** 按照现行版《中国药典》四部纯化水【检查】项下操作完成如下实训，见表9－8。

**表9－8 纯化水检查报告一览表**

厂家： 批号：

| 项目 | 药典规定 | 结果 | 结论 |
|---|---|---|---|
| 酸碱度 | 取本品10ml，加甲基红指示液2滴，不得显红色；另取10ml，加溴麝香草酚蓝指示液5滴，不得显蓝色 | | |
| 硝酸盐 | 取本品5ml置试管中，于冰浴中冷却，加10%氯化钾溶液0.4ml与0.1%二苯胺硫酸溶液0.1ml，摇匀，缓缓滴加硫酸5ml，摇匀，将试管于50℃水浴中放置15分钟，溶液产生的蓝色与标准硝酸盐溶液［取硝酸钾0.163g，加水溶解并稀释至100ml，摇匀，精密量取1ml，加水稀释成100ml，再精密量取10ml，加水稀释成100ml，摇匀，即得（每1ml相当于1μg $NO_3$）］0.3ml，加无硝酸盐的水4.7ml，用同一方法处理后纯化水的颜色比较，不得更深（0.000 006%） | | |
| 亚硝酸盐 | 取本品10ml，置纳氏管中，加对氨基苯磺酰胺的稀盐酸溶液（1→100）1ml与盐酸萘乙二胺溶液（0.1→100）1ml，产生的粉红色，与标准亚硝酸盐溶液［取亚硝酸钠0.750g（按干燥品计算），加水溶解，稀释至100ml，摇匀，精密量取1ml，加水稀释成100ml，摇匀，再精密量取1ml，加水稀释成50ml，摇匀，即得（每1ml相当于1μg $NO_2$）］0.2ml，加无亚硝酸盐的水9.8ml，用同一方法处理后的颜色比较，不得更深（0.000 002%） | | |
| 氨 | 取本品50ml，加碱性碘化汞钾试液2ml，放置15分钟；如显色，与氯化铵溶液（取氯化铵31.5mg，加无氨水适量使溶解并稀释成1000ml）1.5ml，加无氨水48ml与碱性碘化汞钾试液2ml制成的对照液比较，不得更深（0.000 03%） | | |

（三）含量测定

按照 GMP 规定生产维生素 E 软胶囊所用全部原辅料均应按照有关药品标准进行相应含量测定，经检查合格后方能投入使用，下列为现行版《中国药典》规定的甘油和维生素 E 的含量测定方法。

**1. 甘油含量测定**

取本品约 0. 1g，精密称定，加水 45ml，混匀，精密加入 2. 14% 高碘酸钠溶液 25ml，摇匀，暗处放置 15 分钟后，加 50%（g/ml）乙二醇溶液 10ml，摇匀，暗处放置 20 分钟，加酚酞指示液 0. 5ml，用氢氧化钠滴定液（0. 1mol/L）滴定至红色，30 秒内不褪色，并将滴定的结果用空白试验校正。每 1ml 氢氧化钠滴定液（0. 1mol/L）相当于 9. 21mg 的 $C_3H_8O_3$。

按现行版《中国药典》规定，甘油按无水物计算，含 $C_3H_8O_3$ 不得少于 95. 0%。

**2. 维生素 E 含量测定**

（1）含量测定方法 照气相色谱法（通则 0521）测定。

1）色谱条件与系统适用性试验

用硅酮（OV－17）为固定液，涂布浓度为 2% 的填充柱，或用 100% 二甲基聚硅氧烷为固定液的毛细管柱；柱温为 265℃。理论板数按维生素 E 峰计算不低于 500（填充柱）或 5000（毛细管柱），维生素 E 峰与内标物质峰的分离度应符合要求。

2）校正因子的测定

取正三十二烷适量，加正己烷溶解并稀释成每 1ml 中含 1. 0mg 的溶液，作为内标溶液。另取维生素 E 对照品约 20mg，精密称定，置棕色具塞瓶中，精密加内标溶液 10ml，密塞，振摇使溶解，作为对照品溶液，取 1～3μl 注入气相色谱仪，计算校正因子。

3）测定法

取本品约 20mg，精密称定，置棕色具塞瓶中，精密加内标溶液 10ml，密塞，振摇使溶解，作为供试品溶液；取 1～3μl 注入气相色谱仪，测定，计算，即得。

（2）含量测定步骤

1）溶液制备

内标溶液的制备：精密称取正三十二烷适量，加正己烷溶解并稀释成每 1ml 中含 1. 0mg 的溶液，作为内标溶液。

对照品溶液的制备：精密称取维生素 E 对照品约 20mg，精密称定，置棕色具塞瓶中，精密加内标溶液 10ml，密塞，振摇使溶解，作为对照品溶液。

供试品溶液的制备：精密称取样品约 20mg，精密称定，置棕色具塞瓶中，精密加内标溶液 10ml，密塞，振摇使溶解，作为供试品溶液。

2）供试品测定

检查：高效液相色谱仪上次使用状态，仪器各部分是否符合本次实验要求。

开机：按照规定的色谱条件（流动相：氮气；载气流速：30ml/min，空气流速：300ml/min，氢气流速：30ml/min；检测器：氢焰离子化检测器；进样量：2μl；进样口温度：300℃；柱温：265℃；检测器温度：300℃）设置仪器运行参数。

系统适应性试验：在规定的色谱条件下，注入供试品溶液 2μl，记录色谱图，理论板数按维生素 E 峰计算，应不低于 500（填充柱）或 5000（毛细管柱），维生素 E 峰与内标物质峰的分离度应符合要求。

测定校正因子：精密量取对照品溶液2μl，注入气相色谱仪，计算校正因子。

测定供试品溶液：精密量取供试品溶液2μl，注入气相色谱仪，测定，计算维生素E含量。

清洗和关机：实验结束后，先降温，等柱温将至50℃以下时，才可停止通载气，然后用氮气将色谱柱吹净后关机，并填写使用记录。

按现行版《中国药典》规定，本品含$C_{31}H_{52}O_3$应为96.0%～102.0%。

## 五、实训考核与思考

### (一)考核项目评分表

原料药物含量测定考核评分标准见表9－9。

表9－9 维生素E的含量测定考核配分与评分标准表

| 序号 | 考核内容 | 考核要点 | 配分 | 评分标准 | 得分 |
|---|---|---|---|---|---|
| 1 | 职业素养 | 着装、举止 | 1 | 无白大衣、着装不整洁、举止不文明扣除此分 | |
| | | 仪容、佩饰 | 1 | 化浓妆、染甲、长甲及手戴佩饰者扣除此分 | |
| | | 爱护仪器、遵守仪器使用规定 | 4 | 违规损坏仪器者扣除此分 | |
| | | 节约水电、药品、试剂，环保意识 | 2 | 浪费水电、药品、任意处置试剂及药品者扣除此分 | |
| | | 实验秩序（步骤、台面清晰有序） | 2 | 实验秩序混乱扣除此分 | |
| 2 | 系统适应性试验 | 1. 开机顺序正确<br>2. 进行系统适应性试验并作出相关结论 | 15 | 1. 操作不规范每项扣5分<br>2. 结论不准确每项扣10分 | |
| 3 | 溶液制备 | 1. 分析天平使用规范、熟练<br>2. 称重准确<br>3. 容量瓶洗涤规范、熟练<br>4. 溶解、定容和摇匀准确、熟练 | 30 | 1. 操作不规范每项扣5分<br>2. 称重不准确扣10分<br>3. 定容不准确扣10分<br>4. 操作不熟练酌情扣分 | |
| 4 | 校正因子和供试品溶液的测定 | 1. 气相色谱仪使用规范、熟练<br>2. 测定结果处理准确 | 25 | 1. 操作不规范每项扣5分<br>2. 结果处理不准确扣10分<br>3. 操作不熟练酌情扣分 | |
| 5 | 清洗和关机 | 1. 清洗仪器规范、正确<br>2. 关机顺序正确 | 10 | 操作不规范每项扣5分 | |
| 6 | 清场 | 桌面整洁卫生，清洗器具，仪器药品归位 | 10 | 1. 未清场扣10分<br>2. 清场不彻底扣5分 | |
| 合计 | | | 100 | | |

（二）思考题

1. 现行版《中国药典》收载的维生素 E 有合成型和天然型两种，在质量检验上有何不同？

2. 气相色谱法的定量方法有哪些？内标法有何优点？如何选择内标物？

扫码“学一学”

## 任务2　制备维生素 E 软胶囊

### 一、技能要求

1. 掌握软胶囊生产工艺流程，能按照工艺规程完成维生素 E 软胶囊的制备。

2. 会按照真空搅拌桶、软胶囊剂的操作规程，完成软胶囊的原辅料配制、溶胶和制丸的工艺过程。

3. 能对软胶囊生产过程进行质量控制。

### 二、物品准备

**1. 药品与试剂**　维生素 E、大豆油、胶囊用明胶、95% 乙醇、甘油、纯化水。

**2. 仪器与设备**　胶体磨、软胶囊机、真空搅拌桶、铝塑包装机、崩解仪、分析天平等。

### 三、相关指导

（一）任务介绍

软胶囊剂又称胶丸，指将一定量的液体原料药物直接包封，或将固体原料药物溶解或分散在适宜的辅料中制备成溶液、混悬液、乳状液或半固体，密封于软质囊材中的胶囊剂。可用滴制法或压制法制备。本次实训任务是压制法制备规格为 100mg/粒的维生素 E 软胶囊 10000 粒。因主药遇光色渐变深，所以生产过程中应注意避光。

**【处方】**

| 原辅料 | 用量/10000 粒 |
|---|---|
| 维生素 E | 1kg |
| 大豆油 | 0.5kg |
| 胶囊用明胶 | 1.875kg |
| 甘油 | 0.75kg |
| 纯化水 | 1.875kg |

**【制法】**①称取处方量的维生素 E 和大豆油，混合均匀后备用；②用称量好的明胶、甘油、纯化水溶制明胶液；③药液与明胶液用软胶囊机压丸定型；④将定型后软胶囊洗涤、干燥后，检出合格软胶囊，包装即得。

（二）软胶囊生产工艺流程及环境要求

软胶囊生产工艺流程图（压制法），见图 9 - 2。按 GMP 要求，称量、配料、溶胶、压丸、洗丸、检丸、内包装等工序的生产环境洁净度要求为 D 级，各洁净区根据各区域卫生管理要求定期进行清洁消毒处理。称量、配料、溶胶、洗丸、检丸，内包装等工序应控制室温 18 ~ 26℃、相对湿度 45% ~ 65%；压丸工序应控制室温 20 ~ 24℃、相对湿度 45% ~

55%；干燥工序应控制室温 20～25℃、相对湿度 50% 以下。

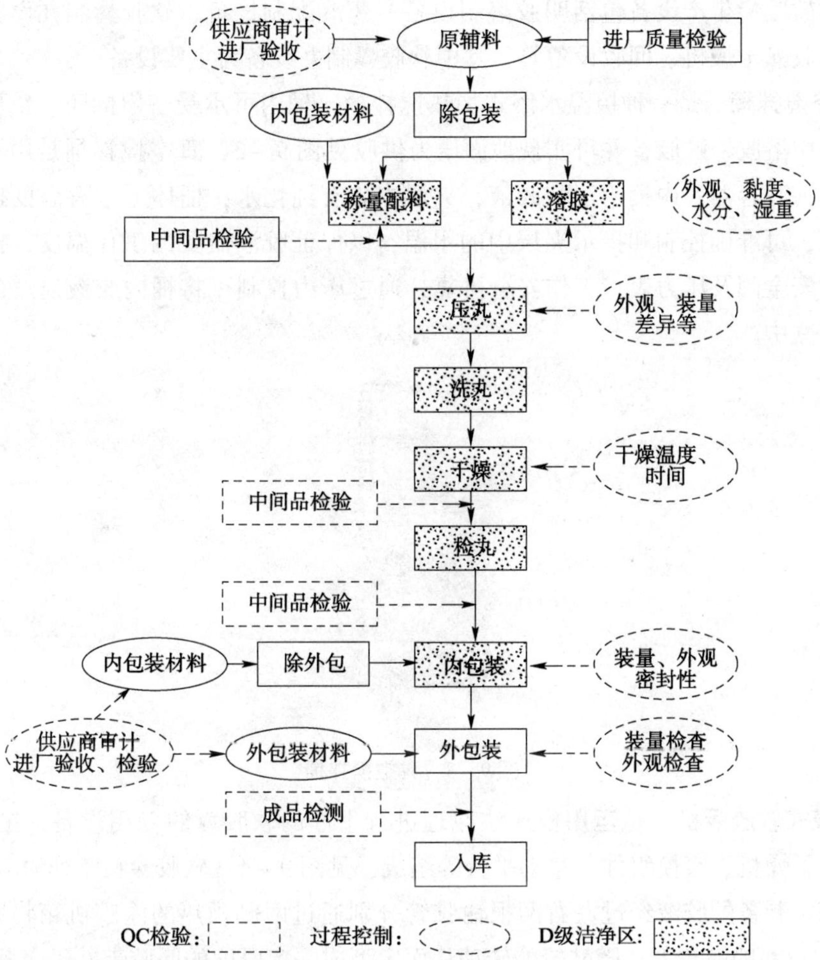


图 9－2　软胶囊生产工艺流程图（压制法）

## （三）软胶囊生产过程质量控制点及其检查要求

压制法是制备软胶囊剂常用的方法，生产过程中其质量控制点及其检查要求见表 9－10。

**表 9－10　软胶囊生产过程质量控制点及检查要求**

| 工序 | 监控点 | 监控项目 | 频次 |
|---|---|---|---|
| 配料 | 投料 | 含量、数量、异物 | 1 次/班 |
| 溶胶 | 投料、溶胶真空度、温度、时间 | 黏度、水分、冻力 | 每料 1 次 |
| 压丸 | 胶丸成型 | 丸形、装量、渗漏 | 1 次/20min |
| 干燥 | 转笼 | 外观、温度、湿度 | 1 次/班 |
| 洗丸 | 洁净情况 | 清洁度 | 1 次/班 |
| 检丸 | 丸形 | 大小丸、异形丸 | 1 次/班 |
| 包装 | 铝塑 | 数量、密封度、文字、批号 | 随时/班 |
| | 瓶装 | 数量、标签、封口 | 随时/班 |
| | 盒装 | 数量、说明书、标签 | 抽检/批 |
| | 装箱 | 数量、装箱单、印刷内容 | 抽检/批 |
| | 标签 | 批号、文字、使用数 | 1 次/班 |

### （四）主要设备介绍

成套的软胶囊生产设备包括明胶溶制设备、药液配制设备、软胶囊制丸设备、软胶囊清洗机、软胶囊干燥机、回收设备等，其中软胶囊制丸设备为主要设备。

**1. 真空搅拌桶** 是一种控温水浴式加热搅拌桶，桶内可承受一定的正、负压力，用于软胶囊生产中溶胶、贮胶，并可实现地面压力供胶见图9－3，真空搅拌桶是用不锈钢焊接而成的三层夹套容器；内桶用于装胶液，夹层中装有纯化水；桶体上带有温度控制组件及温度指示表，可准确控制和指示夹层中的水温，以保证胶液需要的工作温度；桶盖上设有气体接头、安全阀及压力表，工作安全可靠，通过压力控制可将桶内胶液通过出料口输送至主机的胶盒中。

图9－3 真空搅拌桶

扫码“看一看”

**2. 滚模式软胶囊机** 是运用模压法原理进行生产的软胶囊的专用设备，主要由主机、控制系统、干燥机、滚模组件、移动平台等组成，见图9－4。软胶囊机工作时（图9－5），由溶胶设备中制备的胶液经过左右两根输胶管分别通过两侧预热的涂胶机箱将胶液涂布在温度为16～18℃的鼓轮上，随鼓轮的转动从而定型成一定厚度的明胶带并沿着胶带导杆和

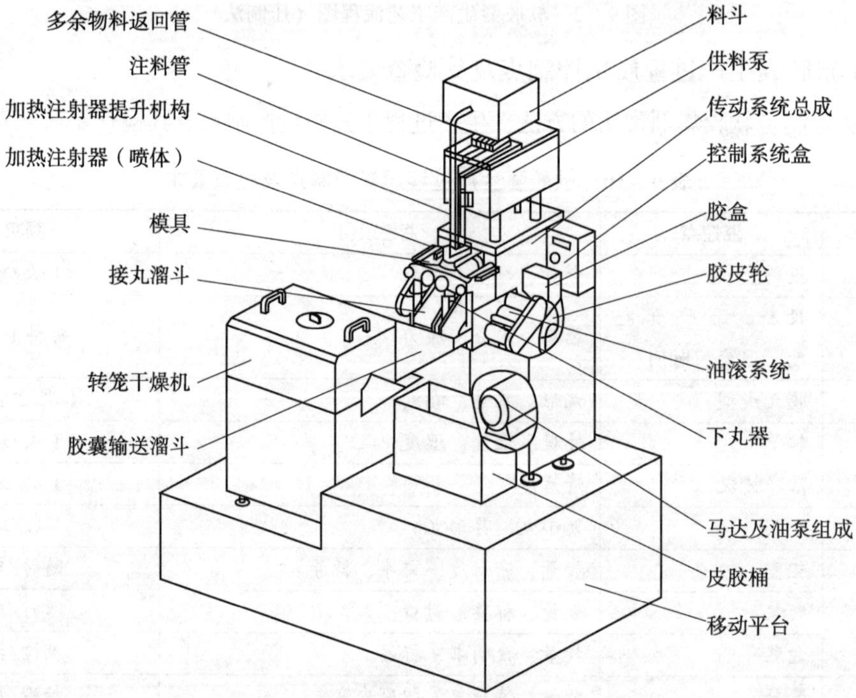


图9－4 滚模式软胶囊机组成示意图

送料轴送入两滚模之间，同时，药液由供料泵经导管进入温度为 38 ~45℃的楔形注射器中，借助供料泵的压力将药液及胶带压入两个滚模的凹槽中，由于滚模的连续转动，在机械压力下使两条胶带呈两个半囊形并将药液包封其内，剩余的胶带被切断分离成网状，软胶囊依次落入导向斜槽内，并由输送机送出。

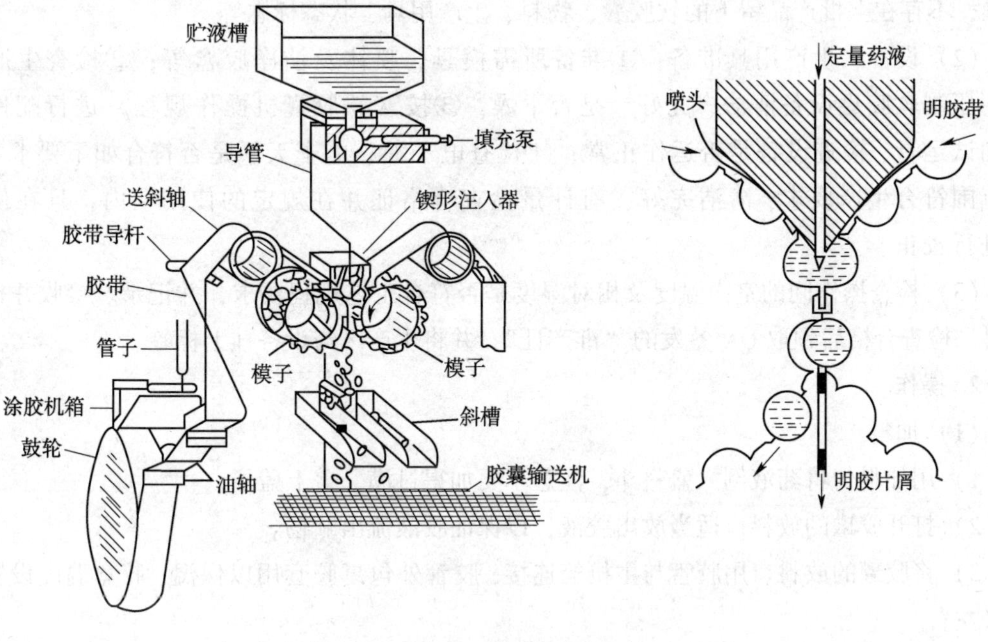


图 9 -5　滚模式软胶囊机结构与工作原理示意图

## 四、实训操作

### （一）生产前准备

**1. 各工序现场检查**　检查各工序的房间、设备、容器具、模具等均处于清场、清洁合格状态，并在有效期内；检查各工序的设备是否正常；检查各工序所需的原辅料、容器具等是否领取，模具是否安装。QA 对生产前检查结果复核后，签发生产许可相关信息。生产设备及生产场所换相应的状态标志。

**2. 领取生产所用物料**　核对所用物料名称、规格、批号、数量、生产厂家等信息，检查物料是否在规定的效期内，外包装是否完好、清洁，办理物料交接手续，设置明显的状态标识，并签字记录。

### （二）配料与溶胶

**1. 配料**　取称量好的维生素 E、大豆油，120 目滤布滤过，放入配制罐中，按照配制罐标准操作规程操作，搅拌 4 小时，搅拌温度 45 ~55℃。配制结束后，将配制液放入洁净容器中备用，并填写中间产品请验单交 QA 检查员取样检验。

**2. 溶胶**　取称量好的明胶、甘油、纯化水。按照真空搅拌桶标准操作规程操作，先将水和甘油投入搅拌桶中，开启搅拌器，投胶温度小于 70℃，边搅拌边投入明胶（若需加入回收胶时，要在上述操作前进行，加入回收胶的量不超过加入明胶重量的 1/5）。待明胶全部加入后，密闭进料口，加热，持续搅拌 1.5 ~2 小时并保持桶内温度 75 ~80℃，抽真空（0.08MPa）。停止搅拌后再保持真空 10 ~15 分钟，除去气泡。将溶好的胶液过 120 目筛，放入保温桶中保持温度 55 ~65℃之间，写好标记单、批生产记录，备用。

## （三）压丸

### 1. 压丸前准备

（1）工作区检查已清洁，不存在与目前生产无关的记录或文件等；已准备好批生产记录和足够数量的标签来标明生产区、设备和容器的状态；所有与产品接触的部件已清洁和干燥，不存在上批产品留下的软胶囊、物料、生产用具、状态标志等。

（2）设备、生产用具准备：①准备所需模具、喷体及洁净胶盒等；②检查生产用具、压制软胶囊设备清洁、完好、是否干燥；③按《软胶囊机操作规程》进行配件安装和试运行，检查设备是否运作正常；④检查电子秤、电子天平是否符合如下要求：计量范围符合生产要求，清洁完好，有计量检查合格证并在规定的使用期内，且在使用前进行校正。

（3）检查操作间的室内温度及相对湿度是否符合工艺规程要求，并记录。接收并核对物料，检查合格后领取QA签发的“准产证”，并将生产区与设备挂上标签。

### 2. 操作

（1）加料

1）用加料勺将药液倒入盛料斗，注意不要加得过满，盖上盖子。

2）打开胶罐的放料口适当放出胶液，以保证胶液流出顺畅。

3）将胶罐的放料口用胶管与主机箱连接，胶管外包裹胶套用以保温，胶盒温度设置为60℃左右。

4）胶罐进气口连接压缩空气接口，压缩空气压力可根据胶液的黏稠度作适当调整。

（2）压制软胶囊

1）按《软胶囊机操作规程》进行软胶囊机调试操作。

2）根据工艺规程规定对喷体进行加热。

3）调整转模压力，以刚好压出丸为宜，压力过大会损坏模具。

4）根据工艺规程规定的内容物重进行装量调节。取样检测压出软胶囊的夹缝质量、外观、内容物重量，及时做出调整，直至符合工艺规程为止。

5）正常开机，每隔20分钟对软胶囊取样，检查夹缝质量、外观、内容物重，每班检测胶皮厚度，并在批生产记录上记录，如有偏离控制范围的情况，应及时调整药液泵和胶皮涂布器。

6）开启转笼开关，边压制软胶囊边进行转笼定型干燥，当软胶囊的柔软度适宜时，取出。

7）生产过程中，定时将产生的胶网用胶袋盛装，放于指定地点，等待进一步处理。

### 3. 软胶囊机标准操作规程　见表9－11。

**表9－11　HSR－100型软胶囊机标准操作规程**

| | | | | | |
|---|---|---|---|---|---|
| 题目：HSR－100型软胶囊机标准操作规程 | | | 登记号：SOP－SB－＊＊＊＊ | 页数：1/1 | |
| 批准： | 日期：　年　月　日 | 制定： | 制定日期：　年　月　日 | 生效日期：　年　月　日 | |
| 审核： | 日期：　年　月　日 | 颁发部门：质管部 | 颁发人： | 版本号： | ＊ |
| 分发部门：质量总监、生产总监、设备总监、设备部、口服车间 | | | | | |

续表

| 标题 | 正文 | 负责人 |
| --- | --- | --- |
| 1. 目的 | 建立HSR－100型软胶囊机标准操作规程。 | 操作工<br>维修工 |
| 2. 范围 | 适用于HSR－100型软胶囊机的操作。 | |
| 3. 责任 | 设备管理员、操作工、维修工。 | 设　备<br>管理员 |
| 4. 内容 | | |
| 4.1 | 压丸操作步骤： | |
| 4.1.1 | 打开输胶管和胶盒的加热开关，调整胶盒温控仪，温度一般设定为50～60℃，打开冷风机，调节冷风温度，上限为6℃、下限为4℃为宜。 | |
| 4.1.2 | 将存放胶液的真空搅拌桶调节到位，设定桶内压力为0.03MPa，连接输胶管。 | |
| 4.1.3 | 待温度稳定，打开真空搅拌桶出口的阀门，使胶液流入胶盒中。当胶盒存有2/3胶液时，开动主机，调节胶盒上的厚度调节柄，打开出胶口制胶膜，并调节胶膜厚度为0.8mm左右，此时滚模转速调整为1～2r/min为宜。 | |
| 4.1.4 | 机器转动约2分钟后，胶膜由胶皮轮转到油滚系统传递时打开润滑油。将涂油后的胶膜放在支架上，引入滚模，通过滚模、下丸器和拉网轴进入废胶桶内。 | |
| 4.1.5 | 用测厚表测量两边胶膜厚度，并调整胶盒开口的大小，使胶膜厚度两边均匀，并达到要求的0.8mm左右。 | |
| 4.1.6 | 放下供料喷体，使喷体悬浮接触至滚膜上的胶膜表面，调节喷体温度控制仪通常为38～45℃之间，至黏合胶膜不漏液为宜。 | |
| 4.1.7 | 拧紧左侧的加压手轮，使左右滚模受力贴合，直至胶膜能被切断、黏合。将开关板组合的开关杆向内推动，接通料液分配组合的通路，料液经分流板分配后，部分料液从喷体注出，即可生产出软胶囊，输送至干燥机进行定型干燥。 | |
| 4.2 | 停机操作步骤： | |
| 4.2.1 | 生产完毕，停机前将开关板组合的开关杆向外拉动，切断料液进入料液分配组合的通路，停止供给，注射出的全部料液经回料管返回料斗。 | |
| 4.2.2 | 关闭真空搅拌桶的出料阀门，停止胶液供给胶盒；关闭喷体电加热，松开滚模加压手轮使滚模压力放松，升起供料组件；关闭胶盒电加热，继续运转主机，排净胶盒内胶液及胶皮轮上的胶膜，然后停止运转主机。 | |

### （四）洗丸、干燥与检丸

**1. 洗丸**　用95%乙醇洗去软胶囊表面的润滑油，应清洗至表面无油腻感。

**2. 干燥**　将洗净的软胶囊置于干燥车上，分置于筛网上（每筛以2～3层软胶囊为宜），并摊平。将干燥车推入干燥隧道，挥去乙醇，干燥期间每隔3小时翻丸一次，达到工艺规程所要求的干燥时间后，抽取若干软胶囊检查，丸形坚硬不变形，即可收丸。

**3. 检丸**　将干燥后的软胶囊进行人工检丸或机械检丸，拣去大小丸、异形丸、明显网印丸、漏丸、瘪丸、薄壁丸、气泡丸等不合格软胶囊，将合格的软胶囊放入洁净干燥的容器中，称量。容器外应附有状态标志，标明产品名称、重量、批号、日期，用不锈钢桶加盖封好后，送中间站，检验合格后即可分装。

需要注意的是：在制胶片、压丸、洗丸等过程中每批尾料量不得超过20%，将尾料分别集中，称量，分别放入专用的不锈钢桶中保存，按《尾料管理制度》的要求，定期进行处理、检验，统一重新利用。

（五）包装

软胶囊的内包装形式常见的有：瓶装、平板式铝塑泡罩包装、双铝包装等，这里主要介绍铝塑包装。

1. 从内包材存放室领取 PVC 硬片和铝箔，到中间站领取检验合格的待包装软胶囊，核对无误后，转移至铝塑包装间整齐摆放，备用。

2. 根据铝塑包装规格到模具存放间领取模具。按《铝塑包装机标准操作规程》安装好模具，启动加热，开启冷却水、压缩空气，设定成型温度 100～110℃，热封温度 160～170℃，泡罩成型压力为 0.5～0.6Mpa，温度达到设定值后，将 PVC 硬片和铝箔按设备操作规程装入，空机运行调整，检查铝箔和 PVC 硬片热合严密，网纹、批号印字正确、清晰，裁切位置准确。

3. 空机运行正常后，放下加料斗，装入待分装的软胶囊，开始进行生产操作。操作过程中随时检查 PVC 硬片与铝箔热合是否严密，网纹、批号印字是否正确、清晰，裁切位置是否准确，注意剔除空板、废板。

## 五、实训考核与思考

（一）考核项目评分表

软胶囊制丸岗位实训考核评分标准见表 9－12。

**表 9－12　软胶囊制丸岗位考核配分与评分标准**

| 序号 | 考核内容 | 考核要点 | 配分 | 评分标准 | 得分 |
| --- | --- | --- | --- | --- | --- |
| 1 | 职业素养 | 着装、举止 | 2 | 无白大衣、着装不整洁、举止不文明扣除此分 | |
| | | 仪容、佩饰 | 2 | 化浓妆、染甲、长甲及手戴佩饰者扣除此分 | |
| | | 爱护仪器、遵守仪器使用规定 | 2 | 违规损坏仪器者扣除此分 | |
| | | 节约水电、药品，环保意识 | 2 | 浪费水电、药品、任意处置试剂及药品者扣除此分 | |
| | | 实验秩序（步骤、台面清晰有序） | 2 | 实验秩序混乱扣除此分 | |
| 2 | 软胶囊机安装调试 | 1. 正确安装转模及调整同步<br>2. 正确安装固定胶盒<br>3. 能够将保温胶桶与主机正确连接，并加热 | 20 | 1. 安装调试操作不规范扣 1～20 分<br>2. 不倒扣分 | |
| 3 | 开机操作 | 1. 正确调节机器的速度控制旋钮，使机器按一定转速运转<br>2. 检查并调节胶皮厚度，使胶皮厚度两边均匀<br>3. 正确设定喷体温控仪的目标温度<br>4. 正确调节模具的加压旋钮，调节量准确<br>5. 检查每个喷孔对应的软胶囊装量，能够及时修正柱塞泵的喷出量<br>6. 正确排除故障 | 20 | 1. 调节、检查操作不规范扣 1～10 分<br>2. 未正确排除故障扣 1～10 分<br>3. 不倒扣分 | |

续表

| 序号 | 考核内容 | 考核要点 | 配分 | 评分标准 | 得分 |
|---|---|---|---|---|---|
| 4 | 停机操作 | 停机操作规范，顺序准确 | 20 | 1. 停机操作不规范，顺序不准确扣1~20分<br>2. 不倒扣分 | |
| 5 | 熟练程度 | 规定时间内完成 | 10 | 超过规定时限扣10分 | |
| 6 | 成品质量 | 软胶囊完整性符合要求 | 10 | 软胶囊黏结、畸形、渗漏等扣1~10分 | |
| 7 | 清场 | 桌面整洁卫生，清洗器具，尾料处理正确，仪器药品归位 | 10 | 1. 未清场扣10分<br>2. 清场不彻底扣5分 | |
| 合计 | | | 100 | | |

（二）思考题

1. 简述滚模式软胶囊机的工作原理？

2. 在使用滚模式软胶囊机生产软胶囊过程中出现软胶囊畸形，请分析出现问题的原因，并结合问题建议解决措施？

扫码“学一学”

## 任务3　维生素E软胶囊质量检查

### 一、技能要求

1. 能按照规定方法对维生素E软胶囊生产过程的中间品、成品质量进行检查，并填好检查记录。

2. 能正确使用相关检测仪器、计量器具及其他检测工具，并进行维护保养。

### 二、物品准备

**1. 药品与试剂**　无水乙醇、硫酸、乙醚、铁氰化钾、氢氧化钠、无水硫酸钠、异辛烷、正己烷、正三十二烷、维生素E对照品、中间品、成品软胶囊等。

**2. 仪器与设备**　分析天平、具塞圆底烧瓶、棕色具塞瓶、水浴锅、容量瓶、移液管、分液漏斗、旋光仪、黏度计、崩解仪、气相色谱仪、色谱柱等。

### 三、相关指导

软胶囊剂应整洁，不得有黏结、变形、渗漏或囊壳破裂等现象，并应无异臭；装量差异或含量均匀度、崩解时限或溶出度、释放度以及微生物限度检查应符合药品标准相关要求。现行版《中国药典》规定，维生素E软胶囊应检查比旋度、有关物质、装量差异、崩解时限、微生物限度等项目，还要按其含量测定项下方法检查维生素E含量，本品含合成型或天然型维生素E（$C_{31}H_{52}O_3$）应为标示量的90.0%~110.0%。

### 四、实训操作

（一）中间产品质量检查

**1. 维生素E软胶囊配制液**

（1）性状　为淡黄色至黄色油状液体。

（2）含量　采用现行版《中国药典》规定的气相色谱法测定，含合成型或天然型维生素E（$C_{31}H_{52}O_3$）应为63.3%～70.0%。

**2. 干燥软胶囊**

（1）外观　取100粒软胶囊检查，无渗漏或囊壳破裂现象，并应无异臭。

（2）崩解时限　取6粒软胶囊，放入水温为37℃±1℃的崩解仪中，如胶囊浮于水面，可加挡板。测定崩解时间均应少于30分钟。

（3）装量差异　取20粒软胶囊，分别精密称定内容物重量，计算装量差异。平均装量低于0.30g/粒时，装量差异应在±9.0%范围内；平均装量高于0.30g/粒时，装量差异应在±6.5%范围内。20粒中超出装量差异限度的不得多于2粒，并不得有1粒超出限度1倍。

**3. 检丸后的软胶囊**

（1）外观　经检查，外观应整洁，不得有黏结、变形、渗漏或囊壳破裂等现象，并应无异臭。

（2）装量差异　取20粒软胶囊，测定并计算装量差异，20粒中超出装量差异限度的不得多于2粒，并不得有1粒超出限度1倍。

### （二）成品软胶囊质量检查

**1. 比旋度**　按照现行版《中国药典》规定的方法检查，比旋度（按d－α－生育酚计）不得低于+24°（天然型）。

**2. 装量差异**　按照现行版《中国药典》规定的方法检查，当平均装量大于或等于0.30g/粒时，装量差异应在±7.5%范围内；当平均装量小于0.30g/粒时，装量差异应在±10%范围内；超出装量差异限度的不得多于2粒，并不得有1粒超出限度1倍。

**3. 崩解时限**　按照现行版《中国药典》规定的方法检查，崩解时间均应少于1小时。

**4. 微生物限度**　按照现行版《中国药典》规定的方法检查，应符合规定。

其他各项质量检查应按照现行版《中国药典》维生素E软胶囊中各项要求进行，检查结果应符合各相关规定。

## 五、实训考核与思考

### （一）考核项目评分表

软胶囊崩解时限检查、软胶囊装量差异检查考核评分标准见表9－13、表9－14。

**表9－13　软胶囊崩解时限检查考核配分与评分标准**

| 序号 | 考核内容 | 考核要点 | 配分 | 评分标准 | 得分 |
|---|---|---|---|---|---|
| 1 | 职业素养 | 着装、举止 | 2 | 无白大衣、着装不整洁、举止不文明扣除此分 | |
| | | 仪容、佩饰 | 2 | 化浓妆、染甲、长甲及手戴佩饰者扣除此分 | |
| | | 爱护仪器、遵守仪器使用规定 | 2 | 违规损坏仪器者扣除此分 | |
| | | 节约水电、药品，环保意识 | 2 | 浪费水电、药品、任意处置试剂及药品者扣除此分 | |
| | | 实验秩序（步骤、台面清晰有序） | 2 | 实验秩序混乱扣除此分 | |

续上表

| 序号 | 考核内容 | 考核要点 | 配分 | 评分标准 | 得分 |
|---|---|---|---|---|---|
| 2 | 实验前准备 | 1. 水浴箱内加入适量的水<br>2. 设置温度37℃<br>3. 正确调整吊篮位置<br>4. 1000ml烧杯中加入适当的水 | 40 | 1. 水浴箱内加水过多/过少扣10分<br>2. 未设置温度扣10分<br>3. 吊篮位置不正确扣10分<br>4. 1000ml烧杯中加入水过多或过少扣10分<br>5. 不倒扣分 | |
| 3 | 崩解操作 | 1. 正确选择供试品数量<br>2. 开机运行<br>3. 观察结果 | 30 | 1. 未正确选择供试品数量扣10分<br>2. 温度未到达时即开启崩解仪扣10分<br>3. 崩解不彻底即停止操作扣10分<br>4. 不倒扣分 | |
| 4 | 熟练程度 | 规定时间内完成操作 | 10 | 超过规定时限扣10分 | |
| 5 | 清场 | 桌面整洁卫生，清洗器具，仪器药品归位 | 10 | 1. 未清场扣10分<br>2. 清场不彻底扣5分 | |
| 合计 | | | 100 | | |

**表9-14　软胶囊装量差异检查考核配分与评分标准**

| 序号 | 考核内容 | 考核要点 | 配分 | 评分标准 | 得分 |
|---|---|---|---|---|---|
| 1 | 职业素养 | 着装、举止 | 2 | 无白大衣、着装不整洁、举止不文明扣除此分 | |
| | | 仪容、佩饰 | 2 | 化浓妆、染甲、长甲及手戴佩饰者扣除此分 | |
| | | 爱护仪器、遵守仪器使用规定 | 2 | 违规损坏仪器者扣除此分 | |
| | | 节约水电、药品，环保意识 | 2 | 浪费水电、药品、任意处置试剂及药品者扣除此分 | |
| | | 实验秩序（步骤、台面清晰有序） | 2 | 实验秩序混乱扣除此分 | |
| 2 | 取样 | 1. 取样数量准确<br>2. 正确清除内容物并洗净囊壳 | 10 | 1. 取样数量不准确扣5分<br>2. 未正确清除内容物并洗净囊壳扣5分<br>3. 不倒扣分 | |
| 3 | 药物的称量 | 1. 正确使用天平<br>2. 规范称取药物 | 20 | 1. 天平未调零点扣5分<br>2. 称取药物不规范扣10分<br>3. 称取结束未使天平恢复原状扣5分<br>4. 不倒扣分 | |

续上表

| 序号 | 考核内容 | 考核要点 | 配分 | 评分标准 | 得分 |
|---|---|---|---|---|---|
| 4 | 计算装量差异 | 正确计算装量差异 | 40 | 1. 公式书写不正确扣 15 分<br>2. 数据计算错误扣 15 分<br>3. 限度判断不准确扣 10 分 | |
| 5 | 熟练程度 | 在规定时间内完成 | 10 | 超过规定时限扣 10 分 | |
| 6 | 清场 | 桌面整洁卫生，清洗器具，仪器药品归位 | 10 | 1. 未清场扣 10 分<br>2. 清场不彻底扣 5 分 | |
| | 合计 | | 100 | | |

扫码“练一练”

## （二）思考题

1. 现行版《中国药典》规定，维生素 E 软胶囊的质量检查项目有哪些？
2. 简述维生素 E 软胶囊比旋度检查的具体操作。

（马改霞）

项目十

# 马来酸氯苯那敏滴丸生产实训

## 【项目实训目标】

1. 能按照药品标准对马来酸氯苯那敏滴丸的主要物料进行质量检验。
2. 能按照工艺规程和操作要求完成马来酸氯苯那敏滴丸的制备。
3. 掌握 DWJ－2000 滴丸机的操作规程和安全操作注意事项。
4. 掌握滴丸剂的质量检查方法。

## 【项目任务解析】

| 项目组成 | 任务名称 | 面向职业（代码） | 面向岗位 |
|---|---|---|---|
| 任务一 | 物料质量检验 | 药物检验员（4－08－05－04） | 药物分析员、QC |
| 任务二 | 制备马来酸氯苯那敏滴丸 | 药物制剂工（6－12－03－00） | 滴丸工、工艺员、QA |
| 任务三 | 马来酸氯苯那敏滴丸质量检查 | 药物检验员（4－08－05－04） | 药物分析员、QC |

## 任务 1　物料质量检验

扫码“学一学”

### 一、技能要求

1. 熟悉马来酸氯苯那敏滴丸所用原辅料的质量检验方法。

2. 能按照药典要求完成高效液相色谱法、紫外－可见分光光度法的基本操作并进行结果判断。

### 二、物品准备

**1. 药品与试剂**　马来酸氯苯那敏、聚乙二醇 6000（PEG 6000）、枸橼酸醋酐试液、稀硫酸、高锰酸钾试液、稀盐酸、氯化钡试液、10% 磷钼酸溶液、硝酸钴、硫氰酸钾、二氯甲烷、磷酸盐缓冲液、盐酸溶液（9→1000）等。

**2. 仪器与设备**　pH 测定仪、旋转蒸发仪、紫外－可见分光光度法、高效液相色谱法等。

### 三、相关指导

马来酸氯苯那敏是抗组胺药，其化学结构见图 10－1，本品通过对 $H_1$ 受体的拮抗起到抗过敏作用。主要用于鼻炎、皮肤黏膜过敏及缓解流泪、打喷嚏、流涕等感冒症状。（现行版）《中国药典》二部收载有马来酸氯苯那敏片、滴丸、注射液 3 种制剂。生产此药所需物料包括主药（马来酸氯苯那敏）、辅料（聚乙二醇 6000），其质量优劣直接关系到成品质量，关系到人们用药的安全性和有效性。

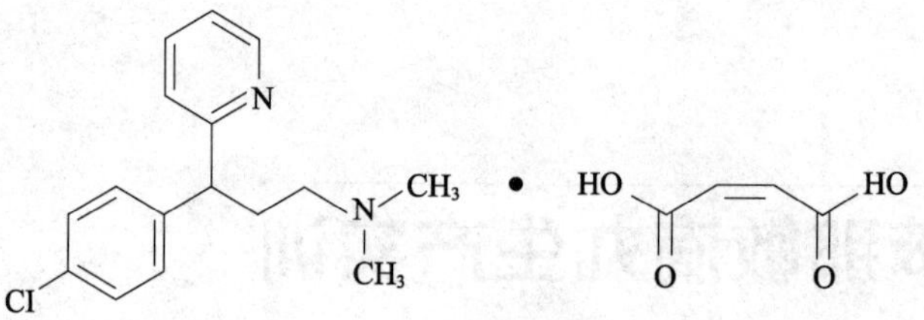

图 10－1　马来酸氯苯那敏化学结构式

## 四、实训操作

### （一）性状与鉴别

**1. 性状**　马来酸氯苯那敏为白色结晶性粉末；无臭，味苦。本品在水、乙醇或氯仿中易溶，在乙醚中微溶。聚乙二醇6000为白色蜡状固体薄片或颗粒状粉末；略有特臭。在水或乙醇中易溶，在乙醚中不溶。检查结果见表10－1、表10－2。

**表10－1　马来酸氯苯那敏性状检查**

厂家：　　　　　　　　　　批号：

| 性状 | 颜色 | 状态 | 臭味 | 熔点 | 比旋度 |
|---|---|---|---|---|---|
| 结果 | | | | | |

**表10－2　聚乙二醇6000性状检查**

厂家：　　　　　　　　　　批号：

| 性状 | 颜色 | 状态 | 臭味 | 熔点 | 比旋度 |
|---|---|---|---|---|---|
| 结果 | | | | | |

**2. 鉴别**　根据现行版《中国药典》二部马来酸氯苯那敏、聚乙二醇6000【鉴别】项下做如下检查，见表10－3、表10－4。

扫码“看一看”

**表10－3　马来酸氯苯那敏的鉴别**

厂家：　　　　　　　　　　批号：

| 项目 | 药典规定 | 结果 | 结论 |
|---|---|---|---|
| 鉴别1 | 取本品10mg，加枸橼酸醋酐试液1ml，置于水浴上加热 | | |
| 鉴别2 | 取本品20mg，加稀硫酸2ml使马来酸氯苯那敏溶解，滴加高锰酸钾试液 | | |
| 鉴别3 | 本品的红外吸收图谱应与对照的图谱（光谱集61）一致 | | |

**表10－4　聚乙二醇6000的鉴别**

厂家：　　　　　　　　　　批号：

| 项目 | 药典规定 | 结果 | 结论 |
|---|---|---|---|
| 鉴别1 | 取本品0.05g，加稀盐酸5ml和氯化钡试液1ml，振摇，滤过；在滤液中加入10%磷钼酸溶液1ml，产生黄绿色沉淀 | | |
| 鉴别2 | 取本品0.1g，置试管中，加入硫氰酸钾和硝酸钴各0.1g，混合后，加入二氯甲烷5ml，溶液呈蓝色 | | |

### （二）检查

按照GMP规定生产马来酸氯苯那敏滴丸所用全部原辅料均应按照有关药品标准进行相

应检查，经检查合格后方能投入使用。现行版《中国药典》规定，马来酸氯苯那敏滴丸所用主要物料应进行如下检查，见表10－5。

**表10－5　主要物料的检查项目一览表**

| 物料名称 | 检查项目 |
| --- | --- |
| 马来酸氯苯那敏 | 酸度、有关物质、易碳化物、干燥失重、炽灼残渣、残留溶剂 |
| 聚乙二醇6000 | 平均分子量、酸度、溶液澄清度与颜色、环氧乙烷和二氧六环、甲醛、水分、炽灼残渣、重金属 |

**1. 马来酸氯苯那敏有关检查**　按照现行版《中国药典》二部马来酸氯苯那敏、聚乙二醇6000【检查】项下操作，完成如下实训，见表10－6、表10－7。

**表10－6　马来酸氯苯那敏检查报告一览表**

厂家：　　　　　　　　　　　　批号：

| 项目 | 药典规定 | 结果 | 结论 |
| --- | --- | --- | --- |
| 酸度 | 取本品0.1g，加水10ml，振摇使溶解，依法检查（通则0631）pH应为4.0～5.0 | | |
| 有关物质 | 取本品，加溶剂［流动相A－乙腈（80：20）］溶解并稀释制成每1ml中含1mg的溶液，作为供试品溶液；精密量取适量，用上述溶剂稀释制成每1ml中含3mg的溶液作为对照溶液。照高效液相色谱法（通则0512）试验，用十八烷基硅烷键合硅胶为填充剂，流动相A为磷酸盐缓冲液（取磷酸二氢铵11.5g，加水适量使溶解，加磷酸1ml，用水稀释1000ml），流动相B为乙腈，按下表进行梯度洗脱，流速为每分钟1.2ml，检测波长为225nm。理论板数按氯苯那敏峰计算不低于4000。精密量取供试品溶液与对照溶液各10μl分别注入液相色谱仪，记录色谱图。供试品溶液色谱图中如有杂 质峰，除马来酸峰外，单个杂质峰面积不得大于对照溶液中氯苯那敏峰面积（0.3%），各杂质峰面积的和不得大于对照溶液中氯苯那敏峰面积的3倍（0.9%）。供试品溶液色谱图中小于对照溶液氯苯那敏峰面积0.17倍的色谱峰忽略不计（0.05%） | | |
| 易碳化物 | 取本品25mg，依法检查（通则0842），与黄色1号标准比色液比较，不得更深 | | |
| 干燥失重 | 干燥失重取本品，在105°C干燥至恒重，减失重量不得过0.5%（通则0831） | | |
| 残留溶剂 | 取本品，精密称定，N，N－二甲基甲酰胺溶解并稀释制成每1ml中约含0.2g的溶液，作为供试品溶液；另取四氢呋喃、1，4－二氧六环、吡啶和甲苯，精密称定，用N，N二甲基甲酰胺定量稀释制成每1ml中各含四氢呋喃144μg、1，4－二氧六环76μg、吡啶40μg、甲苯178μg的溶液，作为对照品溶液。精密量取供试品溶液与对照品溶液各1ml，置顶空瓶中，密封。照残留溶剂测定法（通则0861第二法）测定，用5%苯基－95%甲基聚硅氧烷（或极性相近）为固定液；柱温在50°C维持15分钟，再以每分钟8°C的速率升温至120°C，维持10分钟；进样口温度为200°C；检测器温度为250°C。顶空瓶平衡温度为90°C，平衡时间为30分钟，进样体积为1.0ml。取对照品溶液顶空进样，理论板数按四氢呋喃峰计算不低于5000，各成分峰间的分离度均应符合要求。再取供试品溶液与对照品溶液分别顶空进样，记录色谱图。按外标法以峰面积计算，四氢呋喃、二氧六环、吡啶与甲苯的残留量均应符合规定 | | |

**表10－7　聚乙二醇6000检查报告一览表**

厂家：　　　　　　　　　　　　　批号：

| 项目 | 药典规定 | 结果 | 结论 |
|---|---|---|---|
| 平均分子量 | 取本品约12.5g，精密称定，置干燥的250ml具塞锥形瓶中，精密加邻苯二甲酸酐的吡啶溶液（取邻苯二甲酸酐14g，溶于无水吡啶100ml中，放置过夜，备用）25ml，摇匀，加少量无水吡啶于锥形瓶口边缘封口，置沸水浴中，加热30～60分钟，取出冷却，精密加入氢氧化钠滴定液（0.5mol/L）50ml，以酚酞的吡啶溶液（1－100）为指示剂，用氢氧化钠滴定液（0.5mol/L）滴定至显红色，并将滴定的结果用空白试验校正。供试量（g）与4000的乘积，除以消耗氢氧化钠滴定液（0.5mol/L）的容积（ml），即得供试品的平均分子量，应为5400～7800 | | |
| 酸度 | 取本品1.0g，加20ml溶解后，依法测定（通则0631），pH应为4.0～7.0 | | |
| 溶液的澄清度与颜色 | 取本品5.0g，加水50ml溶解后，依法检查（通则0901与通则0902），溶液应澄清无色；如显浑浊，与2号浊度标准液（通则0902）比较，不得更浓；如显色，与黄色2号标准比色液（通则0901第一法）比较，不得更深 | | |
| 环氧乙烷和二氧六环 | 取本品1g，精密称定，置顶空瓶中，精密加入超纯水1.0ml，密封，摇匀，作为供试品溶液。量取环氧乙烷300μl（相当于0.25g环氧乙烷），置于50ml经过处理的聚乙二醇400（以60℃，1.5～2.5kPa旋转蒸发6小时，除去挥发性成分）的100ml量瓶中，加入相同溶剂稀释至刻度，摇匀，作为环氧乙烷对照品贮备液，精密称取1g冷的环氧乙烷对照品贮备液，置含40ml经过处理的聚乙二醇400的50ml量瓶中，加相同溶剂稀释至刻度。精密称取10g，置含30ml水的50ml量瓶中，加水稀释至刻度。精密量取10ml，置50ml量瓶中，加水稀释至刻度，摇匀，作为环氧乙烷对照品溶液。取二氧六环适量，精密称定，用水制成每1ml中含0.1mg的溶液，作为二氧六环对照品溶液。精密称取本品1g，置顶空瓶中，精密加入0.5ml，环氧乙烷对照品溶液及0.5ml二氧六环对照品溶液，密封，摇匀，作为对照品溶液。量取0.5ml环氧乙烷对照品溶液置顶空瓶中，加入新鲜配制的0.001%乙醛溶液0.1ml及二氧六环对照品溶液0.1ml，密封，摇匀，作为系统适用性试验溶液，照气相色谱法（通则0521）试验，以聚二甲基硅氧烷为固定液，起始温度为35℃，维持5分钟，以每分钟5℃的速率升温至180℃，然后以每分钟30℃的速率升温至230℃，维持5分钟（可根据具体情况调整）。进样口温度为150℃，检测器温度为250℃，顶空瓶平衡温度为70℃；平衡时间为45分钟。取系统适用性试验溶液顶空进样，调节检测器灵敏度使环氧乙烷峰和乙醛峰的峰高约为满量程的15%，乙醛峰和环氧乙烷峰之间的分离度不小于2.0，二氧六环峰高应为基线噪音的5倍以上，分别取供试品溶液及对照品溶液顶空进样，重复进样至少3次。环氧乙烷峰面积的相对标准偏差应不得过15%，二氧六环峰面积的相对标准偏差应不得过10%，按标准加入法计算，环氧乙烷不得过0.0001%，二氧六环不得过0.001%。 | | |
| 甲醛 | 取本品1g，精密称定，加入0.6%变色酸钠溶液0.25ml，在冰水中冷却后，加硫酸5ml，摇匀，静置15分钟，缓缓定量转移至盛有10ml水的25ml量瓶中，放冷，缓慢加水加至刻度，摇匀，作为供试品溶液。另取甲醛0.81g， | | |

续表

| 项目 | 药典规定 | 结果 | 结论 |
|---|---|---|---|
| 甲醛 | 精密称定，置100ml量瓶中，加水稀释至刻度，精密量取1ml，用水定量稀释至100ml；精密量取1ml，自“加入0.6%变色酸钠溶液0.25ml”起，同法操作，作为对照液。取上述两种溶液，照紫外-可见分光光度法（通则0401），在567nm波长处测定吸光度，并用同法操作的空白溶液进行校正。供试品溶液的吸光度不得大于对照溶液的吸光度（0.003%） | | |
| 水分 | 取本品2.0g，照水分测定法（通则0832第一法1）测定，含水分不得过1.0% | | |
| 炽灼残渣 | 取供试品1.0~2.0g，置已炽灼至恒重的坩埚中，精密称定，缓缓炽灼至完全炭化，放冷；除另有规定外，加硫酸0.5~1ml使湿润，低温加热至硫酸蒸气除尽后，在700~800℃炽灼使完全灰化，移置干燥器内，放冷，精密称定后，再在700~800℃炽灼至恒重，按现行版《中国药典》要求，不得过0.1% | | |
| 重金属 | 取本品4.0g，加盐酸溶液（9→1000）5ml与水适量，溶解后，用稀醋酸或氨试液调节pH至3.0~4.0，再加水稀释至25ml，依法检验（通则0821第一法），含重金属不得过百万分之五 | | |

### （三）含量测定

按照GMP规定生产马来酸氯苯那敏滴丸所用全部原辅料均应按照有关药品标准进行相应含量测定，经检查合格后方能投入使用，现行版《中国药典》规定的马来酸氯苯那敏的含量测定方法是：取马来酸氯苯那敏0.15g，精密称定，加冰醋酸10ml溶解后，加结晶紫指示液1滴，用高氯酸滴定液（0.1mol/L）滴定至溶液显蓝绿色，并将滴定的结果用空白试验校正。每1ml高氯酸滴定液（0.1mol/L）相当于19.54mg的$C_{16}H_{19}C_{1}N_{2}\cdot C_{4}H_{4}O_{4}$。

## 五、实训考核与思考

### （一）考核项目评分表

选择原料药马来酸氯苯那敏的含量测定作为实训考核项目，评分标准见表10-8。

**表10-8 马来酸氯苯那敏的含量测定配分与评分标准表**

| 序号 | 考核内容 | 考核要点 | 配分 | 评分标准 | 得分 |
|---|---|---|---|---|---|
| 1 | 职业素养 | 着装、举止 | 1 | 无白大衣、着装不整洁、举止不文明扣除此分 | |
| | | 仪容、佩饰 | 1 | 化浓妆、染甲、长甲及手戴佩饰者扣除此分 | |
| | | 爱护仪器、遵守仪器使用规定 | 4 | 违规损坏仪器者扣除此分 | |
| | | 节约水电、药品、试剂，环保意识 | 2 | 浪费水电、药品、任意处置试剂及药品者扣除此分 | |
| | | 实验秩序（步骤、台面清晰有序） | 2 | 实验秩序混乱扣除此分 | |

续表

| 序号 | 考核内容 | 考核要点 | 配分 | 评分标准 | 得分 |
|---|---|---|---|---|---|
| 2 | 称重 | 1. 分析天平使用规范、熟练<br>2. 称重准确 | 15 | 1. 操作不规范每项扣 5 分<br>2. 称重不准确扣 10 分<br>3. 操作不熟练酌情扣分 | |
| 3 | 移液管的使用 | 1. 正确洗涤移液管，并用待测溶液润洗 2～3 次<br>2. 吸液操作准确、熟练<br>3. 放液操作规范 | 25 | 1. 操作不规范每项扣 5 分<br>2. 未润洗扣 10 分<br>3. 调零不准确扣 10 分<br>4. 取液不准确扣 10 分<br>5. 操作不熟练酌情扣分<br>6. 不倒扣分 | |
| 4 | 滴定 | 1. 滴定管检漏<br>2. 正确洗涤滴定管，并用滴定液润洗 2～3 次<br>3. 正确装入滴定液，并调零点<br>4. 滴定操作规范、熟练<br>5. 终点颜色适宜，读数准确 | 30 | 1. 操作不规范每项扣 5 分<br>2. 未润洗扣 10 分<br>3. 未调零点扣 5 分<br>4. 终点过、读数不准确扣 10 分<br>5. 操作不熟练酌情扣分 | |
| 5 | 计算和结论 | 1. 计算结果准确 | 10 | 1. 结果不准确扣 10 分 | |
| 6 | 清场 | 桌面整洁卫生，清洗器具，仪器药品归位 | 10 | 1. 未清场扣 10 分<br>2. 清场不彻底扣 5 分 | |
| | 合计 | | 100 | | |

（二）思考题

1. 马来酸氯苯那敏检查项目主要有哪些？
2. 简述马来酸氯苯那敏在含量测定时需注意的问题。

扫码“学一学”

## 任务 2　制备马来酸氯苯那敏滴丸

### 一、技能要求

1. 能按照工艺规程完成马来酸氯苯那敏滴丸的制备。
2. 熟悉滴丸成型工艺操作要点及质量控制要点。
3. 能正确、及时记录实验现象。

### 二、物品准备

**1. 药品与试剂**　马来酸氯苯那敏、聚乙二醇 6000。

**2. 仪器与设备**　电子分析天平、DWJ－2000 滴丸机等。

### 三、相关指导

（一）任务介绍

滴丸剂系指原料药物与适宜的基质加热熔融混匀，滴入不相混溶、互不作用的冷凝介质中制成的球形或类球形制剂。主要供口服使用。滴丸的制备主要利用固体分散技术，将水溶性的固体基质和难溶性的液体药物或挥发油加热熔融，形成溶液、混悬液后，趁热滴在互不相溶的溶剂中，再迅速冷却，在表面张力的作用下使液滴收缩并冷凝成固态而获得滴丸。本次实训任务是制备规格为2mg/粒或4mg/粒的马来酸氯苯那敏滴丸。

马来酸氯苯那敏滴丸的处方与制法如下：

**【处方】**

| 原辅料 | 用 量 |
|---|---|
| 马来酸氯苯那敏 | 4g |
| 聚乙二醇6000 | 15.5g |
| 共制 | 1000～2000丸 |

**【制法】**将聚乙二醇6000放入容器，水浴加热熔融。加入马来酸氯苯那敏细粉，不断搅拌至溶解，趁热过滤，置储液瓶中，保温。设置滴速80滴/分钟，按照滴丸机操作规程进行制备。完全冷凝后取出滴丸，收集滴丸并吸去滴丸表面液体石蜡，用合适的药筛筛分得到合格的滴丸，即得。

### （二）滴丸剂的生产工艺流程及环境要求

按GMP要求，滴丸剂的生产环境洁净度要求为D级，其生产工艺流程见图10－2（虚线内为D级生产区）。

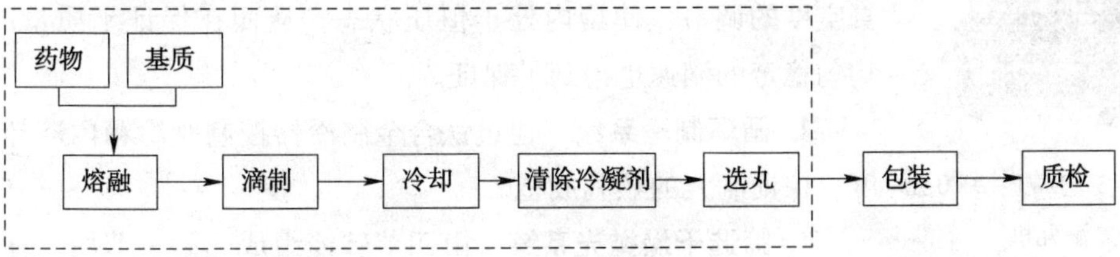


图10－2　滴丸剂的生产工艺流程图（虚线内为D级生产区）

### （三）滴丸生产过程质量控制点以及检查要求

滴丸剂的制备一般采用滴制法，成型是关键工序，滴丸生产过程质量控制点及其检查要求见表10－9。

**表10－9　滴丸生产过程质量控制点及其检查要求**

| 工序 | 监控点 | 监控项目 | 频次 |
|---|---|---|---|
| 粉碎过筛 | 原辅料 | 检验合格、品名、数量、异物 | 1次/批 |
| | 粉碎过筛 | 细度、异物 | 1次/批<br>随时/班 |
| 配料 | 称量 | 砝秤调零、有称量人、复核人，并签字 | 1次/班 |
| 成型 | 熔融、混合 | 基质熔融温度、原料与基质的比例、搅拌时间 | 随时/班<br>1次/班 |
| | 滴丸 | 料液滴制温度、冷凝液温度、滴距、滴速 | |
| | | 丸型、丸重、丸重差异 | 随时/班<br>1次/10分钟 |

续表

| 工序 | 监控点 | 监控项目 | 频次 |
|---|---|---|---|
| 筛选干燥 | 脱冷凝剂 | 转笼转速、丸粒光洁度 | 1次/班 |
| | 丸型 | 药筛、大小丸、碎丸、畸形丸、丸重 | 1次/批 |
| 包装 | 瓶装（袋装） | 包装瓶（成袋内包材）、装量、封口、批号 | 1次/批 |
| | 装盒 | 批号、数量、说明书、封口签 | 随时/班 |
| | 标签、说明书 | 批号、内容、数量、使用记录 | 随时/班 |
| | 装箱 | 批号、数量、装箱单、印刷内容 | 随时/班 |
| | 标签、小盒、大箱 | 批号、生产日期、有效期至 | 打印前核对 |

### （四）主要设备介绍

DWJ－2000型滴丸机（图10－3），主要由以下五大系统组成。

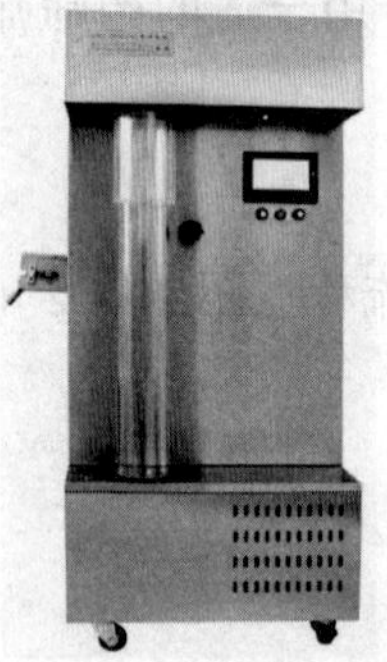

图10－3 DWJ－2000型滴丸机

**1. 药物调剂供应系统** 其作用是将药液与基质放入调料桶内，通过加热搅拌制成滴丸的混合液，然后通过压缩空气将其输送到储液罐内。

**2. 动态滴制收集系统** 储液罐内的液位通过液位传感器控制与供料系统联结，使储液罐保持定的液位，在此基础上，通过压力和真空度的调节，使罐内处于恒压状态，从而在保证了质量的同时，均匀稳定的滴速也得到了保证。

**3. 循环制冷系统** 通过钛合金制冷器控制制冷箱内冷却剂的温度，保证滴丸的顺利成型。

**4. 筛选干燥抛光系统** 由四节转笼组成。第一节用于筛选，第二和第三节完成滴丸表面冷却剂的擦拭及干燥，第四节转笼将完成对丸体抛光，抛光后的药丸由导料口导出准备装瓶。

**5. 计算机触摸屏控制系统** 采用触摸屏计算机控制技术，实现了整机的自动化生产。

## 四、实训操作

### （一）生产前准备

**1. 各工序现场检查** 检查该工序的房间、设备、容器具、模具等是否清洁、灭菌，并在合格有效期内；检查仪器仪表是否符合生产要求；检查该工序的设备是否正常；检查该工序所需的原辅料、容器具等是否领取，模具是否安装。QA人员是否进行生产前检查。生产设备及生产场所换相应的状态标志。

**2. 领取生产所用物料** 检查所用物料名称、代号、批号、数量等信息，检查物料是否在规定的效期内，外包装是否完好、清洁，办理物料交接手续，并签字记录。

### （二）滴丸前准备（以DWJ－2000型滴丸机为例）

**1. 准备工作**

（1）生产前进行清场复查，并合格。

（2）领取生产状态卡，替换清洁状态卡，并正确规范填写内容。

（3）根据批生产指令填写领料单领取原辅料。

（4）清洗滴头和储料罐，将滴头取下用热水单独洗干净；点击“加料管阀门”使热水注入“储料罐”，打开“滴头”开关，废水在压力作用下流出，关闭开关。

**2. 药液的制备**

（1）聚乙二醇6000水浴加热搅拌至完全熔融。

（2）分次加入马来酸氯苯那敏细粉，不断搅拌至溶解，趁热过滤。

（3）将马来酸氯苯那敏与聚乙二醇6000的混合液置储液瓶中，保温。

**（三）滴制成丸**

**1. 仪器的操作（以DWJ－2000型滴丸机为例）**

（1）按操作规程对仪器进行“制冷温度”“油泵温度”等各项参数设定。

（2）启动“加热”和加热油泵的“开关”按键，直到系统达到设定温度后，系统加热将自动关闭，停止加热。点击“制冷”开关，系统进入制冷状态。

（3）投料：打开“调料罐”加药口，装入已配好的药，关闭加药口。注意拧紧加药口螺栓，保证调料罐密封性。

（4）并于主机接上压缩空气管路，将压力调整为0.7MPa。

（5）当药液温度达到时，戴手套将已用热开水加热浸泡5分钟的滴头拧入滴头螺纹上。

（6）点击“搅拌”开关，开始工作。待达到设定时间，点击“加料管阀门”系统自动进入加药状态。

（7）打开触屏“传送带”“滚筒”“滴头”开关，开始滴药。

（8）试滴20秒，检查滴丸外观，此时可使用“加压”和“真空”旋钮，来控制滴速，滴速过快时，关闭“气压”旋钮，打开“真空”旋钮，增加真空度；滴速过慢时，可关小“真空”旋钮。已达到符合工艺要求为止。

（9）开始滴丸，滴制过程中抽取10颗滴丸，抹去表面冷却油。根据丸重调整滴速。

（10）收集滴丸，将滴丸脱油后，利用合适规格的筛，选出合格的滴丸。

（11）生产结束，关闭滴头开关，将“气压”“真空”旋钮调到最小为止，关闭“制冷”“油泵”开关。

（12）清洁与清场。

（13）关闭系统，认真填写各类记录及状态卡，并经QA检查合格后签字。

**2. 注意事项**

（1）仪器制冷前注意先打开冷却油泵，以防产生“冰堵”。加热时也应先打开加热油泵，这样才能均匀加热。

（2）制冷系统开停必须间隔5分钟以上，否则将对压缩机产生损坏。

（3）手动滴制时，需要注意制冷温度是否符合要求，否则容易引起管道堵塞。

（4）开始滴制时，需要控制好“加压阀”，以防药滴制过快成流，造成“大药丸”而堵塞管道。

（5）仪器要求安装在有空调的室内，室内温度适宜在25℃左右。

（6）注意仪器的保养和养护。

**（四）滴丸包装（瓶装）**

（1）内包装：定量筛丸入瓶，加盖。

（2）外包装：瓶身贴标签，封口。

### （五）滴丸制备过程中常见问题及处理方法（表 10 – 10）

**表 10 – 10　滴丸制备过程中常见问题及处理方法**

| 序号 | 常见问题 | 原　因 | 处理方法 |
|---|---|---|---|
| 1 | 滴丸表面不光滑 | 冷却液温度偏低，滴丸没有充分收缩 | 适当提高冷却液温度 |
| 2 | 滴丸拖尾 | 冷却液上部温度偏低，黏度大 | 适当提高冷却液温度 |
| 3 | 滴丸呈扁形 | 冷却液温度过低、黏度大，在液滴和冷却液面发生碰撞而变形，进入冷却液未及时收缩成球 | 升高冷却液温度 |
| | | 药液和冷凝液的密度相差过大，使其下降太快 | 调整药液与冷凝液密度，使滴丸在冷却液中的移动速度符合要求 |
| 4 | 滴丸间黏连 | 冷却液温度偏低，黏性较大，滴丸冷凝过程中受阻力较大，造成其下降速度变慢，引起相互间黏连 | 升高冷却液温度 |
| 5 | 滴丸丸重偏重 | 药液黏度较大或者压力过小 | 适当升高滴罐和滴盘温度，减小药液黏稠度，适当调节压力旋钮，增加滴灌内压力 |
| 6 | 滴丸丸重偏轻 | 药液黏度较小或者压力过大 | 适当降低滴罐和滴盘温度，增加药液黏稠度，适当调节压力旋钮，减少滴灌内压力 |

## 五、实训考核与思考

### （一）实训项目评分表

滴丸制备岗位实训考核评分标准见表 10 – 11。

**表 10 – 11　滴丸制备岗位配分与评分标准**

| 序号 | 考核内容 | 考核要点 | 配分 | 评分标准 | 得分 |
|---|---|---|---|---|---|
| 1 | 职业素养 | 着装、举止 | 2 | 无工作服、着装不整洁、举止不文明扣除此分 | |
| | | 仪容、佩饰 | 2 | 化浓妆、染甲、长甲及手戴佩饰者扣除此分 | |
| | | 爱护仪器、遵守仪器使用规定 | 2 | 违规损坏仪器者扣除此分 | |
| | | 节约水电、药品，有环保意识 | 2 | 浪费水电、药品、任意处置试剂及药品者扣除此分 | |
| | | 实验秩序（步骤、台面清洁有序） | 2 | 实验秩序混乱扣除此分 | |
| 2 | 生产前准备 | 1. 消毒、清洁设备<br>2. 温度、湿度检查<br>3. 检查设备仪器 | 15 | 1. 认真消毒、清洁设备得 5 分<br>2. 温度、湿度检查得 5 分<br>3. 检查设备仪器得 5 分 | |

续上表

| 序号 | 考核内容 | 考核要点 | 配分 | 评分标准 | 得分 |
|---|---|---|---|---|---|
| 3 | 药液的制备 | 1. 称量处方药物<br>2. 基质的处理<br>3. 药物的加入<br>4. 药物与基质的混合<br>5. 药液的保温 | 25 | 1. 正确称量处方药物得5分<br>2. 基质处理正确得5分<br>3. 分次加入药物得5分<br>4. 药物与基质混合均匀得5分<br>5. 药液保温正确得5分 | |
| 4 | 滴丸的制备 | 1. 仪器参数设置<br>2. 试滴<br>3. 生产一定数量滴丸<br>4. 收集滴丸 | 30 | 1. 正确调试滴丸机设定参数5分<br>2. 正确选取冷凝液5分<br>3. 等待温度达到时开始滴制5分<br>4. 试滴20秒，调整滴速5分<br>5. 生产规定数量的滴丸5分<br>6. 用滤纸吸干药丸得5分 | |
| 6 | 成品质量 | 滴丸质量符合要求 | 10 | 1. 滴丸大小一致得5分<br>2. 滴丸外观光洁、色泽均匀得5分 | |
| 7 | 清场 | 桌面整洁卫生，清洗器具，仪器药品归位 | 10 | 1. 未清场扣5分<br>2. 清场不彻底扣5分 | |
| 合计 | | | 100 | | |

（二）思考题

1. 滴丸成型岗位生产前必须做哪些准备工作？
2. 滴丸成型过程中的质量控制点有哪些？

## 任务3　马来酸氯苯那敏滴丸质量检查

扫码“学一学”

### 一、技能要求

1. 能按照规定方法对马来酸氯苯那敏滴丸生产过程的成品质量进行检查，并填好检查记录。

2. 能正确使用相关检测仪器、计量器具及其他检测工具，并进行维护保养。

### 二、物品准备

**1. 药品与试剂**　马来酸氯苯那敏滴丸。

**2. 仪器与设备**　分析天平、注射器及针头、崩解仪等。

### 三、相关指导

现行版《中国药典》规定，滴丸剂在生产与储存期间应在外观、含量均匀度、溶散时限、微生物限度等方面，符合相关药品标准要求。

### 四、实训操作

**1. 外观**　色泽一致，圆整均匀，无黏连现象，表面的冷凝液应除去。

**2. 含量均匀度**　取本品1丸，置25ml（2mg规格）或50ml（4mg规格）量瓶中，加流动相约20ml，振摇崩散，超声使马来酸氯苯那敏溶解，用流动相稀释至刻度，摇匀，滤过，取续滤液作为供试品溶液，精密量取10μl注入液相色谱仪，记录色谱图；另取马来酸氯苯那敏对照品16mg，精密称定，置200ml量瓶中，加流动相溶解并稀释至刻度，摇匀，同法测定。按外标法以氯苯那敏峰面积计算，即得。

色谱条件与系统适用性试验　用十八烷基硅烷键合硅胶为填充剂；以磷酸盐缓冲液（取磷酸二氢铵11.5g，加水适量使溶解，加磷酸1ml，用水稀释至1000ml－乙腈（80：20）为流动相；柱温为30℃；检测波长为262nm。出峰顺序依次为马来酸氯苯那敏，理论板数按氯苯那敏峰计算不低于4000，氯苯那敏峰与相邻杂质峰的分离度应符合要求。

**3. 溶散时限**　取供试品6丸，选择适当孔径筛网的吊篮（不锈钢丝网孔径约0.42mm的筛网），照崩解时限检查法（通则0921）片剂项下的方法不加挡板检查，应在30分钟内全部溶散，包衣滴丸应在1小时内全部溶散。操作过程中如供试品黏附挡板妨碍检查时，应另取供试品6丸，以不加挡板进行检查。上述检查，应在规定时间内全部通过筛网。如有细小颗粒状物未通过筛网，但已软化且无硬心者可按符合规定论。

其他各项质量检查应按照现行版《中国药典》马来酸氯苯那敏滴丸中各项要求进行，检查结果应符合各项相关规定。

**【结果判定】**

**1. 外观**

| | 色泽 | 形状 | 有无黏连现象 |
|---|---|---|---|
| 外观 | | | |

**2. 含量均匀度**

| 均值 | 标准差 | 标示量与均值之差的绝对值 | 是否符合含量均匀度 |
|---|---|---|---|
| | | | |

**3. 溶散时限**

______________（时间）全部溶解。

## 五、实训考核与思考

### （一）实训项目评分表

滴丸含量均匀度检查、溶散时限检查实训考核评分标准见表10－12、表10－13。

**表10－12　马来酸氯苯那敏滴丸含量均匀度检查考核配分与评分标准**

| 序号 | 考核内容 | 考核要点 | 配分 | 评分标准 | 得分 |
|---|---|---|---|---|---|
| 1 | 职业素养 | 着装、举止 | 2 | 无白大衣、着装不整洁、举止不文明扣除此分 | |
| | | 仪容、佩饰 | 2 | 化浓妆、染甲、长甲及手戴佩饰者扣除此分 | |
| | | 爱护仪器、遵守仪器使用规定 | 2 | 违规损坏仪器者扣除此分 | |
| | | 节约水电、药品，环保意识 | 2 | 浪费水电、药品、任意处置试剂及药品者扣除此分 | |
| | | 实验秩序（步骤、台面清晰有序） | 2 | 实验秩序混乱扣除此分 | |

续上表

| 序号 | 考核内容 | 考核要点 | 配分 | 评分标准 | 得分 |
| --- | --- | --- | --- | --- | --- |
| 2 | 实验前准备 | 1. 样品的处理<br>2. 流动相的处理 | 10 | 1. 正确处理流动相5分<br>2. 正确处理样品5分 | |
| 3 | 测定 | 1. 仪器的操作<br>2. 进样<br>3. 数据的处理、报告的生成<br>4. 计算 | 60 | 1. 仪器色谱条件的正确设定10分<br>2. 正确进样10分<br>3. 正确处理数据10分<br>4. 生成数据报告10分<br>5. 公式使用正确10分<br>6. 计算结果正确10分 | |
| 4 | 熟练程度 | 规定时间内完成操作 | 10 | 超过规定时限扣10分 | |
| 5 | 清场 | 桌面整洁卫生，仪器设定清洗模式，仪器药品归位 | 10 | 1. 仪器未冲洗扣10分<br>2. 未清场扣5分 | |
| 合计 | | | 100 | | |

**表10-13　马来酸氯苯那敏滴丸溶散时限的检查考核配分与评分标准**

| 序号 | 考核内容 | 考核要点 | 配分 | 评分标准 | 得分 |
| --- | --- | --- | --- | --- | --- |
| 1 | 职业素养 | 着装、举止 | 2 | 无白大衣、着装不整洁、举止不文明扣除此分 | |
| | | 仪容、佩饰 | 2 | 化浓妆、染甲、长甲及手戴佩饰者扣除此分 | |
| | | 爱护仪器、遵守仪器使用规定 | 2 | 违规损坏仪器者扣除此分 | |
| | | 节约水电、药品，环保意识 | 2 | 浪费水电、药品、任意处置试剂及药品者扣除此分 | |
| | | 实验秩序（步骤、台面清晰有序） | 2 | 实验秩序混乱扣除此分 | |
| 2 | 实验前准备 | 1. 正确选择筛网<br>2. 正确选择溶散介质 | 20 | 1. 筛网选择正确10分<br>2. 溶散介质选择正确10分 | |
| 3 | 装量检查 | 1. 崩解时限测定仪时间、温度设定正确<br>2. 崩解时限测定仪吊篮高度设定正确<br>3. 取样正确<br>4. 正确启动崩解时限测定仪 | 50 | 1. 介质装入正确10分<br>2. 时间设定正确10分<br>3. 温度设定正确10分<br>4. 吊篮高度设定正确10分<br>5. 取样数量正确10分 | |
| 4 | 熟练程度 | 规定时间内完成操作 | 10 | 超过规定时限扣10分 | |

扫码“练一练”

续上表

| 序号 | 考核内容 | 考核要点 | 配分 | 评分标准 | 得分 |
| --- | --- | --- | --- | --- | --- |
| 5 | 清场 | 桌面整洁卫生，清洗器具，仪器药品归位 | 10 | 1. 未清场扣10分<br>2. 清场不彻底扣5分 | |
| 合计 | | | 100 | | |

（二）思考题

1. 滴丸剂得质量检查检查项目有哪些？
2. 若滴丸的外观及含量均匀度检查不合格，请分析产生的原因。

（臧婧蕾）

# 项目十一

# 酮康唑乳膏生产实训

**【项目实训目标】**

1. 能按照药品标准对酮康唑乳膏的主要物料进行质量检验。
2. 能按照工艺规程和操作要求完成酮康唑乳膏的制备。
3. 掌握真空匀质乳化机、全自动灌装封尾机的操作方法。
4. 掌握乳膏剂的质量检查方法与相关分析仪器的使用。
5. 理解投料质量与工艺稳定性对药品质量的影响。

**【项目任务解析】**

| 项目组成 | 任务名称 | 面向职业（代码） | 面向岗位 |
|---|---|---|---|
| 任务一 | 物料质量检验 | 药物检验员（4－08－05－04） | 药物分析员、QC |
| 任务二 | 制备酮康唑乳膏 | 药物制剂工（6－12－03－00） | 软膏剂工、工艺员、QA |
| 任务三 | 酮康唑乳膏质量检查 | 药物检验员（4－08－05－04） | 药物分析员、QC |

扫码“学一学”

## 任务1　物料质量检验

### 一、技能要求

1. 熟悉酮康唑乳膏所用原辅料的质量检验方法。

2. 能按照药典要求完成 pH 测定法、旋光度法、气相色谱法、电位滴定法的基本操作并进行结果判断。

### 二、物品准备

**1. 药品与试剂**　酮康唑、液状石蜡、十六十八醇、混合脂肪酸甘油酯、十二烷基硫酸钠、甘油、亚硫酸氢钠、依地酸二钠、山梨酸钾、三乙醇胺、匀染剂 O、丙二醇、苯甲醇、乳膏铝管等。

**2. 仪器与设备**　酸度计、紫外－可见分光光度计、红外分光光度计、旋光度仪、气相色谱仪、高效液相色谱仪、永停滴定仪等。

### 三、相关指导

酮康唑为咪唑类抗真菌药，其化学结构见图 11－1，本药对皮肤癣菌如毛发癣菌属、表皮癣菌属、小孢子菌属及酵母菌如念珠菌等具有抑制作用，局部外用几乎不经皮肤吸收。现行版《中国药典》二部收载有酮康唑乳膏、酮康唑洗剂、复方酮康唑乳膏等 3 种制剂。酮康唑乳膏是本药应用较为广泛的品种，目前我国有 90 余家企业获得批准文号，生产此药所需物料包括酮康唑、液状石蜡、十六十八醇、混合脂肪酸甘油酯、匀染剂 O、十二烷基硫酸钠、甘油、亚硫酸氢钠、依地酸二钠等，其质量优劣直接关系到成品质量，关系到人们用药的安全性和有效性。

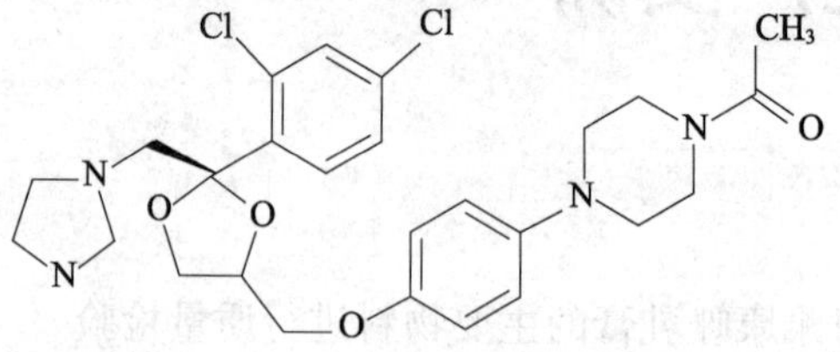


图 11－1　酮康唑化学结构式

## 四、实训操作

### （一）性状与鉴别

**1. 性状**　酮康唑为类白色结晶性粉末；无臭，无味。本品在氯仿中易溶，在甲醇中溶解，在乙醇中微溶，在水中几乎不溶。检查结果见表 11－1。

**表 11－1　酮康唑的性状检查**

厂家：　　　　　　　　　　　　　　批号：

| 性状 | 颜色 | 状态 | 臭味 |
|---|---|---|---|
| 结果 | | | |

**2. 鉴别**　根据现行版《中国药典》二部酮康唑【鉴别】项下做如下检查，见表 11－2。

**表 11－2　酮康唑的鉴别**

厂家：　　　　　　　　　　　　　　批号：

| 项目 | 药典规定 | 结果 | 结论 |
|---|---|---|---|
| 鉴别 1 | 取本品约 10mg，加 0.1mol/L 盐酸溶液 5ml，使溶解，加碘化铋钾试液数滴，即生成橙红色沉淀 | | |
| 鉴别 2 | 取本品约 60mg，置 100ml 量瓶中，加 0.1mol/L 盐酸溶液 10ml 溶解，用水稀释至刻度，摇匀，取适量，用 0.01mol/L 盐酸溶液稀释制成每 1ml 中含 15μg 的溶液，照紫外－可见分光光度法（通则 0401）测定，在 221nm 与 269nm 的波长处有最大吸收，在 276nm 的波长处有一肩峰 | | |
| 鉴别 3 | 本品的红外光吸收图谱应与对照的图谱（光谱集 677 图）一致 | | |

### （二）检查

按照 GMP 规定，生产酮康唑乳膏所用全部原辅料均应按照有关药品标准进行相应检查，经检查合格后方能投入使用。现行版《中国药典》规定，酮康唑乳膏所用主要物料应进行如下检查，见表 11－3。

**表 11－3 主要物料的检查项目一览表**

| 物料名称 | 检查项目 |
|---|---|
| 酮康唑 | 熔点、旋光度、溶液澄清度、有关物质、干燥失重、炽灼残渣、重金属 |
| 混合脂肪酸甘油酯 | 熔点、酸值、皂化值、羟值、碘值、过氧化值 |
| 苯甲醇 | 酸度、乙醇溶液的澄清度与颜色、氯化物、有关物质、水分 |
| 液体石蜡 | 酸碱度、硫化物、稠环芳烃、固形石蜡、易炭化物、重金属、砷盐 |
| 十二烷基硫酸钠 | 碱度、氯化钠、硫酸钠、未酯化醇、总醇量、重金属 |
| 甘油 | 酸碱度、颜色、氯化物、硫酸盐、醛与还原性物质、糖、脂肪酸与脂类、易炭化物、有关物质、水分、灼灼残渣、铵盐、铁盐、重金属、砷盐 |

**1. 酮康唑有关检查** 按照现行版《中国药典》二部酮康唑【检查】项下操作，完成如下实训，见表 11－4。

**表 11－4 酮康唑检查报告一览表**

厂家： 批号：

<table>
<tr><th>项目</th><th>药典规定</th><th>结果</th><th>结论</th></tr>
<tr><td>旋光度</td><td>取本品，精密称定，加二氯甲烷溶解并定量稀释制成每 1ml 中约含 100mg 的溶液，依法测定（通则 0621），旋光度应为 －0.1°～＋0.1°</td><td></td><td></td></tr>
<tr><td>三氯甲烷溶液的澄清度与颜色</td><td>取本品 0.30g，加三氯甲烷 10ml 溶解后，溶液应澄清；如显色，与橙黄色 5 号标准比色液（通则 0901 第一法）比较，不得更深</td><td></td><td></td></tr>
<tr><td>有关物质</td><td>取本品适量，加甲醇溶解并稀释制成每 1ml 中含 10mg 的溶液，作为供试品溶液；精密量取适量，用甲醇定量稀释制成每 1ml 中含 0.05mg 的溶液，作为对照溶液；另取酮康唑与盐酸洛哌丁胺各 5mg，置同一 100ml 量瓶中，用甲醇溶解并稀释至刻度，摇匀，作为系统适用性溶液。照高效液相色谱法（通则 0512）试验，用十八烷基硅烷键合硅胶为填充剂（BDS），或效能相当色谱柱检测波长为 220nm；以 0.34% 硫酸氢四丁基铵溶液为流动相 A，乙腈为流动相 B，按下表进行梯度洗脱。取系统适用性溶液 10μl，注入液相色谱仪，酮康唑峰的保留时间约为 6 分钟，酮康唑峰与盐酸洛哌丁胺峰的分离度应大于 15。精密量取供试品溶液与对照溶液各 10μl，分别注入液相色谱仪，供试品溶液的色谱图中如有杂质峰，各杂质峰面积的和不得大于对照溶液主峰面积（0.5%）。供试品溶液色谱图中小于对照溶液主峰面积 0.1 倍的峰忽略不计<br>
<table>
<tr><th>时间（分钟）</th><th>流动相 A（%）</th><th>流动相 B（%）</th></tr>
<tr><td>0</td><td>95</td><td>5</td></tr>
<tr><td>10</td><td>50</td><td>50</td></tr>
<tr><td>15</td><td>50</td><td>50</td></tr>
<tr><td>17</td><td>95</td><td>5</td></tr>
<tr><td>22</td><td>95</td><td>5</td></tr>
</table></td><td></td><td></td></tr>
</table>

续表

| 项目 | 药典规定 | 结果 | 结论 |
|---|---|---|---|
| 干燥失重 | 取本品，在105℃减压干燥至恒重，减失重量不得过0.5%（通则0831） | | |
| 炽灼残渣 | 取本品1.0g，依炽灼残渣测定法（通则0841）检查，遗留残渣不得过0.1% | | |
| 重金属 | 取炽灼残渣项下遗留的残渣，依重金属检查法第二法（通则0821）检查，含重金属不得过百万分之二十 | | |

**2. 苯甲醇检查** 按照现行版《中国药典》苯甲醇【检查】项下操作完成如下实训，见表11－5。

**表11－5 苯甲醇检查报告一览表**

厂家： 批号：

| 项目 | 药典规定 | 结果 | 结论 |
|---|---|---|---|
| 酸度 | 取供试品10ml，加入乙醇10ml和酚酞指示液1ml，用氢氧化钠滴定液（0.1mol/L）滴定至溶液显粉红色，消耗的氢氧化钠滴定液（0.1mol/L）不得过0.2ml | | |
| 乙醇溶液的澄清度与颜色 | 取本品2ml，加水58ml，振摇，依法检查（通则0901与通则0902），溶液应澄清无色 | | |
| 氯化物 | 取本品1g，依法检查（通则0801），与标准氯化钠溶液3.0ml制成的对照液比较，不得更深（0.003%） | | |
| 有关物质 | 取本品作为供试品溶液；另取苯甲醛对照品适量，精密称定，加丙酮溶解并稀释制成每1ml中含苯甲醛0.5mg的溶液作为对照品溶液。照气相色谱法（通则0521）试验，以聚乙二醇20M为固定液；分流进样，分流比20∶1；起始温度为50℃，以每分钟5℃的速率升温至220℃，维持35分钟；进样口温度为200℃；检测器温度310℃；精密量取供试品溶液与对照品溶液各1ml注入气相色谱仪，记录色谱图，供试品溶液色谱图中任何小于主峰面积0.0001%的峰可忽略不计。按外标法以峰面积计算，含苯甲醛不得过0.1%，如有其他杂质峰，按面积归一化法计算，单个未知杂质不得过0.02%，其他杂质总量不得过0.1%；供注射用时，按外标法以峰面积计算，含苯甲醛不得过0.05%，如有其他杂质峰，按面积归一化法计算，单个未知杂质不得过0.01%，其他杂质总量不得过0.05% | | |

**3. 混合脂肪酸甘油酯检查** 按照现行版《中国药典》四部混合脂肪酸甘油酯【检查】项下操作完成如下实训，见表11－6。

表 11－6　混合脂肪酸甘油酯检查报告一览表

厂家：　　　　　　　　　　　批号：

| 项目 | 药典规定 | 结果 | 结论 |
|---|---|---|---|
| 碱性杂质 | 取本品 2.0g，加乙醇 1.5ml 与乙醚 3.0ml 使溶解，在 40℃水浴中加热溶解后，加溴酚蓝指示液 0.05ml，用盐酸滴定液 (0.01mol/L) 滴定至溶液显黄色，消耗盐酸滴定液（0.01mol/L）不得过 0.15ml | | |
| 灰分 | 取本品 2g，置已炽灼至恒重的坩埚中，精密称定，缓缓炽灼（注意避免燃烧）至完全炭化后，在 500～600℃炽灼使完全灰化并恒重，遗留灰分不得过 0.05% | | |
| 重金属 | 取本品 1g，加饱和氯化钠溶液 20ml，置水浴上加热溶化，然后置冰浴中冷却，滤过，滤液移至 50ml 比色管中，加稀醋酸 2ml 与水适量使成 25ml，依法检查（通则 0821 第一法），含重金属不得过百万分之十 | | |

（三）含量测定

按照 GMP 规定，生产酮康唑乳膏所用全部原辅料均应按照有关药品标准进行相应含量测定，经检查合格后方能投入使用，下列为现行版《中国药典》规定苯甲醇和酮康唑的含量测定方法。

**1. 苯甲醇含量测定**

照气相色谱法（通则 0521）测定。

色谱条件与系统适用性试验　以聚乙二醇 20M 为固定相；进样口温度 200℃，检测器温度 250℃，柱温为 130℃。

测定法　取本品，精密称定，用甲醇稀释制成每 1 ml 中约含 1mg 的溶液，精密量取 1μl 注入气相色谱仪，记录色谱图；另取苯甲醇对照品，同法测定，按外标法以峰面积计算，即得。

按现行版《中国药典》规定，苯甲醇按干燥品计算，含 $C_7H_80$ 不得少于 98%。

**2. 酮康唑含量测定**

取本品约 0.2g，精密称定，加冰醋酸 40ml 溶解后，照电位滴定法（通则 0701），用高氯酸滴定液（0.1mol/L）滴定，并将滴定的结果用空白试验校正。每 1ml 高氯酸滴定液（0.1mol/L）相当于 26.57mg 的 $C_{26}H_{28}Cl_2N_4O_4$。

按现行版《中国药典》规定，酮康唑按干燥品计算，含 $C_{26}H_{28}Cl_2N_4O_4$ 不得少于 99.0%

## 五、实训考核与思考

（一）考核项目评分表

酮康唑电位滴定法含量测定实训考核评分标准见表 11－7。

**表 11－7 酮康唑的含量测定配分与评分标准表**

| 序号 | 考核内容 | 考核要点 | 配分 | 评分标准 | 得分 |
|---|---|---|---|---|---|
| 1 | 职业素养 | 着装、举止 | 1 | 无白大衣、着装不整洁、举止不文明扣除此分 | |
| | | 仪容、佩饰 | 1 | 化浓妆、染甲、长甲及手戴佩饰者扣除此分 | |
| | | 爱护仪器、遵守仪器使用规定 | 4 | 违规损坏仪器者扣除此分 | |
| | | 节约水电、药品、试剂，有环保意识 | 2 | 浪费水电、药品、任意处置试剂及药品者扣除此分 | |
| | | 实验秩序（步骤、台面清洁有序） | 2 | 实验秩序混乱扣除此分 | |
| 2 | 称重 | 1. 分析天平使用规范、熟练<br>2. 称重准确 | 15 | 1. 操作不规范每项扣 5 分<br>2. 称重不准确扣 10 分<br>3. 操作不熟练酌情扣分 | |
| 3 | 电极使用 | 1. 仪器预热操作规范<br>2. 电极使用规范<br>3. 电极使用后保存规范 | 25 | 1. 操作不规范每项扣 5 分<br>2. 电极使用错误扣 10 分<br>3. 操作不熟练酌情扣分 | |
| 4 | 滴定 | 1. 滴定管检漏<br>2. 正确洗涤滴定管，并用滴定液润洗 2～3 次<br>3. 滴定操作规范、熟练<br>4. 终点判断准确，读数准确 | 30 | 1. 操作不规范每项扣 5 分<br>2. 未润洗扣 10 分<br>3. 终点过、读数不准确扣 10 分<br>4. 操作不熟练酌情扣分 | |
| 5 | 计算和结论 | 计算结果准确 | 10 | 结果不准确扣 10 分 | |
| 6 | 清场 | 桌面整洁卫生，清洗器具，仪器药品归位 | 10 | 1. 未清场扣 10 分<br>2. 清场不彻底扣 5 分 | |
| 合计 | | | 100 | | |

（二）思考题

1. 酮康唑的各检查项目主要针对何种杂质，有何危害？
2. 乳膏制剂的一般检查项目有哪些？
3. 本次实验中用到的限量检查方法有哪些？请举例说明。

扫码“学一学”

## 任务 2 制备酮康唑乳膏

### 一、技能要求

1. 掌握软膏剂生产工艺流程，能按照工艺规程完成酮康唑乳膏的制备。

2. 会按照真空匀质乳化机、全自动软膏灌装封尾机的操作规程，完成乳膏的制备和填充工艺过程。

3. 能对乳膏剂生产过程进行质量控制。

## 二、物品准备

**1. 药品与试剂** 酮康唑、液状石蜡、十六十八醇、混合脂肪酸甘油酯、十二烷基硫酸钠、甘油、亚硫酸氢钠、山梨酸钾、三乙醇胺、丙二醇、苯甲醇、乳膏铝管。

**2. 仪器与设备** 真空匀质乳化机、全自动软膏灌装封尾机、电子分析天平等。

## 三、相关指导

### （一）任务介绍

乳膏剂系指原料药物溶解或分散于乳状液型基质中形成的均匀半固体制剂。由于基质不同，乳膏剂可分为水包油型乳膏剂和油包水型乳膏剂。乳膏剂主要起保护创面、润滑皮肤和局部治疗作用，某些药物亦可经皮吸收后产生全身治疗作用。本次实训任务是制备规格10g/支的酮康唑乳膏100支。

**【处方】**

| 原辅料 | 用量/1000（g） | 处方分析 |
|---|---|---|
| 酮康唑 | 20g | 主药 |
| 液体石蜡 | 15.0 | 油相 |
| 十六十八醇 | 60 | 油相、辅助乳化剂 |
| 混合脂肪酸甘油酯 | 12.5 | 油相 |
| 匀染剂O | 20 | 乳化剂 |
| 十二烷基硫酸钠 | 4.6 | 乳化剂 |
| 丙三醇 | 60 | 水相、保湿剂 |
| 亚硫酸氢钠 | 0.5 | 抗氧化剂 |
| 山梨酸钾 | 1.0 | 防腐剂 |
| 依地酸二钠 | 0.5 | 金属离子络合剂 |
| 三乙醇胺 | 5 | 水相 |
| 丙二醇 | 30 | 水相 |
| 苯甲醇 | 10 | 防腐剂 |
| 纯化水 | 适量 | 水相 |

**【制法】**油相：将混合脂肪酸甘油酯、液状石蜡、十六十八醇、匀染剂O混合水浴75～85℃加热至熔融为油相。水相：将山梨酸钾、依地酸二钠、甘油、十二烷基硫酸钠、亚硫酸氢钠、丙二醇、三乙醇胺、纯化水混合加热至相同温度并溶解为水相。将油相、水相分别用3层纱布过滤后，在75～85℃条件、25r/min的搅拌速度下将油相缓缓加入水相中，至完全乳化后，加入酮康唑和苯甲醇，搅拌均匀即得酮康唑乳膏。

### （二）乳膏剂的生产工艺流程及环境要求

按GMP要求，乳膏剂的生产环境洁净度要求为D级，其制备一般分为基质预处理、乳化、灌封和包装等过程。其中，乳化和灌封是关键工序。

乳膏剂生产工艺流程见图11－2。

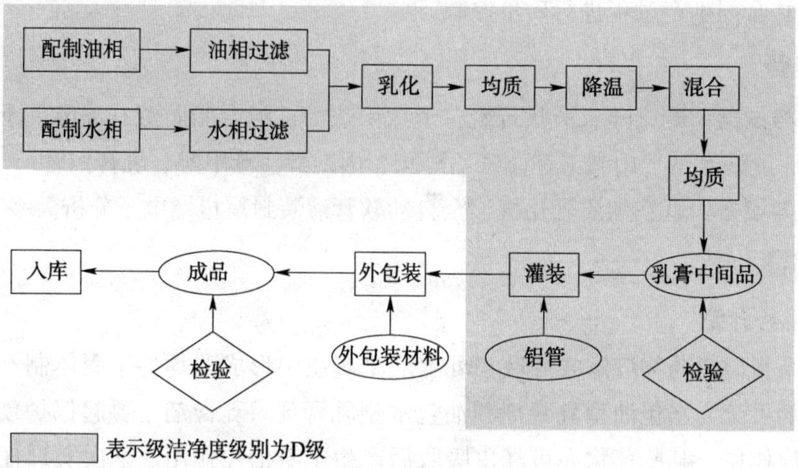


图 11－2　乳膏剂的生产工艺流程图

### （三）乳膏剂生产过程质量控制点及其检查要求

乳化法是制备乳膏剂常用方法，生产过程质量控制点及其检查要求见表 11－8。

**表 11－8　乳膏剂生产过程质量控制点及检查要求**

<table>
<tr><th>工序</th><th colspan="2">监控点</th><th>监控项目</th><th>频次</th></tr>
<tr><td>基质准备</td><td colspan="2">原料</td><td>色泽、异物及合格证</td><td>1 次/批</td></tr>
<tr><td>称量</td><td colspan="2">物料</td><td>品名、重量</td><td>1 次/批</td></tr>
<tr><td>配制</td><td colspan="2">原料</td><td>外观、黏稠度、粒度</td><td>1 次/批</td></tr>
<tr><td>灌封</td><td colspan="2">物料</td><td>密封性、软管外观、装量</td><td>1 次/批</td></tr>
<tr><td rowspan="4">包装</td><td>内包</td><td>在线包装品</td><td>外观、气密性</td><td>每班</td></tr>
<tr><td rowspan="3">外包</td><td>标签、说明书</td><td>印刷内容、标签和说明书使用数量、批号、有效期的打印清晰、正确</td><td rowspan="3">随时/每班</td></tr>
<tr><td>装盒</td><td>数量</td></tr>
<tr><td>装箱</td><td>数量、产品合格证及其内容</td></tr>
</table>

### （四）主要设备介绍

扫码“看一看”

**1. 真空匀质乳化机**　其结构由均质锅（可升降锅盖、翻转式锅体）、水锅、油锅、刮壁双搅拌、均质乳化真空系统、电加热或蒸汽加热温度控制系统、电器控制等组成，见图 11－3。工作时，物料在水锅、油锅内通过加热、搅拌进行混合反应后，由真空泵吸入乳化锅，通过乳化锅内上部的中心搅拌。聚四氟乙烯刮板始终迎合搅拌锅形体，扫净挂壁黏料，使被刮取的物料不断产生新界面，再经过叶片与回转叶片的剪断、压缩、折叠，使其搅拌、混合而向下流往锅体下方的均质器处，物料再通过高速旋转的切割轮与固定的切割套之间所产生的强力的剪断、冲击、乱流等过程，形成均匀的分散乳化物料。随后，进入下一个操作。

**2. 全自动软膏灌装封尾机**　其结构由软管入管系统、软管检测与清洁装置、对色标装置、灌装装置、装量自动微调装置、灌装抬升机构、无管不灌装系统、保温双层灌装料筒、封尾装置、出料装置、主传动系统、电气控制系统、主电机、过载保护系统、模具组成，见图 11－4。工作时，把软管整齐放置在大容量的管斗，通过自动送管装置，软管经整列后，自动插入定位模内，定位模随转盘转动，分别停留在不同的工位上。将需要灌装的膏剂投入可封闭的锥形料桶内，通过与料桶直接相连的活塞式定量灌装阀，准确自动地注入间歇停留在灌装工位上的软管内，大盘继续转动，将已注有膏剂的软管迅速带到封口工位上，完成封口及并具备打码功能。

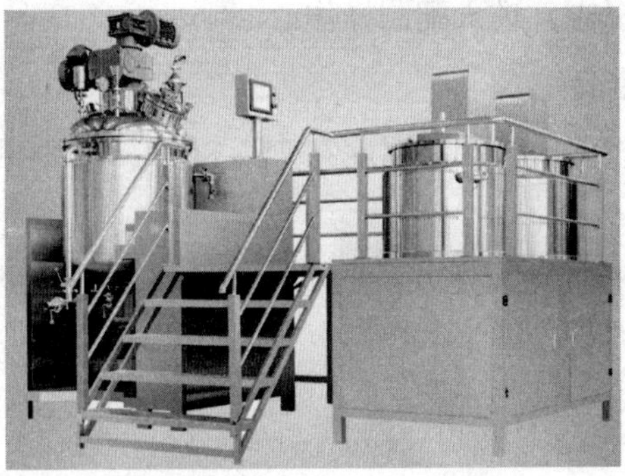

图 11－3　真空匀质乳化机

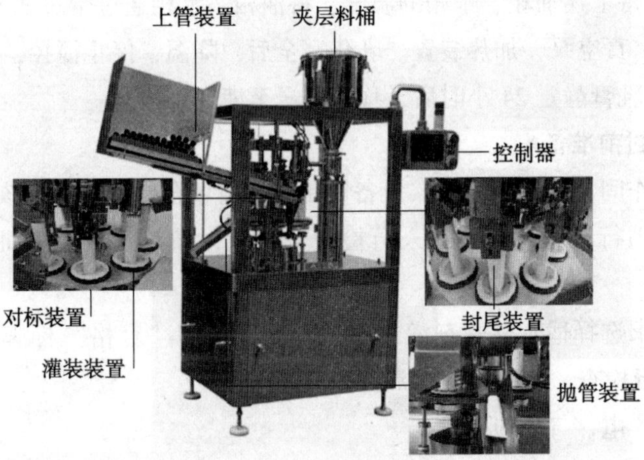


图 11－4　全自动灌装封尾机

## 四、实训操作

### （一）生产前准备

**1. 各工序现场检查**

（1）检查操作间、工具、容器、设备等是否有清场合格标志，并核对是否在有效期内。否则按清场标准程序进行清场并经 QA 人员检查合格后，填写清场合格证，方可进入下一步操作。

（2）根据要求选择适宜软膏剂配制设备，设备要有“合格”标牌，“已清洁”标牌，并对设备状况进行检查，确证设备正常，方可使用。

（3）检查水、电供应正常，开启纯化水阀放水 10 分钟。

（4）检查配制容器、用具是否清洁干燥，必要时用 75% 乙醇溶液对乳化罐、油相罐、配制容器、用具进行消毒。

**2. 领取生产所用物料**

根据生产指令填写领料单，从备料称量间领取原、辅料，并核对品名、批号、规格、数量、质量无误后，办理物料交接手续，并签字记录，进行下一步操作。

**3. 配置前准备工作**

（1）操作前检查加热、搅拌、真空是否正常，关闭油相罐、乳化罐底部阀门，打开真空泵冷却水阀门。

（2）挂本次运行状态标志，进入配制操作。

**（二）油相、水相的准备**

（1）配制油相加入油相基质，控制温度在75～85℃。待油相开始熔化时，开动搅拌至完全熔化。

（2）配制水相将水相基质投入处方量的纯化水中，加热搅拌，控制温度在75～85℃，使溶解完全。

**（三）乳化成膏**

**1. 乳化**

（1）根据药物的性质，在配制水相、油相时或乳化操作中加入药物。

（2）乳化 保持上述油相、水相的温度，将油相、水相通过带过滤网的管路压入乳化锅中，启动搅拌器、真空泵、加热装置。乳化完全后，降温，停止搅拌，真空静置。

（3）静置 将乳膏静置24小时后，称重，送至灌封工序。

**2. 软膏剂灌封前准备**

（1）检查操作间、工具、容器、设备等是否有清场合格标志，并核对是否在有效期内。按清场标准程序进行清场并经QA人员检查合格后，填写清场合格证，方可进入下一步操作。

（2）根据要求选择适宜软膏剂灌封设备，设备要有"合格"标牌，"已清洁"标牌，并对设备状况进行检查，确证设备正常，方可使用。

（3）检查水、电、气供应正常。

（4）检查储油箱的液位不超过视镜的2/3，润滑油涂抹阀杆和导轴。

（5）用75%乙醇溶液对贮料罐、喷头、活塞、连接管等进行消毒后按从下到上的顺序安装，安装计量泵时方向要准确、扭紧，紧固螺母时用力要适宜。

（6）检查抛管机械手是否安装到位。

（7）手动调试二至三圈，保证安装、调试到位。

（8）检查铝管，表面应平滑光洁，内容清晰完整，光标位置正确，铝管内无异物，管帽与管嘴配合；检查合格后装机。

（9）装上批号板，点动全自动软膏灌封机，观察全自动软膏灌封机运转是否正常；检查密封性、光标位置和批号。

（10）按生产指令称取物料，复核各物料的品名、规格、数量。

（11）挂本次运行状态标志，进入操作。

**3. 灌封操作**

（1）操作人员戴好口罩和一次性手套。

（2）加料：将料液加满贮料罐，盖上盖子，生产中当贮料罐内料液不足贮料灌总容积的1/3时，必须进行加料。

（3）灌封操作：开启全自动软膏灌封机总电源开关；设定每小时产量、是否注药等参数，按"送管"开始进空管，通过点动设定装量合格并确认设备无异常后，正常开机；每隔10分钟检查一次密封口、批号、装量。

**（四）包装**

按本品包装规格要求包装，并放入1张说明书，盖上盒盖，贴封口签。

按包装指令规定的包装规格进行装箱，装满后放入待验区。

**（五）检验、入库**

经抽检合格后，发放填写合格证（品名、批号、规格、检查人、检查日期及包装人），放入一张合格证，用胶带封箱。再用打包机打包，成品包装应坚挺，美观整洁。入库。

## 五、实训考核与思考

**（一）考核项目评分表**

乳化岗位考核项目评分标准见表11-9。

**表11-9 乳化岗位配分与评分标准表**

| 序号 | 考核内容 | 考核要点 | 配分 | 评分标准 | 得分 |
|---|---|---|---|---|---|
| 1 | 职业素养 | 着装、举止 | 2 | 无白大衣、着装不整洁、举止不文明扣除此分 | |
| | | 仪容、佩饰 | 2 | 化浓妆、染甲、长甲及手戴佩饰者扣除此分 | |
| | | 爱护仪器、遵守仪器使用规定 | 2 | 违规损坏仪器者扣除此分 | |
| | | 节约水电、药品，环保意识 | 2 | 浪费水电、药品、任意处置试剂及药品者扣除此分 | |
| | | 实验秩序（步骤、台面清晰有序） | 2 | 实验秩序混乱扣除此分 | |
| 2 | 真空匀质乳化机准备工作 | 1. 真空匀质乳化机操作正确<br>2. 真空匀质乳化机后处理操作正确 | 20 | 1. 未调试真空匀质乳化机扣10分<br>2. 开机顺序不准确扣10分<br>3. 不倒扣分 | |
| 3. | 乳膏的制备 | 1. 水相、油相配制正确<br>2. 乳化时间、搅拌速度设置正确； | 20 | 1. 水相、油相配制不正确扣10分<br>2. 乳化时间、搅拌速度设置不正确扣10分<br>3. 不倒扣分 | |
| 4 | 开机运行 | 1. 开机顺序准确<br>2. 正确排除故障 | 20 | 1. 开机顺序不准确扣10分<br>2. 未正确排除故障扣10分<br>3. 不倒扣分 | |
| 5 | 熟练程度 | 规定时间内完成 | 10 | 超过规定时限扣10分 | |
| 6 | 成品质量 | 乳膏质量符合要求 | 10 | 1. pH差异较大扣1~5分<br>2. 乳膏性状不符合要求扣1~5分 | |
| 7 | 清场 | 桌面整洁卫生，清洗器具，仪器药品归位 | 10 | 1. 未清场扣10分<br>2. 清场不彻底扣5分 | |
| | 合计 | | 100 | | |

（二）思考题

1. 大量制备时，如何对凡士林等基质进行预处理？

2. 软膏剂制备过程中药物的加入方法有哪些？

3. 制备乳剂型软膏基质时应注意什么？

扫码“学一学”

## 任务3　酮康唑乳膏质量检查

### 一、技能要求

1. 能按照规定方法对酮康唑乳膏生产过程的半成品、成品质量进行检查，并填好检查记录。

2. 能正确使用相关检测仪器、计量器具及其他检测工具，并进行维护保养。

### 二、物品准备

**1. 药品与试剂**　甲醇（色谱纯）、乙腈（色谱纯）、三乙胺（分析纯）、冰醋酸（分析纯）。

**2. 仪器与设备**　高效液相色谱、电子分析天平等。

### 三、相关指导

乳膏剂的一般质量要求包括：①均匀、细腻，涂于皮肤或黏膜上应无刺激性；②具有适当的黏稠度，易于涂布于皮肤或黏膜上，不融化，黏稠度随季节变化应很小；③性质稳定，在贮存期内应无酸败异臭、变色、变硬和油水分离等变质现象；④有良好的吸水性，所含药物的释放、穿透性较理想；⑤应无刺激性、过敏性及其他不良反应；⑥用于创面的乳膏应无菌。

现行版《中国药典》规定，酮康唑乳膏应检查粒度、装量、微生物限度等项目，还要按其含量测定项下方法检查，本品含酮康唑（$C_{26}H_{28}Cl_2N_4O_4$）应为标示量的90.0%～110.0%。

### 四、实训操作

（一）密封性

密封合格率应达到100%。

（二）外观

软管光标位置准确，批号清晰正确、文字对称美观，尾部折叠严密、整齐，铝管无变形。膏体应无酸败、异臭、变色、变硬，乳膏不得有油水分离及胀气现象。

（三）酸碱度

取本品1g，加水20ml，超声并搅拌使溶解，照pH测定法（通则0631）测定pH，应为6.0～7.0。

（四）刺激性

取本品1g，贴敷于手臂皮肤面上，24小时后观察，应无过敏反应，无刺激感。

（五）粒度

取本品适量，置于载玻片上涂成薄层，薄层面积相当于盖玻片面积，共涂3片，覆以盖玻片，立即在 50～100 倍显微镜下检视盖玻片全部视野，应无凝聚现象，均不得检出大于 180μm 的粒子。

### （六）装量差异

除另有规定外，取本品 5 支，除去外盖和标签，软管外壁用适宜的方法清洁并干燥，分别精密称定重量，除去内容物，容器用适宜的溶剂洗净并干燥，再分别精密称定空容器的重量，求出每个容器内容物的装量与平均装量，均应符合有关规定，见表 11－10。如有 1 个容器装量不符合规定，则另取 5 个（50g 以上者 3 个）复试，应全部符合规定。

**表 11－10　装置差异限度检查**

| 标示装量 | 口服及外用固体、半固体、液体；黏稠液体 | |
|---|---|---|
| | 平均装量 | 每个容器装量 |
| 20g（ml）以下 | 不少于标示装量 | 不少于标示装量 93% |
| 20g（ml）～50g（ml） | 不少于标示装量 | 不少于标示装量 95% |
| 50g（ml）以上 | 不少于标示装量 | 不少于标示装量 97% |

### （七）含量测定

色谱条件与系统适用性实验　用十八烷基硅烷键合硅胶为填充剂；以 0.2% 二异丙胺的甲醇溶液－0.5% 醋酸铵溶液（77∶23）为流动相，检测波长为 240nm。理论板数按酮康唑峰计算不低于 2000。

取本品 2.5g，精密称定，置烧杯中，加甲醇－三氯甲烷（1∶1）20ml，定量转移置 50ml 量瓶中，放冷，用甲醇－三氯甲烷（1∶1）稀释至刻度，摇匀，在冰浴中冷却 1 小时后立即滤过，取续滤液放至室温，作为供试品溶液，精密量取 10μl，注入液相色谱仪，记录色谱图；另取酮康唑对照品适量，精密称定，加甲醇－三氯甲烷（1∶1）稀释成每 1ml 中约含 1mg 的溶液，同法测定。按外标法以峰面积计算即得。

本品含酮康唑（$C_{26}H_{28}Cl_2N_4O_4$）应为标示量的 90.0%～110.0%。

其他各项质量检查应按照现行版《中国药典》酮康唑乳膏中各项要求进行，检查结果应符合各相关规定。酮康唑乳膏成品质量标准结果见表 11－11。

**表 11－11　酮康唑乳膏成品质量标准结果记录表**

厂家：　　　　　　　　　　　　　　批号：

| 项目 | | 药典规定 | 结果 | 结论 |
|---|---|---|---|---|
| 性 状 | | 本品为白色乳膏，涂于皮肤上应均匀细腻 | | |
| 鉴 别 | 高效液相色谱 | 在酮康唑含量测定项下记录的色谱图中，供试品溶液主峰的保留时间应与对照品溶液主峰的保留时间一致 | | |
| 检查 | pH | pH 应为 5.0～7.0 | | |
| | 装量 | 平均装量不少于标示装量，每支不少于标示装量的 93% | | |
| 含量测定 | | 本品含酮康唑（$C_{26}H_{28}Cl_2N_4O_4$）均应为标示量的 90.0%～110.0% | | |

续表

| 项目 | | 药典规定 | 结果 | 结论 |
|---|---|---|---|---|
| 微生物限度 | 需氧菌总数 | 每1g不得过100cfu | | |
| | 霉菌和酵母菌总数 | 每1g不得过20cfu | | |
| | 金黄色葡萄球菌 | 每1g不得检出 | | |
| | 铜绿假单胞菌 | 每1g不得检出 | | |
| 记录人 | | 记录日期 | | |
| 复核人 | | 复核日期 | | |

## 五、实训考核与思考

### （一）考核项目评分表

装量差异检查实训考核评分标准表11－12。

**表11－12　装量差异检查配分与评分标准**

| 序号 | 考核内容 | 考核要点 | 配分 | 评分标准 | 得分 |
|---|---|---|---|---|---|
| 1 | 职业素养 | 着装、举止 | 2 | 无白大衣、着装不整洁、举止不文明扣除此分 | |
| | | 仪容、佩饰 | 2 | 化浓妆、染甲、长甲及手戴佩饰者扣除此分 | |
| | | 爱护仪器、遵守仪器使用规定 | 2 | 违规损坏仪器者扣除此分 | |
| | | 节约水电、药品，环保意识 | 2 | 浪费水电、药品、任意处置试剂及药品者扣除此分 | |
| | | 实验秩序（步骤、台面清晰有序） | 2 | 实验秩序混乱扣除此分 | |
| 2 | 取样 | 1. 取样数量准确<br>2. 正确清除内容物并拭净铝管 | 10 | 1. 取样数量不准确扣5分<br>2. 未正确清除内容物并拭铝管扣5分<br>3. 不倒扣分 | |
| 3 | 药物的称重 | 1. 正确使用天平<br>2. 选用适当溶剂洗净容器<br>3. 规范称取空容器的重量 | 20 | 1. 天平未调零点扣5分<br>2. 称取药物不规范扣5分<br>3. 容器未洗净扣5分<br>4. 称取结束未使天平恢复原状扣5分<br>5. 不倒扣分 | |
| 4 | 计算百分比 | 正确计算百分比 | 40 | 1. 公式书写不正确扣15分<br>2. 数据计算错误扣15分<br>3. 限度判断不准确扣10分 | |

续表

| 序号 | 考核内容 | 考核要点 | 配分 | 评分标准 | 得分 |
|---|---|---|---|---|---|
| 5 | 熟练程度 | 在规定时间内完成 | 10 | 超过规定时限扣10分 | |
| 6 | 清场 | 桌面整洁卫生，清洗器具，仪器药品归位 | 10 | 1. 未清场扣10分<br>2. 清场不彻底扣5分 | |
| 合计 | | | 100 | | |

扫码“练一练”

## （二）思考题

1. 酮康唑乳膏的主要质量检查项目有哪些？
2. 乳膏剂稳定性考察试验主要有哪些？
3. 酮康唑乳膏装量差异试验的注意事项有哪些？

（刘碧林）

项目十二

# 维生素 C 注射液生产实训

**【项目实训目标】**

1. 能按照药品标准对维生素 C 注射液的主要物料进行质量检验。
2. 能按照工艺规程和操作要求完成维生素 C 注射液的制备。
3. 掌握洗灌封联动线、检漏灭菌器的操作方法。
4. 掌握小容量注射剂的质量检查方法与相关分析仪器的使用。
5. 理解投料质量与工艺稳定性对药品质量的影响。

**【项目任务解析】**

| 项目组成 | 任务名称 | 面向职业（代码） | 面向岗位 |
|---|---|---|---|
| 任务一 | 物料质量检验 | 药物检验员（4-08-05-04） | 药物分析员、QC |
| 任务二 | 制备维生素 C 注射液 | 药物制剂工（6-12-03-00） | 注射液调剂工、水针剂灌封工、制剂及医用制品灭菌工、灯检工、理洗瓶工、工艺员、QA |
| 任务三 | 维生素 C 注射液质量检查 | 药物检验员（4-08-05-04） | 药物分析员、QC |

扫码“学一学”

## 任务 1　物料质量检验

### 一、技能要求

1. 熟悉维生素 C 注射液所用原辅料的质量检验方法。

2. 能按照药典要求完成紫外-可见分光光度法、细菌内毒素检查法、碘量法、原子吸收分光光度法的基本操作并进行结果判断。

### 二、物品准备

**1. 药品与试剂**　维生素 C（供注射用）、碳酸氢钠、焦亚硫酸钠、盐酸半胱氨酸（供注射用）、依地酸二钠、活性炭（供注射用）、注射用水、细菌内毒素检查用水、细菌内毒素标准品、鲎试剂、稀醋酸、氯化钙试液、草酸对照品、丙酮、碘、碘化钾、硫代硫酸钠滴定液、可溶性淀粉等。

**2. 仪器与设备**　pH 测定仪、紫外-可见分光光度计、电导率仪、原子吸收分光光度计、碘量瓶、酸式滴定管等。

### 三、相关指导

维生素 C 为维生素类药其化学结构见图 12-1。临床主要用于治疗坏血病、慢性铁中

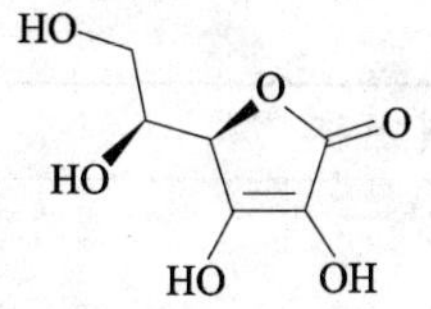

图12－1　维生素C化学结构式

毒、特发性高铁血红蛋白血症等；也可用于辅助治疗各种急慢性传染性疾病及紫癜；克山病患者发生心源性休克时可用大剂量本品治疗。现行版《中国药典》二部收载有维生素C片、泡腾片、颗粒、泡腾颗粒和注射液五种制剂。维生素C注射液是本药应用较为广泛的品种，目前全国共有661个药品批准文号，生产此药所需物料包括主药维生素C、辅料碳酸氢钠、焦亚硫酸钠、盐酸半胱氨酸、依地酸二钠、活性炭（供注射用）、注射用水，其质量优劣直接关系到成品质量，关系到人们用药的安全性和有效性。由于注射剂直接注入人体，其安全性要求更高，注射剂所用的原辅料应从来源及生产工艺等环节进行严格控制并应符合注射用的质量要求。注射剂所用溶剂应安全无害，并与其他药用成分兼容性良好，不得影响活性成分的疗效和质量。水性溶剂最常用的为注射用水。配制注射剂时，可根据需要加入适宜的附加剂，如渗透压调节剂、pH调节剂、增溶剂、助溶剂、抗氧剂、抑菌剂、乳化剂、助悬剂等。所用附加剂应不影响药物疗效，避免对检验产生干扰，使用浓度不得引起毒性或明显的刺激性。

## 四、实训操作

### （一）性状与鉴别

**1. 性状**　维生素C为白色结晶或结晶性粉末；无臭，味酸；久置色渐变微黄；水溶液显酸性反应。本品在水中易溶，在乙醇中略溶，在三氯甲烷或乙醚中不溶。检查结果见表12－1。

**表12－1　维生素C性状检查**

厂家：　　　　　　　　　　　　　　批号：

| 性状 | 颜色 | 状态 | 臭味 | 熔点 | 比旋度 |
|---|---|---|---|---|---|
| 结果 | | | | | |

**2. 鉴别**　根据现行版《中国药典》二部维生素C【鉴别】项下做如下检查，见表12－2。

**表12－2　维生素C的鉴别**

厂家：　　　　　　　　　　　　　　批号：

| 项目 | 药典规定 | 结果 | 结论 |
|---|---|---|---|
| 鉴别1 | 取本品0.2g，加水10ml溶解后，分成二等份，在一份中加硝酸银试液0.5ml，即生成银的黑色沉淀；在另一份中，加二氯靛酚钠试液1～2滴，试液的颜色即消失 | | |
| 鉴别2 | 本品的红外光吸收图谱应与对照的图谱（光谱集450图）一致 | | |

### （二）检查

现行版《中国药典》规定，维生素C注射液所用主要物料应进行如下检查，见表12－3。

**表 12－3 主要物料的检查项目一览表**

| 物料名称 | 检查项目 |
|---|---|
| 维生素 C | 溶液的澄清度与颜色、草酸、炽灼残渣、铁、铜、重金属、细菌内毒素 |
| 碳酸氢钠 | 碱度、溶液的澄清度、氯化物、硫酸盐、铵盐、干燥失重、铁盐、重金属、砷盐 |
| 焦亚硫酸钠 | 酸度、溶液的澄清度与颜色、氯化物、硫代硫酸盐、铁盐、重金属、砷盐 |
| 盐酸半胱氨酸 | 酸度、溶液的透光率、含氯量、硫酸盐、其他氨基酸、干燥失重、炽灼残渣、铁盐、重金属、砷盐、热原 |
| 依地酸二钠 | 络合力试验、酸度、溶液的澄清度与颜色、氯化物、铁盐、重金属 |
| 活性炭（供注射用） | 酸碱度、氯化物、硫酸盐、未炭化物、硫化物、氰化物、乙醇中溶解物、荧光物质、酸中溶解物、干燥失重、炽灼残渣、铁盐、锌盐、重金属、吸着力、微生物限度、细菌内毒素、活性炭对细菌内毒素吸附力 |
| 注射用水 | pH、氨、硝酸盐与亚硝酸盐、电导率、总有机碳、不挥发物与重金属、细菌内毒素、微生物限度 |

**1. 维生素 C 有关检查** 按照现行版《中国药典》二部维生素 C【检查】项下操作，完成如下实训，见表 12－4。

**表 12－4 维生素 C 检查报告一览表**

厂家： 批号：

| 项目 | 药典规定 | 结果 | 结论 |
|---|---|---|---|
| 溶液的澄清度与颜色 | 取本品 3.0g，加水 15ml，振摇使溶解，溶液应澄清无色；如显色，将溶液经 4 号垂熔玻璃漏斗滤过，取滤液，照紫外－可见分光光度法（通则 0401），在 420nm 的波长处测定吸光度，不得过 0.03 | | |
| 草酸 | 取本品 0.25g，加水 4.5ml，振摇使维生素 C 溶解，加氢氧化钠试液 0.5ml、稀醋酸 1ml 与氯化钙试液 0.5ml，摇匀，放置 1 小时，作为供试品溶液；另精密称取草酸 75mg，置 500ml 量瓶中，加水溶解并稀释至刻度，摇匀，精密量取 5ml，加稀醋酸 1ml 与氯化钙试液 0.5ml，摇匀，放置 1 小时，作为对照溶液。供试品溶液产生的浑浊不得浓于对照溶液（0.3%） | | |
| 炽灼残渣 | 取本品 1.0g，依炽灼残渣测定法（通则 0841）检查，遗留残渣不得过 0.1% | | |
| 铁 | 取本品 5.0g 两份，分别置 25ml 量瓶中，一份中加 0.1mol/L 硝酸溶液溶解并稀释至刻度，摇匀，作为供试品溶液（B）；另一份中加标准铁溶液（精密称取硫酸铁铵 863mg，置 1000ml 量瓶中，加 1mol/L 硫酸溶液 25ml，用水稀释至刻度，摇匀，精密量取 10ml，置 100ml 量瓶中，用水稀释至刻度，摇匀）1.0ml，加 0.1mol/L 硝酸溶液溶解并稀释至刻度，摇匀，作为对照溶液（A）。照原子吸收分光光度法（通则 0406），在 248.3nm 的波长处分别测定，应符合规定 | | |

续表

| 项目 | 药典规定 | 结果 | 结论 |
| --- | --- | --- | --- |
| 铜 | 取本品2.0g两份，分别置25ml量瓶中，一份中加0.1mol/L硝酸溶液溶解并稀释至刻度，摇匀，作为供试品溶液（B）；另一份中加标准铜溶液（精密称取硫酸铜393mg，置1000ml量瓶中，加水溶解并稀释至刻度，摇匀，精密量取10ml，置100ml量瓶中，用水稀释至刻度，摇匀）1.0ml，加0.1mol/L硝酸溶液溶解并稀释至刻度，摇匀，作为对照溶液（A）。照原子吸收分光光度法（通则0406），在324.8nm的波长处分别测定，应符合规定 | | |
| 重金属 | 取本品1.0g，加水溶解成25ml，依重金属检查法第一法（通则0821）检查，含重金属不得过百万分之十 | | |
| 细菌内毒素 | 取本品，加碳酸钠（170℃加热4小时以上）适量，使混合，依细菌内毒素检查法（通则1143）检查，每1mg维生素C中含内毒素的量应小于0.020EU（供注射用） | | |

**2. 碳酸氢钠有关检查** 按照现行版《中国药典》四部碳酸氢钠【检查】项下操作完成如下实训，见表12－5。

**表12－5 碳酸氢钠检查报告一览表**

厂家： 批号：

| 项目 | 药典规定 | 结果 | 结论 |
| --- | --- | --- | --- |
| 碱度 | 取本品0.20g，加水20ml使溶解，依pH测定法（通则0631）测定，pH值应不高于8.6 | | |
| 溶液的澄清度 | 取本品1.0g，加水20ml溶解后，溶液与2号浊度标准液（通则0902）比较，不得更浓 | | |
| 硫酸盐 | 取本品0.50g，加水溶解使成40ml，滴加盐酸使成微酸性后，置水浴中加热除尽二氧化碳，放冷，依硫酸盐检查法（通则0802）检查，与标准硫酸钾溶液1.5ml制成的对照液比较，不得更浓（0.03%） | | |
| 铵盐 | 取本品1.0g，加氢氧化钠试液10ml，加热，发生的蒸气遇湿润的红色石蕊试纸不得变蓝色 | | |
| 干燥失重 | 取本品4.0g，置硅胶干燥器中干燥4小时，照干燥失重测定法（通则0831）减失重量不得过0.25% | | |

**3. 焦亚硫酸钠有关检查** 按照现行版《中国药典》四部焦亚硫酸钠【检查】项下操作完成如下实训，见表12－6。

**表 12－6　焦亚硫酸钠检查报告一览表**

厂家：　　　　　　　　　　　　　批号：

| 项目 | 药典规定 | 结果 | 结论 |
|---|---|---|---|
| 酸度 | 取本品1.0g，用水20ml溶解后，依pH测定法（通则0631）测定，pH值应为3.0～5.0 | | |
| 溶液的澄清度与颜色 | 取本品1.0g，用水10ml溶解后，依溶液颜色检查法（通则0901）和溶液澄清度检查法（通则0902）检查，溶液应澄清无色 | | |
| 硫代硫酸盐 | 取本品2.2g，缓缓加稀盐酸10ml，溶解后置水浴中加热10分钟，放冷，移置比色管中，加水至20ml，如显浑浊，与硫代硫酸钠滴定液（0.1mol/L）0.1ml用同一方法制成的对照液比较，不得更浓（0.05%） | | |
| 铁盐 | 取本品1.0g，用水5ml与盐酸2ml溶解后，置水浴上蒸干，残渣加水15ml与盐酸2ml，溶解后，加溴试液适量使溶液显微黄色，加热除去过剩的溴，放冷，加水至25ml，依铁盐检查法（通则0807）检查，与标准铁溶液2.0ml制成的对照液比较，不得更深（0.002%） | | |
| 砷盐 | 取本品2.0g，用水4ml溶解后，缓缓滴加硝酸3ml，置水浴上蒸干，残渣加盐酸5ml与水23ml，溶解后，依砷盐检查第一法（通则0822）检查，应符合规定（0.0001%） | | |

**4. 盐酸半胱氨酸有关检查**　按照现行版《中国药典》二部盐酸半胱氨酸【检查】项下操作完成如下实训，见表12－7。

**表 12－7　盐酸半胱氨酸检查报告一览表**

厂家：　　　　　　　　　　　　　批号：

| 项目 | 药典规定 | 结果 | 结论 |
|---|---|---|---|
| 溶液的透光率 | 取本品0.5g，加水10ml溶解后，照紫外－可见分光光度法（通则0401），在430nm的波长处测定透光率，不得低于98.0% | | |
| 含氯量 | 取本品约0.25g，精密称定，加水10ml与硝酸溶液（1→2）10ml溶解后，精密加入硝酸银滴定液（0.1mol/L）25ml与1%高锰酸钾溶液50ml，在水浴上加热30分钟，放冷，滴加30%过氧化氢溶液至溶液成无色，然后加硫酸铁铵指示剂8ml和硝基苯1ml，用硫氰酸铵滴定液（0.1mol/L）滴定，并将滴定的结果用空白试验校正。每1ml硝酸银滴定液（0.1mol/L）相当于3.545mg的Cl。含氯量应为19.8%～20.8% | | |
| 其他氨基酸 | 照盐酸半胱氨酸【检查】项下其他氨基酸检查，依薄层色谱法（通则0502）试验，对照溶液应显一个清晰的斑点，系统适用性溶液应显两个完全分离的斑点。供试品溶液如显杂质斑点，其颜色与对照溶液的主斑点比较，不得更深（0.5%） | | |
| 热原 | 取本品，加氯化钠注射液溶解并稀释制成每1ml中含15mg的溶液，依热原检查法（通则1142）检查，剂量按家兔体重每1kg注射10ml，应符合规定（供注射用） | | |

**5. 依地酸二钠有关检查** 按照现行版《中国药典》四部依地酸二钠【检查】项下操作完成如下实训，见表12－8。

**表12－8 依地酸二钠检查报告一览表**

厂家： 批号：

| 项目 | 药典规定 | 结果 | 结论 |
|---|---|---|---|
| 络合力试验 | 取本品，精密称定，加水溶解并稀释制成0.01 mol/L的溶液，作为供试品溶液；精密称取经200°C干燥2小时的碳酸钙0.10g，置100ml量瓶中，加水10ml与6mol/L盐酸溶液0.4ml使溶解，用氨试液调节至中性，用水稀释至刻度，摇匀，作为试验溶液（1）（0.01mol/L）；精密称取硫酸铜（$CuSO_4 \cdot 5H_2O$）0.250g，置100ml量瓶中，加水溶解并稀释至刻度，摇匀，作为试验溶液（2）（0.01mol/L）。精密量取供试品溶液5ml，加氨试液3滴与4%草酸铵溶液2.5 ml，在不断振摇下加试验溶液（1）5.0ml，溶液应澄明，振摇1分钟后，如仍浑浊，再加供试品溶液0.2ml，振摇1分钟，溶液应澄明；精密量取供试品溶液5ml，加氨试液0.5ml与10%亚铁氰化钾溶液0.5ml，在不断振摇下加试验溶液（2）4.8ml，溶液应为淡蓝色，不得有红色 | | |
| 氯化物 | 取本品1.0g，加水25ml溶解，加稀硝酸10ml，摇匀，放置10分钟，待沉淀完全后，滤过，用少量水分次洗涤滤器，合并洗液与滤液，依氯化物检查法（通则0801）检查，与标准氯化钠溶液4.0ml制成的对照液比较，不得更浓（0.004%） | | |

**6. 活性炭（供注射用）有关检查** 按照现行版《中国药典》四部活性炭（供注射用）【检查】项下操作完成如下实训，见表12－9。

**表12－9 活性炭（供注射用）检查报告一览表**

厂家： 批号：

| 项目 | 药典规定 | 结果 | 结论 |
|---|---|---|---|
| 酸碱度 | 取本品2.5g，加水50ml，煮沸5分钟，放冷，滤过，滤渣用水洗涤，合并滤液与洗液使成50ml，滤液应澄清，遇石蕊试纸应显中性反应 | | |
| 未炭化物 | 取本品0.25g，加氢氧化钠试液10ml，煮沸，滤过，滤液如显色，与对照液（取比色用氯化钴液0.3ml，比色用重铬酸钾液0.2ml，水9.5ml混合制成）比较，不得更深 | | |
| 硫化物 | 取本品0.5g，加水20ml与盐酸5ml，煮沸，蒸气不能使湿润的醋酸铅试纸变黑 | | |
| 氰化物 | 取本品5g，至蒸馏瓶中，加水50ml与酒石酸2g，蒸馏，馏出液用置于冰水浴的吸收液吸收，吸收液为氢氧化钠试液2ml和水10ml，蒸馏出约25ml馏出液，加水稀释至50ml，加入12滴硫酸亚铁试液，加热至几乎沸腾，放冷，加盐酸试液1ml，溶液应不变蓝 | | |

续表

| 项目 | 药典规定 | 结果 | 结论 |
|---|---|---|---|
| 乙醇中溶解物 | 取本品2.0g，加乙醇50ml煮沸回流10分钟，立即滤过，滤液用乙醇稀释至50ml，取滤液40ml，105℃干燥至恒重，遗留残渣不得过8 mg | | |
| 荧光物质 | 取本品10.0g，至蒸馏瓶中，加入100ml环己烷，蒸馏2小时，馏出液用环己烷稀释至100ml，作为供试品溶液。取奎宁，精密称定，加0.005mol/L的硫酸溶液溶解并定量稀释制成每1ml中含奎宁83ng的对照溶液，照紫外－可见分光光度法（通则0401），在365nm波长处分别测定吸光度，供试品溶液的吸光度应小于对照溶液的吸光度 | | |
| 酸中溶解物 | 取本品1.0g，加水20ml与盐酸5ml，煮沸5分钟，滤过，滤渣用热水10ml洗净，合并滤液与洗液，加硫酸1ml，蒸干后，炽灼至恒重，遗留残渣不得过8mg | | |
| 锌盐 | 取本品1.0g，加水25ml，煮沸5分钟，放冷，滤过，用热水30ml分次洗涤残渣，合并滤液与洗液，加水至100ml，摇匀；精密量取10ml，置50ml纳氏比色管中，加抗坏血酸0.5g，加盐酸溶液（1→2）4ml与亚铁氰化钾试液3ml，加水稀释至刻度，摇匀，如发生浑浊，与标准锌溶液［精密称取硫酸锌（$ZnSO_4 \cdot 7H_2O$）4mg，置100ml量瓶中，加水溶解并稀释至刻度，摇匀，精密量取10ml，置另一100ml量瓶中，加水稀释至刻度，摇匀，即得。每1ml相当于10μg的Zn用同一方法制成的对照液比较，不得更浓（0.005%） | | |
| 吸着力 | （1）取干燥至恒重的本品1.0 g，加0.12%硫酸奎宁溶液100ml，在室温不低于20℃下，用力振摇5分钟，立即用干燥的中速滤纸滤过，分取续滤液10ml，加盐酸1滴与碘化汞钾试液5滴，不得发生浑浊<br>（2）取两个100ml具塞量筒，一筒加干燥至恒重的本品0.25g，再分别精密加入0.1%亚甲蓝溶液各50ml，密塞，在室温不低于20℃下，强力振摇5分钟，将两筒中的溶液分别用干燥的中速滤纸滤过，精密量取续滤液各25ml，分别置两个250ml量瓶中，各加10%醋酸钠溶液50ml，摇匀后，在不断旋动下，精密加碘滴定液（0.05mol/L）35ml，密塞，摇匀，放置，每隔10分钟强力振摇1次，50分钟后，用水稀释至刻度，摇匀，放置10分钟，分别用干燥滤纸滤过，精密量取续滤液各100ml，分别用硫代硫酸钠滴定液（0.1mol/L）滴定。两者消耗碘滴定液（0.05mol/L）相差不得少于1.4ml | | |

续表

| 项目 | 药典规定 | 结果 | 结论 |
|---|---|---|---|
| 细菌内毒素 | 称取约75mg活性炭，加入约5ml细菌内毒素检查用水配置成活性炭浓度为1.5%（1.5g/100ml）的混合溶液，漩涡混合9分钟，然后1500转离心5分钟，离心后，取上清液用0.22μm无热原滤膜过滤，取续滤液按照细菌内毒素检查法（通则1143）检测，样品细菌内毒素应小于2EU/g | | |
| 活性炭对细菌内毒素吸附力 | 取细菌内毒素国家标准品1支，按使用说明书配制成浓度为200EU/ml、20EU/ml的标准内毒素溶液备用，称取约75mg活性炭两份，分别加入约5ml浓度为200EU/ml和20EU/ml的标准内毒素溶液配制成活性炭浓度为1.5%的混合溶液，漩涡混合9分钟，1500转离心5分钟，离心后，取上清液用0.22μm无热原滤膜过滤，取续滤液按照细菌内毒素检查法（通则1143）检测，应能使200EU/ml、20EU/ml的标准内毒素溶液内毒素含量均下降2个数量级（吸附率达到99%） | | |

**7. 注射用水有关检查** 按照现行版《中国药典》二部注射用水【检查】项下操作完成如下实训，见表12-10。

**表12-10 注射用水检查报告一览表**

厂家： 批号：

| 项目 | 药典规定 | 结果 | 结论 |
|---|---|---|---|
| 氨 | 取本品50ml，照纯化水项下的方法检查，但对照用氯化铵溶液改为1.0ml，应符合规定（0.000 02%） | | |
| 电导率 | 按照制药用水电导率测定法（通则0681）测定应符合规定 | | |
| 细菌内毒素 | 取本品，依细菌内毒素检查法（通则1143）检查，每1ml中含内毒素的量应小于0.25EU | | |
| 微生物限度 | 取本品不少于100ml，经薄膜过滤法处理，采用R2A琼脂培养基，30~35℃培养不少于5天，依非无菌产品微生物限度检查，微生物计数法（通则1105）检查，100ml供试品中需氧菌总数不得过10cfu | | |

## （三）含量测定

**1. 维生素C含量测定**

（1）0.05mol/L碘滴定液的配制与标定

**【配制】** 取碘13.0g，加碘化钾36g与水50ml溶解后，加盐酸3滴与水适量使成1000ml，摇匀，用垂熔玻璃滤器滤过。

**【标定】** 精密量取本液25ml，置碘瓶中，加水100ml与盐酸溶液（9→100）1ml，轻摇混匀，用硫代硫酸钠滴定液（0.1mol/L）滴定至近终点时，加淀粉指示液2ml，继续滴定至蓝色消失。根据硫代硫酸钠滴定液（0.1mol/L）的消耗量，算出本液的浓度，即得。

【反应公式】

$$I_2 + 2S_2O_3^{2-} \longrightarrow 2I^- + S_4O_6^{2-}$$

【计算公式】

$$c_{I_2} = \frac{(cV)_{Na_2S_2O_3}}{2V_{I_2}}$$

【贮藏】置玻璃塞的棕色玻瓶中，密闭，在凉处保存。

（2）淀粉指示液的配制

取可溶性淀粉0.5g，加水5ml搅匀后，缓缓倾入100ml沸水中，随加随搅拌，继续煮沸2分钟，放冷，倾取上层清液，即得。本液应临用新制。

（3）维生素C的含量测定

取本品约0.2g，精密称定，加新沸过的冷水100ml与稀醋酸10ml使溶解，加淀粉指示液1ml，立即用碘滴定液（0.05mol/L）滴定，至溶液显蓝色并在30秒钟内不褪。每1ml碘滴定液（0.05mol/L）相当于8.806mg的$C_6H_8O_6$。

（4）注意事项

1）碘在水中溶解度较小，为增加其溶解度，必须将其溶解在浓碘化钾溶液中，然后再稀释。

2）称样后应立即溶解测定，以免维生素C被空气中的氧氧化而损失。

3）因为维生素C具有较强的还原性，易被空气中的氧氧化而变成黄色，特别是在碱性溶液中更易被氧化，所以，在测定中须加入稀醋酸，使溶液保持呈弱酸性，以减缓维生素C的氧化速度，但样品溶于稀酸后仍需立即进行滴定。

4）必须用新煮沸过并冷却的水溶解样品，目的是为了减少水中溶解氧对测定的干扰。

**2. 盐酸半胱氨酸含量测定**

取本品约0.25g，精密称定，置碘瓶中，加水20ml与碘化钾4g，振摇溶解后，加稀盐酸5ml，精密加入碘滴定液（0.05mol/L）25ml，于暗处放置15分钟，再置冰浴中冷却5分钟，用硫代硫酸钠滴定液（0.1mol/L）滴定，至近终点时，加淀粉指示液2ml，继续滴定至蓝色消失，并将滴定的结果用空白试验校正。每1ml碘滴定液（0.05mol/L）相当于15.76mg的$C_3H_7NO_2S \cdot HCl$。

**3. 焦亚硫酸钠含量测定**

取本品约0.15g，精密称定，精密加碘滴定液（0.05mol/L）50ml，密塞，振摇使溶解，在暗处放置5分钟，用硫代硫酸钠滴定液（0.1mol /L ）滴定，至近终点时，加淀粉指示液1ml ，继续滴定至蓝色消失，并将滴定的结果用空白试验校正。每1ml碘滴定液（0.05mol/L）相当于3.203mg的$SO_2$。

**4. 依地酸二钠含量测定**

取本品约0.4g，精密称定，加水40ml使溶解，加氨－氯化铵缓冲液（pH10.0）10ml，以锌滴定液（0.05mol/L）滴定，近终点时加少量铬黑T指示剂，继续滴定至溶液由蓝色变成紫红色。每1ml锌滴定液（0.05mol/L）相当于18.61mg的$C_{10}H_{14}N_2Na_2O_8 \cdot 2H_2O$。

**5. 碳酸氢钠含量测定**

取本品约1g，精密称定，加水50ml使溶解，加甲基红－溴甲酚绿混合指示液10滴，用盐酸滴定液（0.5mol/L）滴定至溶液由绿色转变为紫红色，煮沸2分钟，冷却至室温，继续滴定至溶液由绿色变为暗紫色。每1ml盐酸滴定液（0.5mol/L ）相当于42.00mg的$NaHCO_3$。

### （四）安瓿玻璃质量标准

本任务的内包材为2ml低硼硅酸盐玻璃安瓿，其质量标准见表12－11。

**表12－11　低硼硅酸盐玻璃安瓿的质量标准**

| 项目 | 内控标准 |
| --- | --- |
| 外观 | 应为无色，不应有明显的玻璃缺陷，任何部位不得有裂纹；点刻痕易折的色点应标记在刻痕上方中心，与中心线的偏差不得过±1.0mm |
| 内表面耐水性 | 应符合HC1级的要求 |
| 内应力 | 光程差不得过40nm/mm |
| 折断力 | 折断后断面应平整，折断力应符合规定 |
| 规格尺寸 | 主要规格尺寸应符合规定 |

## 五、实训考核与思考

### （一）考核项目评分表

现行版《中国药典》规定，维生素C的含量测定采用碘量法，实训考核评分标准见表12－12。

**表12－12　维生素C的含量测定配分与评分标准表**

| 序号 | 考核内容 | 考核要点 | 配分 | 评分标准 | 得分 |
| --- | --- | --- | --- | --- | --- |
| 1 | 职业素养 | 着装、举止 | 1 | 无白大衣、着装不整洁、举止不文明扣除此分 | |
| | | 仪容、佩饰 | 1 | 化浓妆、染甲、长甲及手戴佩饰者扣除此分 | |
| | | 爱护仪器、遵守仪器使用规定 | 4 | 违规损坏仪器者扣除此分 | |
| | | 节约水电、药品、试剂，环保意识 | 2 | 浪费水电、药品、任意处置试剂及药品者扣除此分 | |
| | | 实验秩序（步骤、台面清晰有序） | 2 | 实验秩序混乱扣除此分 | |
| 2 | 称重 | 1. 分析天平使用规范、熟练<br>2. 称重准确 | 15 | 1. 操作不规范每项扣5分<br>2. 称重不准确扣10分<br>3. 操作不熟练酌情扣分 | |
| 3 | 移液管的使用 | 1. 正确洗涤移液管，并用待测溶液润洗2～3次<br>2. 吸液操作准确、熟练<br>3. 放液操作规范 | 25 | 1. 操作不规范每项扣5分<br>2. 未润洗扣10分<br>3. 调零不准确扣10分<br>4. 取液不准确扣10分<br>5. 操作不熟练酌情扣分<br>6. 不倒扣分 | |
| 4 | 滴定 | 1. 滴定管检漏<br>2. 正确洗涤滴定管，并用滴定液润洗2～3次<br>3. 正确装入滴定液，并调零点<br>4. 滴定操作规范、熟练<br>5. 终点颜色适宜，读数准确 | 30 | 1. 操作不规范每项扣5分<br>2. 未润洗扣10分<br>3. 未调零点扣5分<br>4. 终点过、读数不准确扣10分<br>5. 操作不熟练酌情扣分 | |

续表

| 序号 | 考核内容 | 考核要点 | 配分 | 评分标准 | 得分 |
|---|---|---|---|---|---|
| 5 | 计算和结论 | 计算结果准确 | 10 | 结果不准确扣10分 | |
| 6 | 清场 | 桌面整洁卫生，清洗器具，仪器药品归位 | 10 | 1. 未清场扣10分<br>2. 清场不彻底扣5分 | |
| | 合计 | | 100 | | |

（二）思考题

1. 维生素C的各检查项目主要针对何种杂质，有何危害？
2. 注射剂的一般检查项目有哪些？活性炭的检查意义是什么？
3. 溶解碘时，为什么要先溶解于碘化钾浓溶液中？

## 任务2　制备维生素C注射液

扫码“学一学”

### 一、技能要求

1. 掌握小容量注射剂生产工艺流程，能按照工艺规程完成维生素C注射液的制备。
2. 会按照配液罐、超声波洗瓶机、隧道式烘箱、安瓿拉丝灌封机、灭菌检漏柜的操作规程，完成注射剂的配液、洗瓶、烘干、灌封、灭菌检漏的工艺过程。
3. 能对注射剂生产过程进行质量控制。

### 二、物品准备

**1. 药品与试剂**　维生素C（供注射用）、碳酸氢钠、焦亚硫酸钠、盐酸半胱氨酸（供注射用）、依地酸二钠、活性炭（供注射用）、注射用水。

**2. 仪器与设备**　电子分析天平、配液罐、立式超声波洗瓶机、隧道式烘箱、安瓿拉丝灌封机、安瓿灭菌检漏柜等。

### 三、相关指导

（一）任务介绍

注射剂系指以原料药物与适宜的辅料制成的供注入体内的无菌制剂。注射剂可分为注射液、注射用无菌粉末与注射用浓溶液等。注射液系指以原料药物或与适宜的辅料制成的供注入体内的无菌液体制剂，包括溶液型、乳状液型或混悬型等注射液。可用于皮下注射、皮内注射、肌内注射、静脉注射、静脉滴注、鞘内注射、椎管内注射等。其中，供静脉滴注用的大容量注射液（除另有规定外，一般不小于100ml，生物制品一般不小于50ml）也可称为输液。中药注射剂一般不宜制成混悬型注射液。一个合格的注射剂必须是澄明度合格、无菌、无热原、安全性合格（无毒性、无溶血性及无刺激性）、在贮存期内稳定有效，pH、渗透压（大容量注射剂）和药物含量符合要求。注射剂的pH应接近体液，一般控制在4～9范围内，特殊情况下可以适当放宽。本次实训的任务是制备规格2ml：0.5g的维生素C注射液50000支，需特别注意生产环境的洁净度；同时主药极易氧化变质，应严格控制配液、灭菌温度和时间。维生素C注射液的处方与制法如下：

**【处方】**

| 原辅料 | 用量/50000 支 |
|---|---|
| 维生素 C | 10kg |
| 盐酸半胱氨酸 | 0.1kg |
| 依地酸二钠 | 0.05kg |
| 焦亚硫酸钠 | 0.2kg |
| 碳酸氢钠 | 4.9kg |
| 活性炭 | 0.05kg |
| 注射用水 | 加至 10 万 ml |

**【制法】** 注射用水约 3.3 万 ml，充氮气 30 分钟，依次加入依地酸二钠、盐酸半胱氨酸、焦亚硫酸钠、维生素 C 搅拌至完全溶解、缓慢加入碳酸氢钠搅拌溶解后，调节 pH5.5～6.5，加入药用炭搅拌 5 分钟，静置 10 分钟，经 5μm 钛棒滤器脱炭过滤至稀配罐内，持续充氮气，补加注射用水至 10 万 ml，开启回流搅拌 20 分钟后关闭，药液冷却至 20～25℃，经中间品检验合格后，按 2ml/支量进行灌封。

**（二）注射剂的生产工艺流程及环境要求**

按 GMP 要求，注射剂的生产环境洁净度要求为 C 级，其制备一般分为的处理、配液与滤过、灌封、灭菌与检漏、印字包装等过程。其中，配液与滤过、灌封、灭菌与检漏是关键工序。注射剂生产工艺流程见图 12－2。

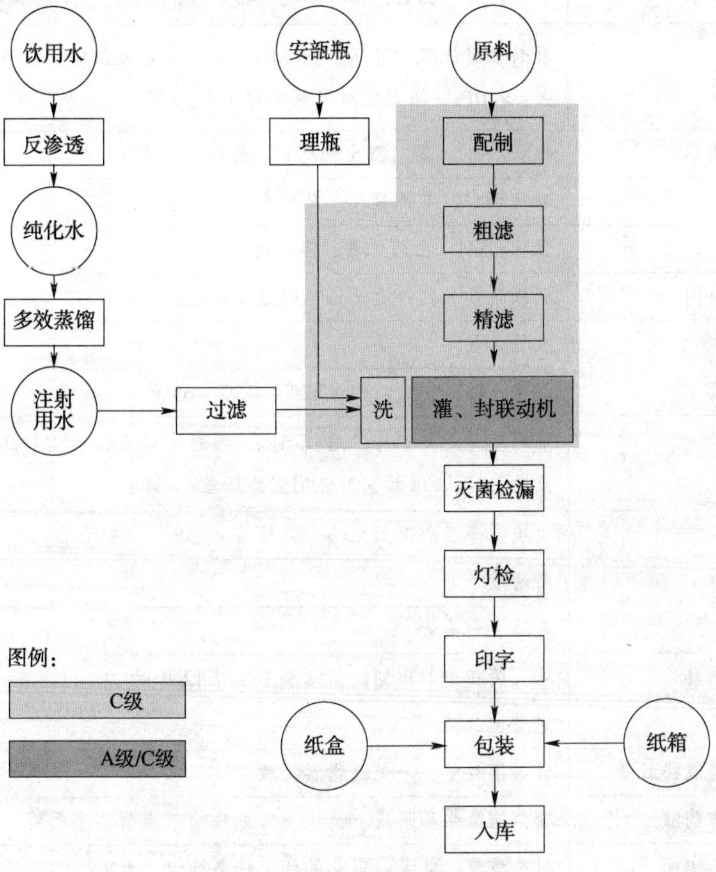


图 12－2 注射剂的生产工艺流程图

### （三）注射剂生产过程质量控制点及其检查要求

小容量注射剂生产过程质量控制点及其检查要求见表 12－13。

**表 12－13 注射剂生产过程质量控制点及检查要求**

| 工序 | 监控点 | 监控项目 | 频次 |
|---|---|---|---|
| 理瓶 | | 外观、洁净度 | 随时 |
| 洗烘 | 静压差 | 灌封室对洗瓶室的静压差：>5Pa | 1 次/批 |
| | 温湿度 | 温度：18～26℃；相对湿度：45%～65% | 1 次/批 |
| | 压缩空气 | 压力、滤芯外观、压缩空气洁净度（应符合每 1ml 中含 10μm 以上的微粒不得过 25 粒，含 25μm 以上的微粒不得过 3 粒） | 1 次/批 |
| | 超声波 | 发生器功率 | 1 次/批 |
| | 超声波洗瓶 | 水温、注满水率 | 1 次/2 小时 |
| | 过滤后纯水 | 水压、可见异物、pH | 1 次/2 小时 |
| | 过滤后注射用水 | 水压、可见异物、pH、电导率 | 1 次/2 小时 |
| | 清洗后 | 残留水滴、清洁度 | 1 次/2 小时 |
| | 隧道烘箱 | 灭菌温度、输瓶速度、网带电机频率 | 1 次/批 |
| | 人员数量 | 人员数量 | 1 次/批 |
| | 温湿度 | 温度：18～26℃；相对湿度：45%～65% | 1 次/批 |
| | 静压差 | 灌封室对洗瓶室静压差：>5Pa；灌封室对灭菌前室静压差：>10Pa；灌封室对配制室静压差：>5Pa | 1 次/批 |
| 配液 | 注射用水 | 性状、pH、氨、微生物总数、细菌内毒素等 | 1 次/2 周 |
| | 称量 | 磅秤调零、有称量人、复核人，并签字 | 1 次/批 |
| | 药液 | 性状、pH、主药含量、澄明度 | 2～3 次/批 |
| | 配制时间 | 从投料开始到精滤开始不超过 3 小时 | 1 次/批 |
| 灌封 | 人员 | 人员数量 | 1 次/批 |
| | 温湿度 | 温度：18～26℃；相对湿度：45%～65% | 1 次/批 |
| | 静压差 | 灌封室对洗瓶室静压差：>5Pa；灌封室对灭菌前室静压差：>10Pa；灌封室对配制室静压差：>5Pa | 1 次/批 |
| | 环境 | 尘埃粒子、表面微生物、沉降菌 | 1 次/批 |
| | 灭菌后 | 清洁度 | 1 次/2 小时 |
| | | 无菌、内毒素 | 1 次/批 |
| | 灌封用具 | 从灭菌柜中取出到使用结束不超过 12 小时 | 1 次/批 |
| | 过滤器 | 完整性试验 | 使用前后 |
| | 初流药液排放量 | 针头排放量、平板过滤器排放量 | 随机 |
| | 灌封前药液 | 除菌前微生物限度、性状、可见异物、除菌后应无菌 | 1 次/批 |
| | 灌封后中间产品 | 封头质量、装量、可见异物、状态标识、无菌 | 随机/班 |
| | 灌封时间 | 从除菌开始到灌封结束不超过 7 小时 | 1 次/批 |

续表

| 工序 | 监控点 | 监控项目 | 频次 |
|---|---|---|---|
| 灭菌 | 灭菌柜 | 标记装量、排列层次、$F_0$、压力、温度、时间、检漏真空度、保持时间、灭菌检漏图谱 | 每柜 |
| | 灭菌前半成品 | 外壁清洁度、标记存放区 | 每柜 |
| | 灭菌检漏后半成品 | 外壁清洁度、标记存放区、无菌 | 每柜 |
| 灯检 | 灯检箱 | 照度 | 1次/月 |
| | 灯检者 | 视力 | 1次/2月 |
| | 灯检品 | 可见异物、灯检者工号、存放区 | 每支、每批 |
| | 灯检后废品 | 标识、专柜存放、监督销毁 | 1次/批 |
| 干燥 | 半成品干燥 | 温度、干燥时间 | 随时 |
| 包装 | 印字 | 印字质量、内容 | 随时 |
| | 装盒 | 批号、装盒质量、贴签质量、说明书 | 随时 |
| | 打箱 | 外箱质量、外观、内容、贴签质量 | 随时 |
| | 装箱 | 装箱数量、合格证内容、封箱质量、装箱规格 | 随时 |

## 四、主要设备介绍

### （一）立式超声波洗瓶机

立式超声波洗瓶机主要由进瓶网带部件、超声波清洗部件、绞龙提升部件、水气冲洗部件、出瓶部件、水气循环系统组成。立式超声波洗瓶机工作原理是瓶子由输瓶网带输送到走瓶板上，喷淋槽对瓶子喷水，瓶子下滑到超声波换能器表面，利用超声波“空化”作用所产生的机械摩擦力，清除瓶内外黏附较牢固的物质。瓶子经超声波清洗后由绞龙提升部件中的拨块托出水箱与机械手交接，机械手夹持瓶子由转盘带动旋转，同时翻转过来（瓶口朝下），六组喷针由摆动架带动往复跟踪随机械手转动的瓶子，跟踪过程中喷针深入瓶口，对瓶内进行水气交替喷射清洗，外喷1对瓶外壁喷循环水，外喷2对瓶外壁喷洁净的压缩空气，至此完成整个清洗过程。

### （二）热风循环隧道式灭菌烘箱

又称热层流式干热灭菌机，主要用在针剂联动生产线上，该设备为整体隧道结构，由预热区、高温灭菌区、冷却区三部分组成，分为前后层流箱、高温灭菌箱、机架、输送网带、热风循环风机、排风机、耐高温高效空气过滤器、电加热器、电控箱等部件，安瓿在密闭隧道内的A级层流环境下完成预热、干燥、灭菌和冷却的无菌生产工艺流程，其热分布均匀，去热原效果好。其工作原理为将高温热空气流经空气过滤器过滤，获得洁净度为A级的清洁空气，在A级单向流洁净空气的保护下，洗瓶机将清洗干净的安瓿送入输送带，经预热后的安瓿送入高温灭菌段，流动的清洁热空气将安瓿加热升温到300℃以上，安瓿经过高温区的总时间根据灭菌温度而定，一般为5～20分钟，干燥灭菌除热原后进入冷却段。冷却段的单向流洁净空气将安瓿冷却至接近室温，再送入拉丝灌封机进行药液的灌装与封口。安瓿从进入隧道至出口全过程的时间一般为25～35分钟。由于前后层流箱及高温灭菌箱均为独立的空气洁净系统，有效地保证了进入隧道烘箱的瓶子始终在A级洁净空气保护下，且机内压力高于外界大气压5Pa，使外界空气不能侵入，整个过程均在密闭状态下进行，其生产过程符合 GMP 要求。

**（三）安瓿拉丝灌封机**

安瓿拉丝灌封机的基本结构按其功能分，包括：送瓶机构、灌装机构和拉丝封口机构。其工作原理为洁净的安瓿由送瓶机构送至灌注工位，灌注针头随针头托架座上的圆柱导轨滑动插入安瓿中完成灌注药液的动作；移动齿板又将安瓿移至封口工位，此时安瓿在固定齿板上不停地自转，同时由压瓶机构压住，使安瓿不能移动，安瓿的瓶颈首先经过火焰预热后向前移动再加热到熔融状态，拉丝钳下移夹住瓶颈，拉断丝头，因安瓿在不停地自转，丝颈的玻璃便熔合密接在一起，拉丝钳上移至最高位置并张开、闭合两次，将拉出的废丝头甩掉，从而完成拉丝动作；封口后的安瓿由移动齿板移至出瓶斗。

**（四）安瓿洗烘灌封联动机组**

扫码“看一看”

目前，药品生产企业将立式超声波洗瓶机、隧道式热风循环灭菌干燥机以及带整体拨轮结构的拉丝灌封机三种设备联合起来，组成安瓿洗烘灌封联动机组，是目前小容量注射剂生产较为先进的生产设备。联动机组分为清洗、干燥灭菌、灌装封口三个工作区。其结构见图 12－3。

图 12－3　安瓿洗烘灌封联动机组

安瓿洗烘灌封联动机组联动生产时可完成喷淋水、超声波清洗、机械手夹瓶、翻转瓶、冲水（瓶内、瓶外）、冲气（瓶内、瓶外）、预热、烘干灭菌、冷却、（前冲气）、灌装、（后冲氮）、预热、封口等二十多个工序。

**（五）安瓿灭菌检漏器**

安瓿灭菌检漏器为高压蒸气灭菌器，其主要结构包括压力容器、管路系统、送料系统和电器系统等，用于安瓿的灭菌、检漏和清洗。其工作原理是采用饱和蒸气对安瓿进行加热灭菌，然后用真空、色水、正压等方法进行检漏，检漏结束后用清洗水对安瓿进行清洗，具有灭菌可靠、时间短、节省能源、控制程序先进等优点。

## 五、实训操作

**（一）生产前准备**

**1. 各工序现场检查**　检查该工序的房间、设备、容器具、模具等是否清洁、灭菌，并在合格有效期内；检查该工序的设备是否正常；检查该工序所需的原辅料、容器具等是否领取，模具是否安装。QA 对生产前检查结果复核后，签发生产许可相关信息。生产设备及生产场所换相应的状态标志。

**2. 领取生产所用物料**　检查所用物料名称、代号、批号、数量等信息，检查物料是否在规定的效期内，外包装是否完好、清洁，办理物料交接手续，并签字记录。

（二）安瓿的处理

**1. 准备工作**

（1）生产前进行清场复查，并合格。

（2）领取生产状态卡，替换清洁状态卡，并正确规范填写内容。

（3）根据维生素C注射液（2ml：0.5g）批生产指令填写领料单领取。

（4）不锈钢盘及堵头的清洗，清洗时将不锈钢盘放在水池上，开启纯化水阀门，一手拿起丝光毛巾，另一手拿盘，由里到外，用丝光毛巾清洗每个盘和堵头，然后再将丝光毛巾用纯化水湿润后，拧干，擦每个盘和堵头至无水珠。

（5）将清洁后的不锈钢盘及堵头搬到理瓶室工作位置，将清洗干净的不锈钢盘下面垫一个清洗干净的空不锈钢盘，放在理瓶架顺手位置摆好，把堵头放在理瓶架的平台上。

**2. 理瓶**

（1）把不锈钢盘的口向上放到理瓶架的一边。

（2）双手拿起，将中包装纸盒上的塑料保护袋取下，放到自己的理瓶架下面。

（3）目测本盒瓶口应整齐、圆滑、大小一致。

（4）把纸盒放到理瓶架的一边，取下皮筋，将堵头打开。

（5）用双手从纸盒中捧出适量的安瓿，并使口向下倾斜一下，再放到另一边空不锈钢盘中。

（6）边捧边检查内有无玻璃碴块、杂物。随时剔除瓶口不圆整、瓶身不规格、色点、麻点、裂纹、气泡、砂眼、破瓶、歪底、掉底等不合格瓶，如有乱支、掉支要及时整理。

（7）剔出不合格的，把不合格的放到专用废品纸盒中，装满一盘后，拿起堵头，将堵头插到不锈钢盘的槽中，打紧后把盘摆放到顺手位置。

（8）理瓶时，瓶口应全部向上，每盘内不准有横支、倒支、破口支、脏支，超出盘面的，并每摞不超过10盘摆放。交盘前，必须由QA人员检查质量合格后。

（9）由理瓶人按顺序将理好的安瓿从传递窗传入洗瓶室。

（10）按要求清场。

**3. 注意事项**

（1）如果安瓿的数量、品名、规格、生产厂家与批生产指令不符，由领料人员负责退回仓库，重新领取。

（2）下列情况由QA人员鉴定后按不合格品处理：凡中包装破损，受到污染严重、不易清洗的；外观尺寸等不符合规定的；平衡限度、废品率超限；原领取时破损过多或不合格支数过多；操作不当造成破损过多。

（3）理瓶过程中应轻拿轻放，尤其注意保护瓶口。

**4. 洗烘**

**【准备工作】**

（1）工作前清场复查，并合格。

（2）洗烘岗位人员应比灌封岗位人员提前一个小时进入本岗位。

（3）仔细阅读批生产指令，洗瓶人员了解所生产药品名称、规格、生产批号、批量及所洗瓶规格等详细情况，做好相关准备工作。

（4）按人员进出洁净区标准操作规程进入本岗位。

（5）检查温湿度并填写记录。

（6）将房间及各设备上清洁状态卡更换为生产状态卡，并认真填写生产状态卡。

（7）按灭菌干燥机标准操作维护规程开启烘箱将灭菌段温度设定在 305℃，并检查运转情况是否正常。

（8）查看烘箱预热段、冷却段层流电机频率是否在 26.0～30.0Hz，灭菌段层流电机频率是否在 29.0～34.0Hz，查看预热段压差 100～140Pa，灭菌段压差 150～200Pa，冷却段压差 40～100Pa 及加热管电流 55.0～65.0A 是否在规定范围内，并由负责人复核。

（9）打开洗瓶机上的电源开关，开启洗瓶机操作台面上的抽湿电机开关（绿色按钮）。按立式超声波洗瓶机标准操作维护规程用点动方式使主机空运转 5 分钟，查看运转情况是否正常，如不正常须进行必要的调整，并送压缩空气。

（10）取下清洗槽上的有机玻璃罩，将清洗槽及储水箱内的溢水管取出，将纯化水、注射用水主阀门和注射用水阀门打开，排水自净 2～3 分钟后用 50ml 比色管分别取出 30～40ml 纯化水和注射用水检查可见异物应无可见异物，若检测不合格应对滤芯进行检查，必要时进行更换，更换后重新检测直至合格。然后检测纯化水和注射用水的 pH5.0～6.5，检测注射用水电导率≤1.0us/cm 并由负责人复核，然后将水从洗瓶机储水箱内的排水口排走。

（11）放好清洗槽及储水箱内的溢水管，将清洗槽及储水箱内放满纯化水和注射用水，并查看温度显示器，将混合水温度控制在 45～55℃，关闭纯化水和注射用水清洗槽进水阀门。

（12）打开压缩空气主阀及支阀将压力调至 0.20～0.40MPa、注射用水将压力调至 0.15～0.30MPa、循环水和喷淋水阀门，然后点动水泵“ON”启动水泵并将水泵排空，将水压调至 0.2～0.4MPa，点动超声波“ON”将超声波功率调到 300～400W。点动主机开“ON”使主机处于开启状态。慢慢地按顺时针方向旋转调速旋钮，使主机缓慢起动空转，使注射用水及循环水从喷针及喷淋器中喷出，使注射用水、循环水在各自的管道内循环 2～3 分钟。

（13）按（11）的反顺序关闭主机，然后将清洗槽及储水箱内的水放掉。

（14）操作人员从传送窗内将理瓶工序传来的安瓿取出放到不锈钢架上备用。

**【生产操作】**

（1）掀开喷淋器。

（2）操作人员从不锈钢架上取出安瓿，打开堵头用堵头堵住安瓿开始往进瓶槽内倒安瓿，并将进瓶绞龙至进瓶网带加满安瓿。

（3）用小镊将进瓶网带上的安瓿整理整齐，并将烂安瓿挑出放到废物贮器内。

（4）打开注射用水阀门，用软管将进瓶绞龙至喷淋器上方的安瓿注满注射用水，以防止水箱加水后将安瓿漂起，然后关闭阀门。

（5）放下喷淋器，放好清洗槽及储水箱内的溢水管，将清洗槽及储水箱内放满纯化水和注射用水的混合水，将温度控制在 45～55℃，并由负责人复核水温度后关闭纯化水和注射用水清洗槽进水阀门，然后盖上护罩。

（6）待烘箱温度达到设定温度后，可与洗瓶机联动运行。

（7）点动水泵“ON”启动水泵将循环水压力调至 0.2～0.4MPa，点动超声波“ON”开启超声波将功率调到 300～400W，并由负责人复核循环水压力和超声波功率。然后点动主机“ON”，使主机处于开启状态，顺时针旋转主机调速旋钮开启主机（主机调速刻度5~15,变频器频率15.0~36.0Hz），使安瓿经进瓶网带→喷淋器注水→超声波清洗→进瓶绞龙→安瓿提升轮→机械手翻转→1次冲循环水→2次冲循环水→1次冲压缩气→冲注射用水→2次冲压缩气→3次冲压缩气→机械手翻转→同步带拔瓶→进入烘箱。操作人员根据洗瓶机的速度不断地往进瓶网带上加瓶，并将空盘经传递窗传出洗瓶室。

（8）操作过程中应每2小时随机抽取清洗过后的100支安瓿注入0.45μm过滤的注射用水，用灯检法检测，不合格支数，应不超过2支。

（9）每2小时随机抽取清洗后的安瓿用手指弹安瓿的底部，目测应无水珠下滴现象。

（10）每2小时通过电器控制柜内的循环水温度显示器观察水温，并将循环水温度控制在45~55℃之间，并由负责人复核，如水温高出规定范围时打开纯化水进行降温。

（11）随时通过压力表观察循环水、注射用水及压缩空气的压力是否符合要求，查看超声波功率是否符合要求，必要时进行调整。

（12）随时观察注水情况和各喷针的喷水、喷气情况，如有异常立即停机处理。

（13）随时观察进瓶网带上的安瓿，并将烂瓶及时挑出放入废物贮器内。

（14）当洗瓶机停止加瓶时，用不锈钢堵头压住进瓶网带上的安瓿，必要时用手压住不锈钢堵头给安瓿适当加压。

（15）待进瓶槽内的安瓿全部清洗完后，将主机调速旋钮逆时针旋转调到最低，点动触摸屏上的主机、超声波、水泵“OFF”将主机关闭，关闭洗瓶机电源并将烘箱网带调至手动走带。关闭纯化水、压缩空气、注射用水。

（16）当烘箱内完全走空后，点击日间启动中的“OFF”，使烘箱开始降温，当烘箱内温度降至100℃时，关闭烘箱电源。

**【结束】**

（1）按要求进行清洁、消毒和清场。

（2）将本班废物贮器内的废品计数后，倒入塑料袋内经传递窗传出，工作结束后在QA监督下砸碎。

（3）认真填写各类记录及状态卡，并经QA检查合格后签字。

**【注意事项】**

（1）对各设备电器、电线要经常检查，应无老化、破损现象。

（2）对设备传动部位、轴承和减速机要经常检查进行定期保养。

（3）洗瓶机内的注射用水、纯化水、压缩空气所用的软管接口容易爆开，应定期检查。

（4）洗瓶机上各喷针容易顶到机械手导致折断，开机后应随时观察。

（5）观察灭菌段的温度与设定温度相差不超过±5℃，有偏差适当调节烘箱下抽湿风桶的阀门大小。

（6）清洗后安瓿可见异物检测不合格时，应停机对水源、气源压力检查是否符合规定，并检测滤后注射用水可见异物是否符合规定。

（7）如存在灭菌后可见异物不符合规定，应检查烘箱各高效压差是否符合要求。

（8）洗瓶破损率高的原因可能是部分安瓿粗细不均匀，绞龙、提升架、机械手、同步带时间协调不一致，检查后进行确认调节，调查破损原因经QA认可后在记录上标明原因并由QA签名。

**5. 质量评价**

**【取样时间】** 1 小时取样检查一次。

**【取样位置】** 循环水水质检测在循环水取样口处取样；洁净度、干燥度检测在隧道烘箱出口处取样。

**【取样量】** 循环水 300ml/次，洁净度、干燥度 30 支/次。

**【取样方法】** 用灭菌的镊子取。

**【检验方法】** 目测

**【检测项目】** 洁净度、干燥度、注射用水压力、循环水压力、压缩空气压力、灭菌区温度、灭菌时间、洗瓶用水温度、洗瓶速度、冷却区隧道出口温度、洗瓶循环水水质检测。

**【可接受标准】**

洗瓶循环水应符合纯化水质量标准；洁净度：无异物；干燥度：无水珠。

注射用水压力：0.2～0.4MPa

循环水压力：0.2～0.4MPa

压缩空气压力：0.3～0.4MPa

洗瓶用水温度：50～60℃

灭菌温度设置：305℃

洗瓶速度：28～33Hz

灭菌温度：≥300℃

冷却区隧道出口温度：≤40℃

**（三）配液与滤过**

**1. 准备工作**

（1）领取经批准的维生素 C 注射液（2ml：0.5g）批生产指令及相关记录（指令与记录按物品进出洁净区标准操作规程传入洁净区）。

（2）按人员进出洁净区标准操作规程进入配制室。

（3）按维生素 C 注射液（2ml：0.5g）配制岗位清场及清场复查标准操作规程复查上批清场情况并填写清场复查记录。

（4）按酸度计、电导率仪标准操作维护规程将其校正。

（5）按照维生素 C 注射液（2ml：0.5g）批生产指令要求，称量各种原辅料，交叉符合各原辅料品名、规格、批号、生产厂家、数量，并与检验报告单对照应相符，无误后投料。

（6）将已清洁的配制所需用具从器具存放室传入配制室。

（7）确认配制室温度应在 18～26℃；相对湿度：45%～65%；灌封室对配制室的静压差应 >5Pa，称量室对拆外室的静压差应 >10Pa，洁净走廊对称量室的静压差应 >5Pa。

（8）检查设施（备）应处于待生产状态（通过查看状态卡确认）。

（9）从配制室热交换器处注射用水取样点取注射用水进行检测，应符合标准。

（10）活性炭调配。

1）操作前准备　检查调炭间已清洁并有清场合格证副本，工具有清洗合格证；接收针用活性炭，并核对品名、规格、数量；检查注射用水供给情况应符合规定；量具清洁备用。

2）调配操作过程　将活性炭在脱外包间除去外包装，清洁后（必要时用 75% 乙醇表面擦拭消毒）置传递窗，关闭传递窗门开紫外灯照射灭菌 15 分钟。小心打开活性炭包装，根据处方称量所需活性炭，称好后放入容器内。用洁净量筒量取注射用水，将称量好的活性炭调成炭糊，备用。将处理好的活性炭（贴上标签，注明品名、数量、规格、配制人）传至浓配间，备用。

3）将剩余活性炭封好置洁净容器内加盖，贴上标签注明品名、数量、规格、批号、称量数、剩余量、称量人、复核人等，退回原辅料暂存间置活性炭存放区存放。

4）称量结束，按要求清场。

**2. 配制操作**

（1）浓配。在浓配罐内加入配制量 1/3 的新鲜注射用水，煮沸后冷却至室温，温度控制在 25 ~ 30℃，充氮气 30 分钟，依次加入依地酸二钠、盐酸半胱氨酸、焦亚硫酸钠、维生素 C 搅拌 5 分钟完全溶解，缓慢加入碳酸氢钠搅拌 5 分钟溶解后，调节 pH：5.5 ~ 6.5。加入药用炭搅拌 5 分钟，静置 10 分钟（药用炭须 115℃ 3 小时烘烤），打开循环系统阀门（配液罐出料阀、循环阀）经 5μm 钛棒滤器循环脱炭过滤药液 25 分钟，除去药液活性炭，使药液澄明无明显可见异物。开启稀配阀门关闭循环阀门，将药液泵入稀配罐。浓配罐及钛棒用注射用水每次 1 万 ml 洗脱 3 次，淋洗液泵入稀配罐。

（2）稀配。将已浓配好的药液泵至稀配罐内，持续充氮气，补加注射用水至 10 万 ml，开启回流搅拌 20 分钟后关闭，药液冷却至 20 ~ 25℃，按取样程序取样送检。

（3）质量控制。

**【取样时间】** 当补充注射用水量至工艺规定总批量，开启搅拌时间 10 分钟、15 分钟、20 分钟后分别取样。

**【取样位置】** 药液上中下三个部位分别取样。

**【取样量】** 每个取样位置每次取样 1 瓶，每瓶 20ml。

**【取样方法】** 当搅拌时间达到规定时间，停止搅拌，打开稀配罐，根据液位高度分上中下三部分，用杯状不锈钢液体取样器进行取样。

**【检验方法】** 外观：目测；pH；含量：按《维生素 C 注射液中间产品检验操作规程》测定。

**【可接受标准】** 性状：无色至微黄色的澄明液体；pH：5.5 ~ 6.5；含量：含维生素 C 为标示量的 97.0% ~ 105.0%；含量均匀度：RSD：< 1.5%。

**【滤芯完整性测试】** 生产后过滤器做完整性试验，起泡点压力标准：精滤 φ0.45μm 的滤芯 ≥ 0.24MPa，除菌过滤 φ0.22μm 的滤芯 ≥ 0.34MPa。第一批生产前、后各做一次。以后每批生产结束后做一次。

**【除菌过滤前细菌内毒素监测评估】** 稀配结束后，在除菌过滤器前端取样口，用已灭菌的磨口三角瓶取样 50ml，加盖密封，进行细菌内毒素检验。每 1mg 维生素 C 中含内毒素量应小于 0.020EU。

**3. 清场** 每批产品配液结束后进行清场操作。

**4. 注意事项**

（1）投料中应注意原辅料的性状，若有异常应及时上报。

（2）操作中不得裸手直接接触药品。

（3）严格按照工艺规程操作，不得随意更改操作工艺，不得低限度投料或偷工减料。

（4）所用原辅料应有检验报告单，否则不准使用。

（5）脱炭过滤期间在过滤器取样口处用洁净的取样器具至少取样两次，目测药液的澄清度，防止漏炭，操作中应谨防跑、冒、滴、漏现象。

（6）最终药液的 pH、含量应符合半成品质量标准。

（7）pH 高于标准规定时，用盐酸调节，低于标准规定时，用氢氧化钠进行调节。

（8）过滤后的药用炭、生产过程中的废弃物放于废物桶内及时清除出洁净室。

**（四）灌封**

**1. 准备工作**

（1）领取批生产指令，并按批生产指令准备生产。

（2）按人员进出洁净区标准操作规程进入灌封岗位。

（3）灌注系统安装前已清洁灭菌，灭菌条件为 121℃、30 分钟。

（4）按维生素 C 注射液（2ml：0.5g）灌封岗位清场及清场复查标准操作规程对灌封岗位进行清场复查。

（5）将房间及各设备上清洁状态卡更换为生产状态卡，并认真填写设备性能状态卡及生产状态卡。

（6）每批检查两次温度、湿度，并做记录。

（7）打开灭菌后室 A 级层流风机，自净 10 分钟。

（8）按全自动安瓿灌封机标准操作规程开启灌封机总电源、打开灌封机 A 级层流罩，自净 10 分钟。手动观察机器各部位的运转情况，再开启机器观察运转是否正常。

（9）确认可以打开（干热、湿热）灭菌柜后，灌封人员打开干热灭菌柜，在 A 级层流保护下将储液罐安装好移至灌封室，打开湿热灭菌柜及时将盛有灌封器具的不锈钢盒盖好后，取出移至灌封室灌封机 A 级层流罩下。从灭菌柜中取出的灌封用具到使用结束不得超过 12 小时。

（10）在灌封机 A 级层流保护下打开不锈钢盒盖安装灌注系统、充氮气系统，由操作人员分工协作，按从上到下的顺序将针头、白活塞、硅胶管、蓝活塞、灌注器及灌注器套、缓冲球、一一连接在一起，再经硅胶管接到药液主管道上，使其形成一个密闭的灌注系统，并将上边的白活塞及下面的蓝活塞一一对应固定到不锈钢板的缺口内，使活塞不会在不锈钢板缺口内左右晃动，将缓冲球上边的排气孔用长约 20cm 的硅胶管连接，并在玻璃接口上方约 5cm 处用不锈钢夹夹紧。注意在连接管道的过程中，应严格按照无菌操作，手不可接触药液可能会接触的地方，不论是连接蓝活塞、缓冲球、灌注器等，手捏的地方应与接口的距离大于 2cm，然后将其慢慢旋入拧好，安蓝活塞时阀芯开启的方向应与管内药液的流向保持一致。

（11）打开两个主药阀门将管道内存的少量纯蒸气冷凝水放出后，关闭主药阀门。将平板过滤器与主药管道及储液罐连接好。

（12）接收本批药液。

1）核对本批药液的配制数量。

2）用 50ml 比色管从精滤取样口取 30～40ml 药液，检查药液的性状应为：无色至微黄色澄明液体且无可见异物。

3）查看半成品报告上的 pH、主药含量，应符合标准。

4）将药液在放药主管道内循环 5 分钟后开始放药。

（13）打开主药阀门，松开平板过滤器上的排气旋钮，排出初流药液 0.3 万 ml 使药液主管道及平板过滤器内空气排出，然后拧紧平板过滤器上的排气旋钮，并将排出的初流药液倒到初流药液桶内，将药液放入贮药罐中，开始排药。

（14）按每个灌封机针头总排放量≥2000ml，集中到不锈钢初流药液桶内，两小时内转交到配制工序。

（15）用 50ml 比色管取针头下药液 30～40ml 检测，药液性状应为无色澄明液体，应无可见异物，合格后安装好针头。

（16）送液化气、氧气、氮气。检查氮气报警灯应不报警，氮气压力表管道压力应为 0.1～0.3Mpa。

（17）整理好烘箱传来的安瓿，待进瓶网带处的安瓿达到开机量时开启灌封机，使安瓿经绞龙和齿板传送经灌注，后充气，灌注后充氮气量以药液微动为标准，必要时调节氮气流量计。灌注数支后停机。

（18）观察针头是否居口中心，检查针头的插入深度，打药时有无溅起现象，回药时针头尖端是否有药液，必要时进行调整。

（19）开机前量装量的操作：打开灌封机电源开关，按下复位键和点动按钮，试罐装 10 支，关闭电动按钮，右手取一支罐装的安瓿，左手从台面上取一个备用注射器，抽取罐装药液后的安瓿量装量，调试好罐装量（每支 2.15～2.20ml），将注射器中药液倒入尾料桶中，将安瓿倒放在不锈钢盆上的周转盘中，及时交洗烘瓶岗位操作工重新进行清洗。

（20）根据检测情况调节装量螺母，重复以上操作将每个针头的装量控制在 2.15～2.20ml。

**2. 灌封操作**

（1）按灌封机标准操作维护规程开启灌封机。每个针头的前 3 支作为废品处理，将主机调速控制在 10～15Hz，灌封速度 120～140 支/分。

（2）随时目测充氮气情况，保证安瓿内的药液面微动。

（3）每 1 小时检测装量，确保装量在 2.15～2.20ml 之内；检查充氮气，灌注后药液面有微动，并填写记录。

（4）随时将有炭化点、封口不严、泡头等不合格的药支挑出，放入废品盘中。

（5）灌封的半成品盘内应逐盘放入半成品交接状态卡，其内容包括：产品名称、规格、产品批号、盘次、操作者、QA、状态、日期。

（6）每 1 小时对半成品交接状态卡进行检查内容应正确、齐全。QA 抽查半成品合格后，在半成品交接状态卡上加盖质检合格章后，由看机人员放入传送带上，2 小时内通知灭菌人员将半成品传至灭菌前室。

（7）每 1 小时对半成品的封头质量进行抽查，每盘半成品中的不合格品应小于 5 支。

（8）每 2 小时随机抽取半成品 20 支进行可见异物检查，不合格品应小于 2 支。

（9）每批两次取灭菌干燥后的 100 支加入 0.22μm 滤过的注射用水适量，用灯检法检查可见异物不超过 2 支。

（10）工作期间岗位人员应每 30 分钟对小镊及手消毒一次 。

（11）药液从除菌过滤开始到灌封结束不超过 7 小时。

（12）灌封岗位半成品应室温存放。

**3. 灌封工作结束**

（1）按灌封机标准操作维护规程关闭灌封机。

（2）将本批灌封的半成品盘数做详细的统计，并与灭菌人员核对确认无误后填在灌封岗位操作记录上。

（3）把残留药液传出灌封室，按小容量注射剂车间尾料标准管理规程处理。

（4）灌封废品统一收集后，经 QA 人员确认后在每盘内的半成品交接状态卡上加盖质检不合格章，由专人经传递窗送出车间，在 QA 的监督下砸碎，并填写记录。

（5）将烘箱及进瓶网带中没有用完的安瓿集中收回到不锈钢盘中，返回理瓶工序。

（6）按要求进行清场操作。

（7）将垃圾斗中的垃圾集中倒入不锈钢废物桶中的垃圾袋中，由传递窗将垃圾袋送出车间，废物桶应在配制清洗室进行清洗消毒，再经传递窗传至灌封室。

（8）操作人员将机器上的灌注系统、充氮气系统卸下，经灭菌后室传递窗传至器具清洗室，并将平板过滤器、氮气过滤器、储液罐上的呼吸器完好拆下，并做滤后保压试验。

（9）按照各房间的清洁消毒标准操作规程对各房间进行清洁消毒。

（10）房间清洁结束后，从灭菌后室传递窗内接收下批次的周转盘及垃圾袋。

（11）如实及时规范地填写各项记录。

**4. 质量控制**

**【取样时间】**开始灌封每小时分别取样检测一次。

**【取样位置】**灌封机出瓶口。

**【取样量】**装量差异每次连续取 12 支，性状、可见异物等随机抽取 200 支。

**【取样方法】**用灭过菌的镊子取样。

**【检验方法】**性状：目测；可见异物：按《可见异物检验操作规程》；装量：按《注射剂装量检验操作规程》；封口质量：目测。

**【可接受标准】**

性状：无色至微黄色的澄明液体。

可见异物：≤2%。

装量控制：2.15 ~ 2.20ml。

封口质量：封口严密、光滑（不合格率应≤0.5%）。

**5. 注意事项**

（1）灌封半成品封头质量偏差原因：①给药时太急，溅起药液；②缩水回药时针头尖端有药液；③针头安装不正，给药时药液沾瓶；④压药与针头打药的行程配合不好；⑤火焰温度调节过高或过低；⑥小镊闭、开与传送及加热融化的时间不协调。

（2）灌封半成品装量出现偏差原因：①相关部件有损。处理：本盘作为不合格品处理，并将前一盘放在灯检箱下目测装量，用注射器抽取最低和最高装量应符合规定，否则也将该盘作为不合格品处理，再往前抽取一盘直至合格。

（3）灌封过程中如发现氮气指示灯报警，应立即全部停机，将机器齿板上的安瓿全部拿出视为不合格品，待氮气合格后，让氮气管道内的氮气排放 2 分钟后再开机；并将开机后每个针头灌注的前 2 支拿出作为不合格品处理。

（4）灌封过程中操作人员如发现正在灌封的半成品氮气异常，应立即停机，并将此盘作为不合格品处理。

（5）灌封过程中如发现半成品盘中不合格品超出规定，应停机检查。

**（五）灭菌与检漏**

**1. 准备工作**

（1）领取批生产指令，了解所要本批生产的维生素 C 注射液的批量、批号，按要求完成相关准备工作。

（2）按人员进出一般区标准操作规程进入灭菌与检漏岗位，并穿戴好防护用品才能上岗。

（3）按规定进行清场复查，及时填写清场复查记录，并经 QA 人员确认合格后，方可将各清洁状态卡换为维生素 C 注射液（2ml：0.5g）生产状态卡。

（4）按灭菌器标准操作维护规程检查设备是否已清洁，并处于完好停运状态，各项供给是否满足设备要求。

**2. 操作**

（1）从前门将盘盖和灭菌架推进灭菌器内，将灭菌器前门关闭，操作人员启动前门关闭按钮将门关闭，并观察后门指示灯亮。到灭菌前室打开后门，将灭菌架拉出，做好装锅准备，待灌封向灭菌前室转交灌封半成品时，灭菌装锅人员打开输送机电源开关，打开传递窗紫外线灯、层流风机开关。开启输送机开始装锅。

（2）将待灭菌的安瓿放入灭菌车。关闭输送机电源开关，将灭菌架缓慢推入锅内。

（3）缓慢将柜门关严，操作人员启动后门关闭按钮将门关闭，并观察后门指示灯亮。

（4）操作人员维生素 C 注射液（2ml：0.5g）灭菌工艺参数设定。灭菌温度设定值为 100℃，灭菌时间 10 分钟，冷却温度设定值为 70℃，空气压力 0.4～0.6MPa，检漏压力 -0.04～0.06MPa，并保持 3 分钟以上，一洗时间 60 秒，二洗时间 60 秒，压缩经确认无误后，启动灭菌器开始灭菌。

（5）灭菌检漏结束，待柜内压力低于安全压力时，打开灭菌柜，取出安瓿。

（6）将安瓿转移至灭菌暂存室，将盘内的漏支、烂支、满支挑出，并统计数量，逐盘放入半成品交接状态卡，半成品交接状态卡内容包括品名、规格、批号、锅次、数量、操作者、状态。

（7）连续多锅次灭菌与检漏时，每锅灭菌后进行清场，经 QA 确认合格后，重复以上操作进行灭菌与检漏。

（8）灭菌与检漏的岗位半成品应在室温存放。

**3. 工作结束**

（1）按要求进行清洁、清场操作。

（2）关闭传递窗紫外线灯、层流风机开关。

（3）及时、正确、规范填写本岗位记录。

**4. 质量评价**

**【取样时间】** 灭菌结束后

**【取样位置】** 无菌与内毒素检验样品在灭菌柜冷点区域，理化检验样品在火菌柜热点区域。

**【取样量】** 无菌与内毒素检验每柜取样 100 支，理化检验每批取样 100 支。

**【可接受标准】**

破损率：≤0.2%

无菌检查：应无菌

细菌内毒素：每 1mg 维生素 C 中含内毒素量 <0.020EU

pH：5.5～6.5

含量：应为标示量的 96.0%～105.0%

**5. 注意事项**

（1）工作结束关闭所有水、电、气阀门或开关。

（2）工作期间操作人员不得远离操作岗位。

（3）灭菌维生素 C 注射液（2ml：0.5g）时，不得同时灭菌不同品种、不同规格的药品。

（4）不得自行更改灭菌与检漏工艺。

（5）每锅次灭菌半成品必须严格做好标识。

（6）如出现停电、汽、水，应打开安全阀，待柜内压力降为“0”后再打开柜门，将产品拉出来，同时应对场地进行清场，将出锅时掉下的不合格产品作销毁处理。及时上报，查找停电、汽、水的原因。异常情况排除后，应重新将产品推进柜内，重新启动灭菌器，将两次灭菌的总时间和等于灭菌工艺 $F_0$ 值时间，并做好异常情况处理记录。

## 六、实训考核与思考

### （一）实训项目评分表

灌封岗位实训考核评分标准见表 12－14。

**表 12－14　灌封岗位配分与评分标准**

| 序号 | 考核内容 | 考核要点 | 配分 | 评分标准 | 得分 |
|---|---|---|---|---|---|
| 1 | 职业素养 | 着装、举止 | 2 | 无工作服、着装不整洁、举止不文明扣除此分 | |
| | | 仪容、佩饰 | 2 | 化浓妆、染甲、长甲及手戴佩饰者扣除此分 | |
| | | 爱护仪器、遵守仪器使用规定 | 2 | 违规损坏仪器者扣除此分 | |
| | | 节约水电、药品，环保意识 | 2 | 浪费水电、药品、任意处置试剂及药品者扣除此分 | |
| | | 实验秩序（步骤、台面清晰有序） | 2 | 实验秩序混乱扣除此分 | |
| 2 | 开机前准备 | 1. 消毒设备表面<br>2. 点动设备运行正常<br>3. 检查干燥灭菌后的清洁度<br>4. 冲洗管道、针头<br>5. 点动设备试灌封，检查灌封质量 | 20 | 1. 未检查清洁度扣 5 分<br>2. 未检查设备各工位运行情况，未对设备消毒扣 5 分<br>3. 未进行管道及针头冲洗扣 5 分<br>4. 未进行点动试灌封扣 5 分 | |

续表

| 序号 | 考核内容 | 考核要点 | 配分 | 评分标准 | 得分 |
|---|---|---|---|---|---|
| 3 | 灌封 | 按《灌封机标准操作规程》进行灌装、封口 | 20 | 1. 未检查待灌装药液质量扣5分<br>2. 未提前剔除烂瓶扣5分<br>3. 未调整装量，并按时检查装量和封口质量扣10分<br>4. 未即时剔除废品扣5分<br>5. 不倒扣分 | |
| 4 | 开机运行 | 1. 开机顺序准确<br>2. 正确排除故障 | 20 | 1. 开机顺序不准确扣10分<br>2. 未正确排除故障扣10分<br>3. 不倒扣分 | |
| 5 | 熟练程度 | 规定时间内完成 | 10 | 超过规定时限扣10分 | |
| 6 | 成品质量 | 灌封质量符合要求 | 10 | 1. 出现泡头、焦头、拖丝、封口不严、破瓶等不合格品扣1~5分<br>2. 装量差异大扣1~5分 | |
| 7 | 清场 | 桌面整洁卫生，清洗器具，仪器药品归位 | 10 | 1. 未清场扣10分<br>2. 清场不彻底扣5分 | |
| 合计 | | | 100 | | |

### （二）思考题

1. 请分析维生素C注射剂的处方，说明各个附加剂有何作用？
2. 简述超声波清洗的基本原理。
3. 超声波洗瓶机清洗安瓿后洁净度不符合要求。请问原因可能是什么？应如何处理？
4. 维生素C注射液灌封时出现尖头和焦头质量问题，请分析原因，并提出解决办法。
5. 维生素C注射液灭菌后颜色发黄，请分析可能的原因。

扫码“学一学”

## 任务3 维生素C注射液质量检查

### 一、技能要求

1. 能按照规定方法对维生素C注射液生产过程的半成品、成品质量进行检查，并填好检查记录。

2. 能正确使用相关检测仪器、计量器具及其他检测工具，并进行维护保养。

## 二、物品准备

**1. 药品与试剂** 维生素C注射液、氯化钙试液、草酸对照品、稀醋酸、丙酮、淀粉指示液、碘滴定液、鲎试剂、细菌内毒素标准品、细菌内毒素检查用水

**2. 仪器与设备** pH测定仪、紫外-可见分光光度计、移液管、容量瓶、恒温水浴锅、澄明度检测仪、注射器及针头、碘量瓶、酸式滴定管

## 三、相关指导

溶液型注射液应澄清。装量、装量差异、渗透压摩尔浓度、可见异物、不溶性微粒、中药注射剂有关物质、重金属及有害元素残留量、无菌、细菌内毒素应符合相关药品标准要求。现行版《中国药典》规定，维生素C注射液应检查pH、颜色、草酸、细菌内毒素等项目，还要按其含量测定项下方法检查，本品含维生素C（$C_6H_8O_6$）计算，应为标示量的93.0%～107.0%。

## 四、实训操作

### （一）中间产品质量检查 （稀配溶液）

**1. 性状** 为无色至微黄色的澄明液体。

**2. pH** 按照现行版《中国药典》四部pH测定法（通则0631）测定，pH应为5.0～7.0。

**3. 含量** 精密量取本品适量（约相当于维生素C 0.2g），加水15ml与丙酮2ml，摇匀，放置5分钟，加稀醋酸4 ml与淀粉指示液1ml，用碘滴定液（0.05mol/L）滴定，至溶液显蓝色并持续30秒钟不褪。每1ml碘滴定液（0.05mol/L）相当于8.806 mg的$C_6H_8O_6$。

计算维生素C含量，本品含维生素C（$C_6H_8O_6$）应为标量（2ml∶0.5g）的97.0%～105.0%。

### （二）成品注射剂质量检查

**1. pH** 按照pH值测定法（通则0631）测定，pH应为5.0～7.0。

**2. 颜色** 取本品，用水稀释制成每1 ml中含维生素C 50mg的溶液，照紫外-可见分光光度法（通则0401）在420nm的波长处测定，吸光度不得过0.06。

**3. 草酸** 取本品，用水稀释制成每1ml中约含维生素C 50mg的溶液，精密量取5ml，加稀醋酸1ml与氯化钙试液0.5ml摇匀，放置1小时，作为供试品溶液；精密称取草酸75mg，置500ml量瓶中，加水溶解并稀释至刻度，摇匀，精密量取5ml，加稀醋酸1ml与氯化钙试液0.5ml，摇匀，放置1小时，作为对照溶液。供试品溶液产生的浑浊不得浓于对照溶液（0.3%）。

**4. 细菌内毒素** 取本品，依细菌内毒素检查法（通则1143）检查，每1mg维生素C中含内毒素量应小于0.020EU。

**5. 可见异物** 取供试品20支，照可见异物检查法（通则0904）检查，擦净外壁，必要时将药液转移至洁净透明的适宜玻璃容器内；置供试品于遮光板边缘处，在明视距离（指供试品至人眼的清晰观测距离，通常为25cm），手持颈部，每次2支，轻轻旋转和翻转容器使药液中存在的可见异物悬浮（注意不使药液产生气泡），分别在黑色和白色背景下目视检查，重复观察，总检查时限为20秒。供试品溶液中有大量气泡产生影响观察时，需静置足够时间至气泡消失后检查可见异物检查结果的判定，见表12-15。

**表 12－15 可见异物检查结果的判定**

| | 明显可见异物 | 微细可见异物限度 |
|---|---|---|
| 试验类别 | 金属屑、玻璃屑、长度超过2mm的纤维和最大粒径超过2mm的块状物以及静置一定时间后轻轻旋转时肉眼可见的烟雾状微粒沉积物、无法计数的微粒群或摇不散的沉淀。 | 点状物、2mm以下的短纤维和块状物。 |
| 初试20支 | 不得检出 | 如1支检出，复试。<br>如2支或以上检出，不符合规定。 |
| 复试40支 | — | 超过1支检出，不符合规定。 |

**6. 装量** 取供试品5支。开启时注意避免损失，将内容物分别用相应体积的干燥注射器及注射针头抽尽，然后缓慢连续地注入经标化的量入式量筒内（量筒的大小应使待测体积至少占其额定体积的40%，不排尽针头中的液体），在室温下检视。每支（瓶）的装量均不得少于其标示量2ml。

**7. 含量测定** 精密量取本品适量（约相当于维生素C 0.2g），加水15ml与丙酮2ml，摇匀，放置5分钟，加稀醋酸4ml与淀粉指示液1ml，用碘滴定液（0.05mol/L）滴定，至溶液显蓝色并持续30秒钟不褪。每1ml碘滴定液（0.05mol/L）相当于8.806mg的$C_6H_8O_6$。

计算维生素C含量，本品含维生素C（$C_6H_8O_6$）应为标量的93.0%～107.0%。

## 五、实训考核与思考

### （一）实训项目评分表

注射液细菌内毒素检查、装量检查实训考核评分标准见表12－16、表12－17。

**表 12－16 注射液细菌内毒素检查考核配分与评分标准**

| 序号 | 考核内容 | 考核要点 | 配分 | 评分标准 | 得分 |
|---|---|---|---|---|---|
| 1 | 职业素养 | 着装、举止 | 2 | 无白大衣、着装不整洁、举止不文明扣除此分 | |
| | | 仪容、佩饰 | 2 | 化浓妆、染甲、长甲及手戴佩饰者扣除此分 | |
| | | 爱护仪器、遵守仪器使用规定 | 2 | 违规损坏仪器者扣除此分 | |
| | | 节约水电、药品，环保意识 | 2 | 浪费水电、药品、任意处置试剂及药品者扣除此分 | |
| | | 实验秩序（步骤、台面清晰有序） | 2 | 实验秩序混乱扣除此分 | |
| 2 | 实验前准备 | 1. 水浴箱内加入适量的水<br>2. 设置温度37℃<br>3. 供试品准备<br>4. 内毒素工作标准溶液的制备<br>5. 器皿除热原 | 40 | 1. 水浴箱内加水过多/过少扣5分<br>2. 未设置温度扣10分<br>3. 正确确定供试品最大有效稀释倍数，制备供试品，计算错误扣10分<br>4. 未正确操作涡旋混合器扣5分<br>5. 未正确配制细菌内毒工作标准溶液扣10分，操作不熟练酌情扣分<br>6. 所用器皿未除热原扣10分<br>7. 不倒扣分 | |

续表

| 序号 | 考核内容 | 考核要点 | 配分 | 评分标准 | 得分 |
|---|---|---|---|---|---|
| 3 | 凝胶限度法操作 | 1. 正确选择鲎试剂数量<br>2. 标记，并按规定加入相应试液<br>3. 封闭管口，摇匀，置于水浴中，保温60分钟取出<br>4. 观察结果 | 30 | 1. 未正确选择鲎试剂数量扣2分<br>2. 未标记或标记错误扣2分<br>3. 加入试液错误扣5分<br>4. 温度未到达时即进行试验扣5分<br>5. 鲎试剂溶解操作错误扣2分<br>6. 封口不严、操作过程动作太大、有气泡产生或者试管未垂直放置分别扣5分<br>7. 取出试管动作太大，导致试验结果有误，扣10分<br>8. 实验结果判断有误扣5分<br>9. 不倒扣分 | |
| 4 | 熟练程度 | 规定时间内完成操作 | 10 | 超过规定时限扣10分 | |
| 5 | 清场 | 桌面整洁卫生，清洗器具，仪器药品归位 | 10 | 1. 未清场扣10分<br>2. 清场不彻底扣5分 | |
| 合计 | | | 100 | | |

**表 12－17　注射液装量检查考核配分与评分标准**

| 序号 | 考核内容 | 考核要点 | 配分 | 评分标准 | 得分 |
|---|---|---|---|---|---|
| 1 | 职业素养 | 着装、举止 | 2 | 无白大衣、着装不整洁、举止不文明扣除此分 | |
| | | 仪容、佩饰 | 2 | 化浓妆、染甲、长甲及手戴佩饰者扣除此分 | |
| | | 爱护仪器、遵守仪器使用规定 | 2 | 违规损坏仪器者扣除此分 | |
| | | 节约水电、药品，环保意识 | 2 | 浪费水电、药品、任意处置试剂及药品者扣除此分 | |
| | | 实验秩序（步骤、台面清晰有序） | 2 | 实验秩序混乱扣除此分 | |
| 2 | 实验前准备 | 1. 干燥注射器及注射针头<br>2. 选择合适的量入式量筒 | 20 | 1. 注射器及针头未干燥扣10分<br>2. 选择量筒错误扣10分 | |
| 3 | 装量检查 | 1. 正确选择数量<br>2. 开启，抽尽液体<br>3. 注入量筒，检视 | 50 | 1. 数量选择错误扣10分<br>2. 开启导致溶液损失扣10分<br>3. 液体未抽尽扣10分<br>4. 注入量筒损失较大扣10分<br>5. 读数错误扣10分 | |
| 4 | 熟练程度 | 规定时间内完成操作 | 10 | 超过规定时限扣10分 | |

续表

| 序号 | 考核内容 | 考核要点 | 配分 | 评分标准 | 得分 |
|---|---|---|---|---|---|
| 5 | 清场 | 桌面整洁卫生，清洗器具，仪器药品归位 | 10 | 1. 未清场扣10分<br>2. 清场不彻底扣5分 | |
| 合计 | | | 100 | | |

扫码"练一练"

### （二）思考题

1. 维生素C注射液无菌检查合格是否说明内毒素合格，为什么？
2. 注射剂的一般检查项目有哪些？可见异物检查有哪些注意事项？

（林凤云）

项目十三

# 双黄连口服液生产实训

【项目实训目标】

1. 能按照工艺规程和操作要求完成双黄连口服液的制备。

2. 掌握口服液提取罐、浓缩器、过滤器、配液罐、灌装轧盖机、灭菌柜、灯检机的操作方法。

3. 掌握口服液的质量检查方法与相关分析仪器的使用。

【项目任务解析】

| 项目组成 | 任务名称 | 面向职业（代码） | 面向岗位 |
|---|---|---|---|
| 任务一 | 制备双黄连口服液 | 药物制剂工（6-12-03-00） | 提取浓缩工、中药合剂工、工艺员、QA |
| 任务二 | 双黄连口服液质量检查 | 药物检验员（4-08-05-04） | 药物分析员、QC |

## 任务1　制备双黄连口服液

扫码“看一看”

### 一、技能要求

1. 掌握口服液生产工艺流程，能按照制法完成双黄连口服液的制备。

2. 会按照提取罐、浓缩器、过滤器、配液罐、灌装轧盖机、灭菌柜、灯检机的操作规程，完成药液的提取、浓缩、配液、灌装、灭菌、灯检工艺过程。

3. 能对口服液生产过程进行质量控制。

### 二、物品准备

**1. 药品与试剂**　金银花、黄芩、连翘、蔗糖、香精。

**2. 仪器与设备**　提取罐、浓缩器、过滤器、配液罐、灌装轧盖机、灭菌柜、灯检机、密度计等。

### 三、相关指导

双黄连口服液是由金银花、连翘、黄芩三味中药经提取后制成的中药制剂，具有疏风解表，清热解毒功效。用于外感风热所致的感冒，症见发热、咳嗽、咽痛。目前我国有13家企业获得双黄连口服液批准文号。生产此药所需物料金银花、黄芩、连翘，辅料为蔗糖和香精，其质量优劣直接关系到成品质量，关系到人们用药的安全性和有效性。本实训所用原辅包装材料应符合药品标准的要求，按照有关药品标准进行相应检查，经检查合格后方能投入使用。

### （一）任务介绍

合剂系指饮片用水或其他溶剂，采用适宜的方法提取制成的口服液体制剂（单剂量灌装者也可称“口服液”）。本次实训任务是制备规格 10ml/支（每 1ml 相当于饮片 1.5g）的双黄连口服液 1000ml，因口服液易产生沉淀，所以其精制生产过程纯化处理诸如 pH 调节、温度控制、时间控制，灭菌温度、时间等应严格把控。

双黄连口服液处方与制法如下：

**【处方】**金银花 375g　黄芩 375g　连翘 750g

**【制法】**取以上三味，黄芩加水煎煮三次，第一次 2 小时，第二、三次各 1 小时，合并煎液，滤过，滤液浓缩并在 80℃时加入 2mol/L 盐酸溶液适量调节 pH 至 1.0～2.0，保温 1 小时，静置 12 小时，滤过，沉淀加 6～8 倍量水，用 40% 氢氧化钠溶液调节 pH 至 7.0，再加等量乙醇，搅拌使溶解，滤过，滤液用 2mol/L 盐酸溶液调节 pH 至 2.0，60℃保温 30 分钟，静置 12 小时，滤过，沉淀用乙醇洗至 pH 为 7.0，回收乙醇备用；金银花、连翘加水温浸 30 分钟后，煎煮二次，每次 1.5 小时，合并煎液，滤过，滤液浓缩至相对密度为 1.20～1.25（70～80℃）的清膏，冷至 40℃时缓缓加入乙醇，使含醇量达 75%，充分搅拌，静置 12 小时，滤取上清液，残渣加 75% 乙醇适量，搅匀，静置 12 小时，滤过，合并乙醇液，回收乙醇至无醇味，加入上述黄芩提取物，并加水适量，以 40% 氢氧化钠溶液调节 pH 至 7.0，搅匀，冷藏（4～8℃）72 小时，滤过，滤液加入蔗糖 300g，搅拌使溶解，或再加入香精适量，调节 pH 至 7.0，加水制成 1000ml，搅匀静置 12 小时，滤过，灌装，灭菌，即得。

### （二）口服液的生产工艺流程及环境要求

按 GMP 要求，口服液的配液、灌装生产环境洁净度要求为 D 级，其制备一般分为提取、浓缩、精制、配液、灌装、灭菌、灯检和包装等过程。其中，精制、配液、灭菌是关键工序。药材提取物制备工艺流程和双黄连口服液的生产工艺流程见图 13－1～13－3。

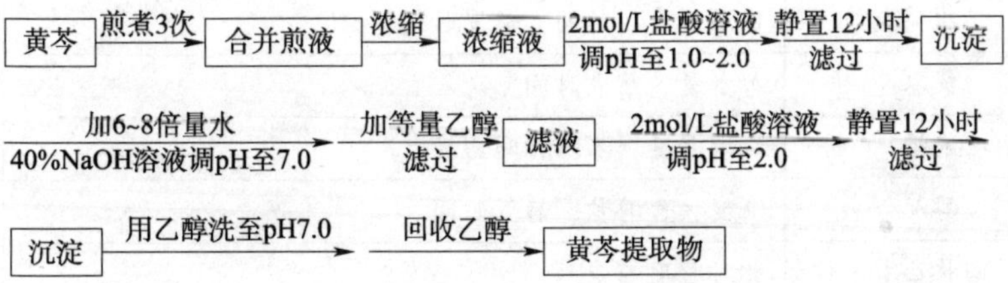


图 13－1　黄芩提取物制备工艺流程图

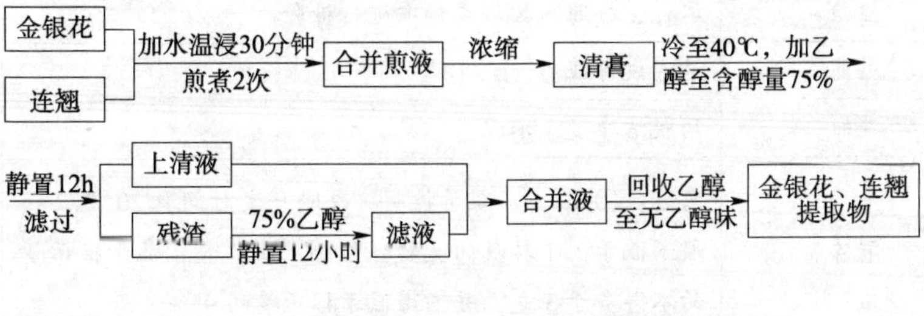


图 13－2　金银花、连翘提取物制备工艺流程图

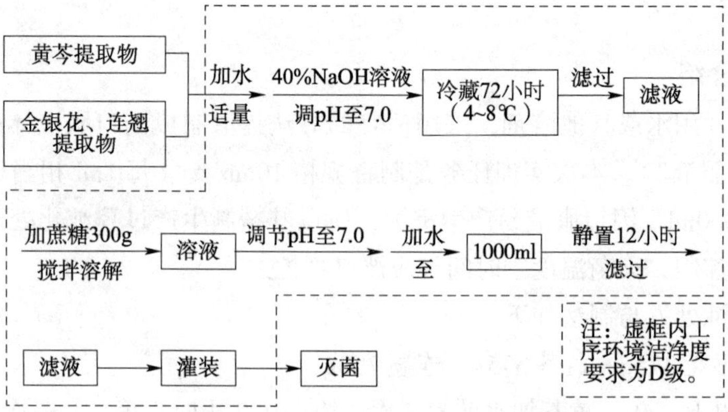


图 13－3　双黄连口服液的生产工艺流程图

### （三）口服液生产过程质量控制点及其检查要求

中药口服液生产工艺复杂，周期长，口服液生产过程质量控制点及其检查要求见表 13－1。

**表 13－1　口服液生产过程质量控制点及检查要求**

| 工序 | 监　控　点 | 监 控 项 目 | 频　次 |
| --- | --- | --- | --- |
| 炮制 | 净制 | 无杂质、异物、非药用部分 | 每次 |
| | 炮炙 | 符合炮制标准 | 每次 |
| 配料 | 原辅料 | 品种、数量与配核料单相符 | 每批 |
| 粉碎 | 异物 | 无异物 | 随时 |
| | 细度 | 符合工艺要求 | 随时 |
| 黄芩浓缩液 | 黄芩提取 | 加水量、煎煮时间 | 每次 |
| | 浓缩 | 浓缩温度、浓缩相对密度。 | 每次 |
| | 一次酸析 | 保温温度，pH | 每次 |
| | 一次精制 | 加水量，pH | 每次 |
| | 二次酸析 | pH | 每次 |
| | 二次精制 | 保温温度、时间，静置时间，pH | 每次 |
| 金银花、连翘浓缩液 | 提取 | 加水量、煎煮时间 | 每次 |
| | 浓缩 | 浓缩温度、浓缩相对密度 | 每次 |
| | 醇沉 | 温度、含醇量、静置时间 | 每次 |
| | 回收乙醇 | 相对密度 | 每次 |
| 配液过滤 | 辅料 | 符合质量内控标准 | 每批 |
| | 配液 | 冷藏温度、冷藏时间、pH | 1 次/批 |
| | 检验 | 取样，按照内控质量标准进行检验 | 每批 |
| | 过滤 | 过滤设备压力 | 1 次/批 |
| 洗瓶灌装封口 | 洗瓶 | 药瓶洁净度，水温 | 随时 |
| | 灌装 | 装量：10ml/支；装量控制：每隔一定时间取 20 支（一般不低于一个转盘的支数）检测一次装量，低于标示量的不得多于 3 支，并不得低于标示量的 95% | 随时 |
| | 封口 | 封合严密 | 随时 |

续表

| 工序 | 监控点 | 监控项目 | 频次 |
|---|---|---|---|
| 灭菌 | 时间、温度 | 灭菌温度、灭菌时间 | 每柜 |
| | | 从灌装完毕至灭菌结束一般不得超过12小时（生产中根据验证获得此时间参数） | 每批 |
| 灯检 | 灯检 | 有无漏检，灯检台光照度控制在2000lx～3000lx | 随时 |
| | 检验 | 取样，按照内控质量标准进行检验 | 每批 |
| 外包装 | 包装品（瓶装用） | 装量、封口、瓶签 | 随时/班 |
| | 装盒 | 批号、数量、说明书、封口签 | 随时/班 |
| | 标签、说明书 | 批号、内容、数量、使用记录 | 随时/班 |
| | 装箱 | 批号、数量、装箱单、印刷内容 | 随时/班 |
| | 标签、小盒、大箱 | 批号、生产日期、有效期至 | 打印前核对 |
| | 包装品（瓶装用） | 装量、封口、瓶签 | 随时/班 |

### （四）主要设备介绍

**1. 提取罐** 提取罐结构具有罐体，罐体内轴向位置装置的螺旋推进器或旋桨推进器，与罐体外的转动轴盘连接，其特征是具有一组斜卧的连续逆流浸出提取单罐，相互之间出料口与进料口相连接构成一连通器，每一个单罐体的低端上部具有进料口，下部具有残液排出口，罐体高端上部具有进液口或排气口，下部具出料口。

提取罐的工作原理是单纯的煎煮过程，中草药浸泡在水中，采用蒸汽加热，经过一定时间，将有效成分提取出来，煎煮时间的长短，根据不同物料的性能自行决定，投料量因中草药形状和有效成分提取的难易不一，不能作统一规定，建议投料量不超过设备容积的三分之二为宜。

**2. 多效蒸发器**

（1）组成 多效蒸发器是用于进行低温连续式蒸发浓缩的设备。由各效加热蒸发器、各效分离器、冷凝器、热压泵、保温管、真空系统、各效料液输送泵、冷凝排水泵及其他辅助系统组成。

（2）工作原理 多效蒸发将几个蒸发器串联运行的蒸发操作，此项操作使蒸汽热能得到多次利用，从而提高热能的利用率，多用于水提液的处理。其后一个蒸发器的热源采用前一个蒸发器生成的蒸汽。其每一效的二次蒸汽温度总是低于其加热蒸汽，所以多效蒸发时各效的操作压力及溶液沸腾温度沿蒸汽流动方向依次降低。

（3）操作规程

1）开机前的准备工作：检查罐体各部件是否完好；检查仪器仪表是否灵敏、可靠；各管道是否畅通，各种阀门是否完好，有无跑冒滴漏；其他检查诸如控制系统是否灵敏可靠等。

2）开机运行：先开启真空阀门，使每一效真空表压达到设备说明书规定要求；开启进料阀料液先进一效，当料液上升到第二液位开关处，关闭阀门，开启蒸汽阀门升温加热，同时打开二效进料阀门，料液进入二效蒸发室下中视镜一半处，关闭阀门，依次类推至末效料液达视镜一半处时开启冷却水，对蒸发气体进行冷却，开始正常浓缩；操作中根据各效的蒸发速度，继续进料，补充至原来的位置；当收水器冷凝水升至视镜 1/2 处时，打开出水阀门排水；由于一效蒸发温度高，浓缩速度快，比重大，出膏方便，可将后一效浓缩液进入前一效浓缩，至物料进入一效完毕复原，进行工作，一效料液浓度达到所需比重时，关闭蒸汽阀门，打开排空阀门，一效真空表压降至 0，开启出料阀门收膏，完毕后复原。

3）停机　关闭相关阀门。

（4）操作注意事项　设备所配备的安全阀、仪表等不得任意调动；夹层最大受压不得超过设备说明书规定压力；罐内最小受压不得低于设备说明书规定压力。

**3. 立式超声波清洗机**　立式超声波洗瓶机自动完成从进瓶、超声波粗洗、瓶外壁精洗、瓶内壁精洗到出瓶的全套生产过程。其方法是采用超声波清洗，然后通过一系列喷针、喷嘴对玻璃瓶的内壁外壁喷射纯化水和压缩空气。

**4. 隧道式热风循环灭菌烘箱**　隧道式热风循环灭菌烘箱为整体隧道式结构，分为预热区、高温灭菌区、冷却区三部分，采用热空气层流消毒原理对容器进行短时高温灭菌。

**5. DGZ16 型液体灌装轧盖机**　DGZ16 型液体灌装轧盖机集理瓶、输瓶、定量灌装、理盖、送盖、轧盖、出瓶工序于一体的自动化灌装设备。

**6. 灯检机**　全自动灯检机原理是利用机器视觉原理对可见异物进行识别检测。被检测产品在高速旋转时被制动静止，工业相机连续拍照获取多幅图像，经过计算机系统分析比较，判断被检测产品是否合格，并自动区分合格品与不合格品。主要用于液体制剂中可见异物（玻璃屑、金属屑、纤维、毛发等）及液位的自动检测。

当被检测药瓶传送至输送带后，由输送带传送至进瓶星轮，再由进瓶星轮输送到转盘检验区；当被检测药瓶运转至旋瓶装置的投光器透镜前方时，旋瓶电机高速旋转，被检测药瓶高速旋转后进入检测，通过刹车制动使得被检测药瓶停止旋转，而瓶内的液体由于惯性原因仍在旋转，使可能存在的微粒在药瓶内随液体运动；此时，进入检测区，光源照在被检测药瓶瓶身，如果被检药瓶内液体有任何杂质，通过光量变化，检测系统能够准确连续捕捉到动态异物颗粒，并将其剔除。最后将合格品与不合格品分别送入合格品通道和不合格品通道，完成整个灯检过程。

## 四、实训操作

### （一）生产前准备

**1. 各工序现场检查**　检查该工序的房间、设备、容器具、模具等是否清洁，并在合格有效期内；检查该工序的设备是否正常；检查该工序所需的原辅料、容器具等是否领取，模具是否安装。QA 对生产前检查结果复核后，签发生产许可相关信息。生产设备及生产场所换相应的状态标志。

**2. 领取生产所用物料**　检查所用物料名称、代号、批号、数量等信息，检查物料是否在规定的效期内，外包装是否完好、清洁，办理物料交接手续，并签字记录。

### （二）提取、浓缩

取黄芩药材置于提取罐内提取三次，分别加 8 倍量水 2 小时，过滤；6 倍量水 1 小时，过滤；6 倍量水 1 小时，过滤，合并滤液。煎煮时间以药液沸腾时开始计时。浓缩药液至相对密度1.05～1.11（80℃），保持此温度加入2mol/L盐酸溶液适量调节pH至1.0～2.0，保温1小时时，静置12小时，滤过，沉淀加6～8倍量水，用40%氢氧化钠溶液调节pH至7.0，再加等量乙醇，搅拌使溶解，滤过，滤液用2mol/L盐酸溶液调节pH至2.0，60℃保温30分钟，静置12小时，滤过，沉淀用乙醇洗至pH为7.0，回收乙醇备用。

金银花、连翘加水于提取罐内加入8倍量水温浸30分钟，煎煮1.5小时，第二次8倍量水煎煮1.5小时，合并两次煎液，滤过，滤液浓缩至相对密度为1.20～1.25（70～80℃）的清膏，冷至40℃时缓缓加入乙醇，使含醇量达75%，充分搅拌，静置12小时，滤去上清液，残渣加75%乙醇适量，搅匀，静置12小时，滤过，合并乙醇液，回收乙醇至无醇味，浓缩膏相对密度约1.29～1.30（70～80℃）。

**（三）配液**

将黄芩提取物、金银花、连翘提取物合并，加入适量水，以40%氢氧化钠溶液调节pH至7.0，搅匀，冷藏（4～8℃）72小时，滤过（离心），滤液加入蔗糖300g，搅拌使溶解，或再加入香精适量，调节pH至7.0，加水制成1000ml，过滤。

扫码“看一看”

**（四）洗灌封**

**1. 基本步骤** 依据包装指令领取合格内包材，将符合规定的口服液瓶转移至洗瓶机内洗瓶，清洗后的口服液瓶经过隧道式灭菌烘箱时进行干燥，设备参数调至需要温度（可依据履带速度来调节温度）进行烘干。空瓶灭菌干燥后经传送带传至灌装机理瓶轨道，准备好瓶盖；以10ml/支的装量自动灌装，灌装速度依据设备参数进行调整。每隔一定时间取20支（一般不低于一个转盘的支数）检测一次装量，低于标示量的不得多于3支，并不得低于标示量的95%。(此处三个数字参数生产中可通过验证或确认进行确定)。

**2. DGZ16型液体灌装轧盖机操作规程及注意事项**

（1）开机前的准备工作 检查口服液灌轧机清洁情况及所用工具清洁情况；检查口服瓶和铝盖等是否符合要求；检查灌装转盘、出瓶过渡拨盘、中间过渡拨盘、挂盖拨轮、出瓶拨盘、铝盖轨道、轧盖头等是否符合要求；检查药液、药液管路及灌装泵是否符合要求；保证机器底座上的所有防护装置都在位；用手轮手动驱动设备，看是否有什么不正常的现象，如果有，检查是什么地方的问题，如果没有，可以进行下一步。

（2）电器操作及使用 操作面板，接通电源，把电气控制箱中的空气开关置于ON位置，再开启触摸屏控制盒上的一个急停按钮（红色蘑菇状按钮）。然后根据触摸屏选择操作，有自动挡和手动挡。一般调试机器时用手动挡，正常运行时选用自动挡。(备注：在机器运行时紧急情况下，按下急停按钮，机器会立即停止工作。在正常生产过程中请勿使用急停开关。)

（3）人机界面操作 本机操作界面为触摸屏。电源接通后按照屏幕提示进入操作画面，手指轻按画面按钮即可实现按钮指示的功能。不可对屏幕进行重压、敲击操作，以免影响界面灵敏度，缩短元件使用寿命。

（4）急停开关使用 人机界面侧有一个急停开关。急停开关按下，整机立刻断电停机。顺着箭头方向转动开关，开关弹起，电路复位，电源重新接通，此时设备不会自动运转，重新启动需通过人机界面操作。注：机器运转期间不可随意触摸运动部件；非专业人员不可随意打开电器柜门或进行线路变更操作；非特殊情况请勿使用急停开关，操作需按正常流程。

（5）开机运行操作　打开“电源开关”，指示灯亮。机器控制器启动的时候操作面板上显示窗口“初始画面”；触摸“初始画面”上任一点，画面切换到“主画面”；察看触摸屏是否有报警信息显示，若有报警存在则请按其显示的内容作相应处理；触摸“主画面”下方的“自动运行”项目框，“主画面”下方显示“手动调试”；用轧盖容器进行试运行。用点动开启机器。如果发现错误，立刻停止点动。一步步检查。将待轧盖的容器放在“进瓶转盘”上，检查容器能否按规定进入轨道。容器在进瓶输送带内的传送是否平稳。容器在进瓶拨盘内的传送是否有序平稳。容器传送到顶瓶装置的转移是否正确平稳。容器从拨盘能否被正确拨出。容器在出瓶输送带内的传送是否平稳。检查容器的出瓶情况，如果不理想，则需进行调节。检查振荡料斗内的铝盖是否正确进入螺旋环板。如果不能，则需调整振动强度；一切正常，就可以点自动开始灌装。

（6）注意事项

机器在运行过程中，一旦发生事故，请按动红色急停开关，停止供电；机器工作时，不可调整各传动部位及运转的部件；机器运行时，不可将工具等物品放置在设备上。

### （五）灭菌

将灌装完毕的药瓶于灭菌柜内灭菌。从灌装完毕至灭菌结束不得超过 12 小时。105℃灭菌时间 20 分钟（温度与时间可通过验证确认）。

### （六）灯检

将灭菌后口服液瓶，放在灯检台前逐个检视，若发现瓶子有裂缝、液体有浑浊、瓶身有疤、装量不符合标准要求的、瓶盖轧歪的或有异物等异常现象，立即将不合格品拣出，分类放置和统计。灯检台光照度控制在 2000lx ~ 3000lx。

## 五、实训考核与思考

### （一）配液灌封岗位考核

配液灌封岗位实训考核评分标准见表 13 - 2。

**表 13 - 2　配液灌封岗位考核配分与评分标准**

| 序号 | 考核内容 | 考核要点 | 配分 | 评分标准 | 得分 |
|---|---|---|---|---|---|
| 1 | 职业素养 | 着装、举止 | 2 | 无白大衣、着装不整洁、举止不文明扣除此分 | |
| | | 仪容、佩饰 | 2 | 化浓妆、染甲、长甲及手戴佩饰者扣除此分 | |
| | | 爱护仪器、遵守仪器使用规定 | 2 | 违规损坏仪器者扣除此分 | |
| | | 节约水电、药品，环保意识 | 2 | 浪费水电、药品、任意处置试剂及药品者扣除此分 | |
| | | 实验秩序（步骤、台面清晰有序） | 2 | 实验秩序混乱扣除此分 | |

续表

| 序号 | 考核内容 | 考核要点 | 配分 | 评分标准 | 得分 |
|---|---|---|---|---|---|
| 2 | 配液 | 会使用配液罐 | 20 | 1. 未按标准操作规程操作提取浓缩设备扣5分<br>2. 未按工艺规程规定参数进行生产或有偏离扣5分<br>3. 瓶未烘干、装量不符合规定扣5分 | |
| 3 | 洗瓶、烘干 | 会使用立式超声波洗瓶机和隧道式灭菌烘箱 | 20 | | |
| 4 | 灌装、封口 | 会使用液体灌装轧盖机按工艺规程要求参数正确配液、洗瓶、烘瓶、灌装 | 20 | | |
| 5 | 记录数据 | 随时记录试验生产数据 | 10 | 未按要求记录扣5分 | |
| 6 | 熟练程度 | 规定时间内完成 | 10 | 超过规定时限扣10分 | |
| 7 | 清场 | 桌面整洁卫生，清洗器具，仪器药品归位 | 10 | 1. 未清场扣10分<br>2. 清场不彻底扣5分 | |
| 合计 | | | 100 | | |

（二）思考题

1. 双黄连口服液生产关键工艺参数有哪些？

2. 影响该产品澄清度的关键环节有哪些？

## 任务2 双黄连口服液质量检查

### 一、技能要求

1. 能按照规定方法对双黄连口服液生产过程的中间产品、半成品、成品质量进行检查，并填好检查记录。

2. 能正确使用相关检测仪器、计量器具及其他检测工具，并进行维护保养。

### 二、物品准备

**1. 药品与试剂** 黄芩提取物、金银花连翘提取物、灭菌前药液、灯检完毕合格品；甲醇、醋酸、乙醇、三氯甲烷、10%硫酸乙醇溶液、磷酸、邻苯二甲酸氢钾标准缓冲液、磷酸盐标准缓冲液、硼砂标准缓冲液等。

**2. 仪器与设备** 水浴锅、密度计、展开槽、液相色谱仪、干燥箱、电子天平、薄层板、紫外光灯、超声仪、电加热套、酸度计、比重瓶、温度计、量筒、移液管、恒温水浴锅、中性氧化铝柱（100～120目，6g，内径为1cm）

### 三、相关指导

除另有规定外，合剂应澄清。在贮存期间不得有发霉、酸败、异物、变色、产生气体或其他变质现象，允许有少量摇之易散的沉淀。单剂量灌装的合剂，照下述方法检查，应符合规定。取供试品5支，将内容物分别倒入经标化的量入式量筒内，在室温下检视，每支装量与标示装量相比较，少于标示装量的不得多于1支，并不得少于标示装量的95%。

## 四、实训操作

### （一）中间产品质量检查

双黄连口服液的中间产品包括黄芩提取物、金银花与连翘提取物，其质量优劣直接影响最终产品质量和临床治疗效果。黄芩提取物、金银花与连翘提取物的质量控制指标见表13－3、表13－4。

**1. 黄芩提取物**

黄芩提取物质量控制指标见表13－3。

**表13－3　黄芩提取物质量控制指标**

| 指标名称 | 标准 |
|---|---|
| 鉴别 | 供试品色谱中，在与黄芩苷对照品色谱相应的位置上显相同颜色的斑点 |
| 检查 | 实际浓缩相对密度 |
| 含量测定 | 本品每1ml含黄芩以黄芩苷（$C_{21}H_{18}O_{11}$）计，不得少于Zmg |

备注：提取物中X的计算公式，公式中1.2为提高倍数；注意此公式中单位应统一；采用重量还是体积视生产和检验取样方便而定。

$$X=\frac{0.72\ （或1.44）\ \times 应配制体积\times 1.2}{提取物重量或体积}\times 100\%$$

（1）鉴别　取本品1mg，加甲醇1ml使溶解，作为供试品溶液。另取黄芩苷对照品，加甲醇制成每1ml含1mg溶液，作为对照品溶液。照薄层色谱法（通则0502）试验，吸取上述两种溶液各2μl，分别点于同一聚酰胺薄膜上，以醋酸为展开剂，展开，取出，晾干，置紫外灯（365nm）下检视。供试品色谱中，在与对照品色谱相应的位置上，显相同颜色的荧光斑点。

结果：应符合质量标准。

（2）检查　比重瓶法测相对密度。取洁净、干燥并精密称定重量的比重瓶（图13－3），装满供试品（温度应低于20℃或各品种项下规定的温度）后，装上温度计（瓶中应无气泡），置20℃（或各品种项下规定的温度）的水浴中放置若干分钟，使内容物的温度达到20℃（或各品种项下规定的温度），用滤纸除去溢出侧管的液体，立即盖上罩。然后将比重瓶自水浴中取出，再用滤纸将比重瓶的外面擦净，精密称定，减去比重瓶的重量，求得供试品的重量后，将供试品倾去，洗净比重瓶，装满新沸过的冷水，再照上法测得同一温度时水的重量，按下式计算，即得。

$$供试品的相对密度=\frac{供试品重量}{水重量}$$

结果：应符合质量标准。

（3）含量测定　取黄芩苷对照品适量，精密称定，加甲醇制成每1ml含60μg的溶液，即得。供试品溶液的制备，取本品约10mg，精密称定，置25ml量瓶中，加甲醇适量使溶解，再加甲醇至刻度，摇匀。精密量取5ml，置25ml量瓶中，加甲醇至刻度，摇匀，滤过，取续滤液，即得。按照高效液相色谱法（通则0512）测定。色谱条件与系统适用性试验，以十八烷基硅烷键合硅胶为填充剂，以甲醇－水－磷酸（47∶53∶0.2）为流动相；检测波长为280nm。理论板数按黄芩苷峰计算应不低于2500。测定法，分别精密吸取对照品溶液与供试品溶液各10μl，注入液相色谱仪，测定，即得。

结果：应符合质量标准。

**2. 金银花、连翘提取物**

金银花、连翘提取物质量控制指标见表13－4。

**表13－4　金银花、连翘提取物质量控制指标**

| 指标名称 | 标　　准 |
| --- | --- |
| 鉴别 | （1）供试品色谱中，在与绿原酸对照品色谱相应的位置上，显相同颜色的荧光斑点 |
| | （2）供试品色谱中，在与连翘对照药材相应的位置上，显相同颜色的斑点 |
| 检查 | 相对密度 |
| 含量测定 | 本品每1ml或mg含金银花以绿原酸（$C_{16}H_{18}O_9$）计，不得少于Y mg |
| | 本品每1ml或mg含连翘以连翘苷（$C_{27}H_{34}O_{11}$）计，不得少于Z mg |

备注：提取物中Y、Z的计算公式，公式中1.2为提高倍数；注意此公式中单位应统一；采用重量还是体积视生产和检验取样方便而定。

$$Y=\frac{0.36\ (\text{或}\ 0.72)\ \times \text{应配制体积} \times 1.2}{\text{提取物重量或体积}} \times 100\%$$

$$Z=\frac{12\ (\text{或}\ 24)\ \times \text{应配制体积} \times 1.2}{\text{提取物重量或体积}} \times 100\%$$

## （二）半成品质量检查

**1. 性状**　将药液放置比色管（或透明容器内）与标准色卡进行对比，结果应为棕红色的澄清液体。

**2. 鉴别**

（1）绿原酸与黄芩苷　取本品1ml，加75%乙醇5ml，摇匀，作为供试品溶液。另取黄芩苷对照品、绿原酸对照品，分别加75%乙醇制成每1ml含0.1mg的溶液，作为对照品溶液。照薄层色谱法（通则0502）试验，吸取上述三种溶液各1～2μl，分别点于同一聚酰胺薄膜上，以醋酸为展开剂，展开，取出，晾干，置紫外光灯（365nm）下检视。

结果：供试品色谱中，在与黄芩苷对照品色谱相应的位置上，显相同颜色的斑点；在与绿原酸对照品色谱相应的位置上，显相同颜色的荧光斑点。

（2）连翘对照药材　取本品1ml，加甲醇5ml，振摇使溶解，静置，取上清液，作为供试品溶液。另取连翘对照药材0.5g，加甲醇10ml，加热回流20分钟，滤过，滤液作为对照药材溶液。照薄层色谱法（通则0502）试验，吸取上述两种溶液各5μl，分别点于同一硅胶G薄层板上，以三氯甲烷－甲醇（5∶1）为展开剂，展开，取出，晾干，喷以10%硫酸乙醇溶液，在105℃加热至斑点显色清晰。

结果：供试品色谱中，在与对照药材色谱相应的位置上，显相同颜色的斑点。

**3. 检查**

（1）相对密度　操作同黄芩提取物项下比重瓶法（通则0601）测相对密度。

结果：应不低于1.12。

（2）pH

按照现行版《中国药典》通则0631pH值测定法进行。

结果：应为5.0～7.0。

（3）装量　随机抽取供试品5支，将内容物分别倒入经标化的量入式量筒内，在室温下检视，每支装量与标示装量相比较。

结果：每支装量与标示装量相比较，5支中少于标示量的不得多于1支，并不得少于标示量的95%。

**4. 含量测定**

（1）黄芩　取黄芩苷对照品适量，精密称定，加50%甲醇制成每1ml含0.1mg的溶液，即得。供试品溶液的制备：精密量取本品1ml，置50ml量瓶中，加50%甲醇适量，超声处理20分钟，放置至室温，加50%甲醇稀释至刻度，摇匀，即得。照高效液相色谱法（通则0512）测定。色谱条件与系统适用性试验：以十八烷基硅烷键合硅胶为填充剂；以甲醇-水-冰醋酸（50∶50∶1）为流动相；检测波长为274nm。理论板数按黄芩苷峰计算应不低于1500。测定法：分别精密吸取对照品溶液供试品溶液各5μl注入液相色谱仪，测定，即得。

结果：本品每1ml含黄芩以黄芩苷（$C_{21}H_{18}O_{11}$）计，不得少于10.0mg。

（2）绿原酸　取绿原酸对照品适量，精密称定，置棕色量瓶中，加水制成每1ml含40μg的溶液，即得。供试品溶液的制备：精密量取本品2ml，置50ml棕色量瓶中，加水稀释至刻度，摇匀，即得。照高效液相色谱法（通则0512）测定。色谱条件与系统适用性试验：以十八烷基硅烷键合硅胶为填充剂；以甲醇-水-冰醋酸（20∶80∶1）为流动相；检测波长为324nm。理论板数按绿原酸峰计算应不低于6000。测定法：分别精密吸取对照品溶液10μl与供试品溶液10~20μl，注入液相色谱仪，测定，即得。

结果：本品每1ml含金银花以绿原酸（$C_{16}H_{18}O_9$）计，不得少于0.60mg。

（3）连翘苷　取连翘苷对照品适量，精密称定，加50%甲醇制成每1ml含60μg的溶液，即得。供试品溶液的制备：精密量取本品1ml，加在中性氧化铝柱（100~120目，6g，内径为1cm）上，用70%乙醇40ml洗脱，收集洗脱液，浓缩至干，残渣加50%甲醇适量，温热使溶解，转移至5ml量瓶中，并稀释至刻度，摇匀，即得。照高效液相色谱法（通则0512）测定。色谱条件与系统适用性试验：以十八烷基硅烷键合硅胶为填充剂；以乙腈-水（25∶75）为流动相；检测波长为278nm。理论板数按连翘苷峰计算应不低于6000。测定法：分别精密吸取对照品溶液与供试品溶液各10μl，注入液相色谱仪，测定，即得。

结果：本品每1ml含连翘以连翘苷（$C_{27}H_{34}O_{11}$）计，不得少于0.30mg。

**（三）成品质量标准**

除微生物限度检查外其他同半成品的检验，微生物限度应符合现行版《中国药典》规定。

## 五、实训考核与思考

**（一）相对密度测定实训考核**

相对密度测定考核评分标准见表13-5。

**表13-5　相对密度测定考核配分与评分标准**

| 序号 | 考核内容 | 考核要点 | 配分 | 评分标准 | 得分 |
|---|---|---|---|---|---|
| 1 | 职业素养 | 着装、举止 | 2 | 无白大衣、着装不整洁、举止不文明扣除此分 | |
| | | 仪容、佩饰 | 2 | 化浓妆、染甲、长甲及手戴佩饰者扣除此分 | |
| | | 爱护仪器、遵守仪器使用规定 | 2 | 违规损坏仪器者扣除此分 | |
| | | 节约水电、药品，有环保意识 | 2 | 浪费水电、药品、任意处置试剂及药品者扣除此分 | |
| | | 实验秩序（步骤、台面清洁有序） | 2 | 实验秩序混乱扣除此分 | |

续表

| 序号 | 考核内容 | 考核要点 | 配分 | 评分标准 | 得分 |
|---|---|---|---|---|---|
| 2 | 取样 | 1. 取样数量准确<br>2. 正确清除内容物并拭净囊壳 | 10 | 1. 取样数量不准确扣5分<br>2. 未正确清除内容物并拭净囊壳扣5分<br>3. 不倒扣分 | |
| 3 | 药物的称重 | 1. 正确使用天平<br>2. 规范称取药物 | 20 | 1. 天平未调零点扣5分<br>2. 未使用合适衬垫物称取药物扣5分<br>3. 称取药物不规范扣5分<br>4. 称取结束未使天平恢复原状扣5分<br>5. 不倒扣分 | |
| 4 | 计算百分比 | 正确计算百分比 | 25 | 1. 公式书写不正确扣10分<br>2. 数据计算错误扣10分<br>3. 限度判断不准确扣5分 | |
| 5 | 熟练程度 | 在规定时间内完成 | 10 | 超规定时限扣10分 | |
| 6 | 仪器使用 | 1. 按照操作能正确配制流动相<br>2. 按照仪器操作标准能正确设定本项操作的工作参数<br>3. 仪器使用完毕能正确冲洗仪器并根据仪器的操作标准进行维护保养 | 15 | 1. 操作不规范扣5<br>2. 不能按照仪器操作标准进行参数设置扣5<br>3. 仪器操作完毕未及时冲洗仪器、未按仪器的操作标准进行仪器维护保养扣5 | |
| 7 | 清场 | 桌面整洁卫生，清洗器具，仪器药品归位 | 10 | 1. 未清场扣10分<br>2. 清场不彻底扣5分 | |
| 合计 | | | 100 | | |

## （二）思考题

1. 化学试剂按纯度分有几级？
2. 口服液体制剂的一般检查项目有哪些，成品和半成品是否涉及水分检查？

（程合丽）

扫码“练一练”